城乡供水一体化项目：
数字水务建设与运行管理

福建省水利投资开发集团有限公司
福建省水投数字科技有限公司　　　著
福州大学

中国水利水电出版社
www.waterpub.com.cn
·北京·

内 容 提 要

本书系统阐述了城乡供水一体化中的数字水务建设与运行管理。全书共7章，主要内容包括概论、数字水务概述、数字水务基础设施建设、数字水务一体化平台建设、数字水务建设与运行管理、数字水务安全体系和福建省数字水务建设工程实例。本书内容是在国内外数字水务研究进展基础上，结合城乡供水一体化数字水务项目经验进行的总结，以期为各单位数字水务建设提供借鉴与参考。

本书可供水利水务行业、科研单位及大专院校的相关人员学习与参考，亦可作为大专院校相关专业参考教材。

图书在版编目（C I P）数据

数字水务建设与运行管理 ：城乡供水一体化项目 / 福建省水利投资开发集团有限公司，福建省水投数字科技有限公司，福州大学著. -- 北京 ：中国水利水电出版社，2023.12
  ISBN 978-7-5226-2155-5

Ⅰ．①数… Ⅱ．①福… ②福… ③福… Ⅲ．①数字技术—应用—水利工程—研究 Ⅳ．①TV-39

中国国家版本馆CIP数据核字（2024）第026669号

书 名	城乡供水一体化项目 **数字水务建设与运行管理** SHUZI SHUIWU JIANSHE YU YUNXING GUANLI
作 者	福建省水利投资开发集团有限公司 福建省水投数字科技有限公司　著 福　州　大　学
出 版 发 行	中国水利水电出版社 （北京市海淀区玉渊潭南路1号D座　100038） 网址：www.waterpub.com.cn E-mail：sales@mwr.gov.cn 电话：（010）68545888（营销中心）
经 售	北京科水图书销售有限公司 电话：（010）68545874、63202643 全国各地新华书店和相关出版物销售网点
排 版	中国水利水电出版社微机排版中心
印 刷	天津嘉恒印务有限公司
规 格	184mm×260mm　16开本　12.25印张　298千字
版 次	2023年12月第1版　2023年12月第1次印刷
定 价	**86.00元**

编 写 人 员 名 单

主　　编：郑文勇　　吴永亮　　范功端

编写人员：刘非男　　曾　力　　戴枫勇　　涂志基　　陈　斌

　　　　　张旭斌　　张　旭　　陈宣米　　刘雨晴　　蔡文静

　　　　　唐　龙　　吴家新　　郑琳榕　　陶　阳　　李育健

　　　　　林　欣　　林　晨　　徐巧玲　　许宗琼　　官成飞

　　　　　傅兴南

主　　审：徐开钦　　苏　燕

前　言

城乡供水一体化是实现乡村振兴的具体途径之一，也是改变我国城乡二元结构的有效策略。福建省城乡供水一体化作为重要组成部分，是按照党中央、国务院和福建省委、省政府关于实施乡村振兴战略的部署要求，积极践行习近平总书记"节水优先、空间均衡、系统治理、两手发力"的新时代治水思路，坚持高质量发展，持续提升农村饮水安全保障水平，改善农村生产和生活条件，保障城乡供水安全，促进城乡统筹发展的重大举措。

城乡供水一体化按照"城乡一体、统筹规划、国有控股、集约经营"的思路，打破行政区划壁垒和城乡供水分化的格局，整合区域水务资源、资产、资本要素，统筹城镇、乡村协调发展，重点推进大水源、大水厂、大管网建设，运用先进实用的水处理工艺与消毒技术，以及自动化控制与现代信息技术等，建立从源头到水龙头的饮水安全保障体系，以全面提高供水质量与管理水平，实现城乡供水跨越式发展。2018年年初，福建省水利厅提出在有条件的县（市、区），开展城乡供水一体化试点，全省各地积极响应，城乡供水一体化建设工作如火如荼。

"数字水务"作为城乡供水一体化信息化建设的主题，是未来水务现代化发展的新目标。各水务公司开始在数字水务建设上发力，并把数字水务建设上升到企业发展的重要战略位置，力争通过数字水务建设带动供水产销差的有效管控，全面提升企业的生产运营和管理能力。

本书系统梳理相关法律法规、行业规范及标准，提供具有代表性的水务建设实践经验，并从技术和管理的角度，对数字水务建设实施和运行等方面进行系统阐述，主要包括数字水务基础设施建设范围与内容，数字水务核心功能、标准配置、关键设备技术参数等宏观技术层面建设要求，数字水务信息安全建设，数字水务建设管理与运行维护等，旨在为福建省城乡供水一体化数字水务建设提供技术支持和服务，可供水利水务行业相关技术人员、科研单位及大专院校的相关人员学习与参考。

本书由福建省水利投资开发集团有限公司、福建省水投数字科技有限公司和福州大学联合组织编写。本书在编写过程中得到了福建省城乡供水一体化各参建单位的大力支持，福建省水利厅、福建省水务发展集团有限公司、福建省水投勘测设计有限公司、福州水务集团有限公司、福建省水利水电勘测设计研究院有限公司也给予指导和大力支持，提供了大量的文献资料，在此一并表示感谢！

尽管作者在编写过程中做出了很大努力，但受到知识和工程经验的局限，书中仍难免有不妥之处，热忱欢迎广大读者提出宝贵的意见和建议。

作者

2023 年 10 月

目　录

第1章 概 论

1.1 城乡供水一体化概况

1.1.1 城乡供水一体化提出的背景

水是生命之源，水资源是人类赖以生存的重要资源，与人们的日常生活和工作息息相关。我国是一个淡水资源分布不均的国家，在日常生活中，人们一拧水龙头，水就源源不断地流出来，可能丝毫感觉不到水的危机。但事实上，我国有些地区已经处于严重缺水状态，而人们赖以生存的水，也正日益短缺。目前，全世界还有超过10亿的人口用不上清洁的水，并且，每年有310万人因饮用不洁水患病而死亡。作为世界上的人口大国和重要经济体，随着经济的快速发展，我国的安全饮水工作也取得了巨大的成就。

自2004年以来，几乎每年中央一号文件和政府工作报告中都要专门部署农村饮水工作，包括农村饮水的规划、投资、水源保护、水质监测、优惠或补贴、优先解决对象、责任制、运行管理、维修保养、隐患排查、城乡供水一体化、管护机制等方面。历经多年建设，农村饮水安全工程建设与管理工作取得了阶段性成效，但仍存在供给不足、水质达标率偏低、运行管护薄弱、水费收缴率低等问题，是全面建成小康社会和乡村振兴的明显短板。

2020年1月2日，中共中央、国务院印发中央一号文件《关于抓好"三农"领域重点工作确保如期实现全面小康的意见》（以下简称《意见》），《意见》指出"2020年是全面建成小康社会目标实现之年，是全面打赢脱贫攻坚战收官之年"，要"集中力量完成打赢脱贫攻坚战和补上全面小康'三农'领域突出短板两大重点任务"。《意见》中，推进城乡供水一体化作为了其中重要一项，强调要对标全面建成小康社会加快补上农村基础设施和公共服务短板，提高农村供水保障水平，全面完成农村饮水安全巩固提升工程任务。统筹布局农村饮水基础设施建设，在人口相对集中的地区推进规模化供水工程建设。有条件的地区将城市管网向农村延伸，推进城乡供水一体化。中央财政加大支持力度，补助中西部地区、原中央苏区农村饮水安全工程维修养护。加强农村饮用水水源保护，做好水质监测。

针对福建省，福建省水利厅、发展和改革委员会、财政厅、省住房和城乡建设厅联合出台的《关于推进城乡供水一体化建设试点的意见》（闽水〔2019〕12号）提出了总体目标，试点市、县利用3~5年时间，构建以规模化供水工程（日供水能力1000t以上）为主、简易自来水设施为辅的农村供水体系。农村规模化供水工程供水保证率达到97%以上，农村简易自来水设施供水保证率达到95%以上，自来水普及率达到95%以上。《福建省人民政府办公厅关于印发 2021 年全省城乡建设品质提升实施方案的通知》（闽政办〔2020〕68 号）中也将水环境品质提升列为重点任务，其中包括排水防涝、城市供水、农村饮用水、城市生活污水处理、乡镇生活污水收集处理及农村生活污水治理等。

1.1.2　城乡供水一体化的战略内涵与含义

城乡供水一体化的含义是以区域为单元，统一规划、统筹建设，以城镇供水管网延伸和规模化供水为主、小型集中供水为辅的城乡供水体系，实现城乡同质同服务的供水保障模式。

城乡供水一体化作为我国城乡一体化和乡村振兴的聚焦点，有着重要的战略内涵。尽管当前我国城市化进程尚在进行中，基础设施建设也尚未达到完善的水平，但总体上，粗放发展模式已经过去。与我国经济发展相同，在城乡基本公共服务均等化发展趋势下，农村供水也面临着从粗放到质量的转型升级，其中城乡一体化模式有利于消除当下突出的"二元"结构问题。城乡供水一体化发展，就是通过统筹谋划、优化布局和创新机制，打破"一地一水"等传统农村供水方式，通过城市管网延伸、区域供水互通、提高乡村供水标准等措施，大力改善农村供水状况，着力解决城乡基本公共服务均等化存在的显著差距，实现农村供水与城镇供水在管理、服务、水质、水价等方面同标准，为满足人民群众对美好生活的向往提供坚实基础。

1.1.3　城乡供水一体化下的"智慧化"

数字水务是近年在水务领域热门的词汇，是智慧地球、智慧城市理念在水务行业的延伸，更是未来水务现代化发展的新目标。"智慧化供水平台"是沿着工业和信息化发展的历史轨迹，从自动化、信息化到现在基于大数据分析与应用的智慧化水利综合监管平台。2019 年是数字水务进入实际建设和应用的创新年，许多水务企业开始向数字水务建设发力，并把数字水务建设上升到企业发展的重要战略位置，力争通过数字水务建设，带动供水产销差的有效管控，全面提升企业的生产运营和管理能力。同样，智慧水务在城乡供水一体化建设过程的重要性日益突出。

1.2　城乡供水一体化模式

城乡供水一体化的一个重要原则，就是要"因地制宜，分类施策"，按照地理环境、聚落状况、城镇化发展、水资源配置等情况，积极创新供水管理模式，从水源地、管网、自来水厂到用户等方面优化布局和配置，建立不同供水方案和管理模式，分类推进和实施，实现城乡供水"同水质、同服务、同管理、同价格"等一体化目标。结合当前城乡发展趋势，大致分为区域性集中供水模式和分散供水集中管理模式。

1.2.1　区域性集中供水模式

人口逐步集中是当前人口流动的主要趋势，因此，区域性集中供水模式也成为当前的主要供水模式。区域性集中供水模式的主要特征不仅为中心城市供水，还同时向周围城市、场镇及广大农村集居点供水,按照水源水系、地理环境特征或一定的行政区划确定供水区域,供水面积小至数十平方千米,大至数千平方千米。它把一个区域内的若干个净水厂及其配套企业联合为一体,统一开发、分配水资源,水费的收取办法又因输配水距离及高差而有所差异的新型网络供水系统。

区域性集中供水系统是一个多水源合并管网的管理系统,多水源统一的供水环状管网系统的建立,极大提高了供水的安全可靠性。通过强化调度功能,协调供需关系,使系统处于合理、经济的运行状态。形成区域性集中供水,主要通过城市管网延伸、区域联络管网联通及整合区域供水单元三种方式。具体措施如下:

(1)城市管网延伸。改变城乡供水单元管网相对独立的状况,凡是城市供水管网能覆盖的地区,供水区域向农村拓展和延伸,形成大管网供水系统,实现城乡供水一体化。

(2)区域联络管网连通。对本地城市管网不能延伸的地区,鼓励打破行政区划限制,根据水源和地理条件,合理划分供水分区,采用区域间城乡一体化联网供水模式,优化区域规模化联络供水管网布设,实现区域互补、管网连通。

(3)整合区域供水单元。整合农村供水管网和水厂,形成一定区域范围供水主干管串接,厂站供水互为备用,提高供水保障率。

区域性集中供水在物理上实现了集中模式,它是水源相对集中、管网连成一片的供水系统,较多地实行长距离输配水,水费的收取办法又因输配水距离及高差而有所差异,这种多水源、多水厂并网的区域集中供水模式,比原先分散的、独自的、小规模的供水模式,提高了系统的专业性、合理性、可靠性与经济性。这样的模式在经济发达的国家里运用较多。日本于 1986 年已有 166 个水厂运用区域性集中供水模式,英国、美国、法国等发达国家亦有很多水厂运用该模式,譬如美国华盛顿州北方水厂的供水范围已达 $2849km^2$,供水区域内的地面高差达 274m,由两个水厂(一个取湖水、一个取河水)并网供水。这种集约化的供水模式,比较适用于地形变化不大、人口相对集中的城市及集镇区。随着我国城镇化的不断推进,该供水模式将日益成为城乡供水的主流模式。

1.2.2 分散供水集中管理模式

分散供水集中管理模式是将所辖区域的供水及其配套服务企业实行统一管理,但管网系统不一定连成一体,即水源和管网都可能是分散的。分散供水集中管理系统是一个跨行政管理辖区概念的系统,跨地区的供水企业可以浓缩一定数量的技术人才、管理人才,为整个区域经济服务,从而有利于人才素质的提高与效能的发挥。

负责供水集中管理的企业,可以不受一城一镇的限制,较合理地综合考虑水资源的有效利用,借助集团化的优势,可以开拓为此服务的诸多工业项目,特别是水工业项目,组织社会化生产,确保原材料、消耗材料的合理调配,减少流动资金的占用。整个企业的运转更为有效,可取得较好的经济效益与社会效益。

1.2.3 两种供水模式的关系

通过对比分析,可以发现区域性集中供水与分散供水集中管理是两个既有区别又有密切联系的概念,二者实际上同属集中供水范畴。区域性集中供水是区域性供水的高级形式，分散供水集中管理也可能过渡为区域性集中供水系统。在一定时间、空间或经济发展程度条件下，即使不能进行区域性集中供水，仅仅通过采用分散供水集中管理，对其管辖范围内的供水部门和相关企业实现人才和资源的合理配置，对于提高水质和供水普及率（水量），提高供水整体服务水平都具有不可估量的作用。

在可能实行区域性集中供水的地方，先实行区域性供水集中管理是必要的，这可以减少长期分散重复小规模建设投资，从而对一定区域统一分配水资源、提高供水基础设施服务能力、发挥区域性供水企业的规模效益起促进作用。

1.3 城乡供水一体化总体规划

1.3.1 规划目标

城乡供水一体化总体规划的目标是待任务完成时，基本形成城乡供水同步发展的新格局，供水服务能力不断加强，供水工程运行管护机制健全，工程产权明晰，基本建立合理的水价和收费机制。引入专业管护队伍，运用智能化管理手段，实现对中小型供水设施有效监管，确保水量、水质满足要求。

1.3.2 规划原则

（1）因地制宜，分类指导。充分考虑水资源、人口等因素和区域经济社会发展需要，加强水源可靠性和工程运行可持续性论证。沿海地区优先采取城镇水厂管网延伸或建设城乡供水工程，全面实现城乡供水一体化。丘陵地区和山区积极发展规模连片集中供水，建设跨村、跨乡镇连片集中供水工程，实现供水到户。

（2）防治结合，确保水质。采取综合措施，加强饮用水水源地的保护，防止污染和人为破坏，按照"污染者付费、破坏者恢复"原则，加强水污染防治，强化源头治理。强化供水水质净化和消毒工作，加强水质检测能力建设，完善水质检测与监测制度，确保水质达标。

（3）建管并重，良性运行。强化项目前期工作，加强建设管理，完善运行管护机制，落实工程维修养护经费，建立健全县级供水技术服务体系，确保工程长期发挥效益。合理利用市场机制，鼓励和引导社会资金投入，积极创新城乡供水工程建设和运行管理方式。合理确定工程水价，认真落实各项优惠政策和措施，促进工程良性运行。

（4）两手发力，强化监管。农村饮水安全工程是关系农村居民生存、生活和生产的重要公共服务基础设施，其建后管理是一个长期的过程，政府应保障投入，发挥行政监管职能，包括市场准入、价格监管、水质监管等，同时要创造条件，培育农村供水市场主体，让供水企业更好地发挥市场机制的作用，切实保障农村供水的质量和安全。

1.3.3 规划内容

1.3.3.1 实地调研

通过现场调查和资料收集，对规划区域内近年供水现状进行调查和评估，主要包括水源现状分析评估和供水设施现状分析评估。

水源现状分析评估应在现状资料收集、调查的基础上，对供水水源进行分析，主要内容应包括规划范围内水资源开发利用状况、现状取水设施、供水水源水量、供水水源水质、供水水源保护及应急能力、供水水源安全评价等。此外，还应明确水源的现状功能，如供水、灌溉、防洪、发电、养殖等，并结合技术经济分析，以保障安全供水为出发点，合理确定是否应对水源进行功能调整。根据区域供水设施现状和水源现状分析结果，总结现状区域供水存在的主要问题，并结合区域特点，提出解决措施及对策。主要包括以下内容：

（1）开展区域水源现状调查评估。对区域现状取水水源的水量、水质进行分析，明确水源的可开发利用量和水质状况。水源水质应符合相关标准规范要求。

（2）调研、分析水源的保护和管理。分析区域内应急或备用水源建设，在无水量充沛的集中地表水源地可利用的地区，可采取多个水厂联网供水，水源互为备用。对于未划定保护区的水源，应按照相关规范要求进行水源保护区划分，并提出保护、管理方案；对于已受到污染的水源，应提出针对性污染治理措施，以改善水源水质。

（3）提出节水要求和水资源分配、管理措施。当部分地区区域性缺水严重，区域内缺乏优质可靠水源时，应分析跨区域调水的可行性，明确可纳入规划的外调水源的水量及水质。水资源匮乏地区还应根据水资源承载能力，按生活、农业和工业、水生态的顺序安排用水，并提出节水要求和水资源分配、管理措施。

1.3.3.2　设施评估

供水设施现状分析评估主要包括以下四个方面：

（1）水厂现状。对区域内现状水厂的建设规模、运行现状、水源水量、净化能力和供水能力、管网现状等进行调查，明确是否需要改扩建、有无改扩建条件。对于老化、不适合继续运行的水厂，提出关闭、改造或重建方案。

（2）管网现状。管网现状分析内容包括现状管网的空间分布和路网分布、覆盖范围、覆盖率，管道管材、管径、输水能力、供水水压、区域漏损率指标、管网末梢水质状况等。

对现有管网进行分析评估，并在规划中充分利用现状管网，对超过使用年限或材质落后的供水管网进行更新改造。

（3）管理现状。主要分析内容包括区域内各水厂的运营情况，水价、管网运行管理现状，水源保护现状等。

（4）供需现状。分析区域现状供水供需状况，重点分析区域性缺水情况。

1.3.3.3　科学测算

科学测算主要包括：分析现状年和设计水平年的社会经济指标、采用合理的预测方法和用水定额，分析预测设计用水量，合理确定工程供水规模。

区域需水量原则上应以近年批准的城镇（乡）总体规划和供水规划中相关指标为主要依据，同时通过实际人口数等指标计算进行预测、复核。在进行预测、复核时，应在现状用水结构调整及评价的基础上，分析人口规模、产业结构、经济规模等因素对用水指标的影响，对预测结果进行复核，最终分析并提出各规划水平年的用水量、用水结构配置方案等。

常用的最高日用水量预测方法有综合用水量指标法和分项指标法两种，应综合两种方法进行预测，当两种方法预测数值较为接近时，可采用平均值进行结果统计；当两种方法预测数值相差较大时，应进行分析比选或采用其他预测方法进行再次校核。

1.3.3.4 多方比较

在多方比较工作中，做好供水分区划定、水源选择和水量平衡等工作，具体如下：

（1）划分供水分区。供水分区的划分应以流域或区域水资源综合规划、区域供水规划为基础，在综合分析供水现状及问题、水资源开发程度和潜力的基础上，综合考虑城乡各类用水对水量、水质的要求及供水保证程度，重点考虑水源分布特点、地形要素、经济技术可行性以及安全要素等，从区域统筹的层面提出不同供水分区划分方案，并从技术经济角度进行方案比选。

（2）水源选择。当有多个水源可供选择时，应对不同水源取水方案的水质、水量、位置、高程、保护难度、施工和管理难度，结合工程建设成本进行综合比较确定。

（3）水量平衡分析。应在水资源论证报告的基础上，对不同用水和供水配置规划方案进行分析、协调和综合比选，提出满足规划要求的供水配置规划方案。对于规模较大或水源较多的区域，可按供水分区进行配置，并考虑为城市（群）发展或区域供水留有余地。

1.3.3.5 优化布局

因地制宜，优化城乡供水总体布局，优先选择优质、水量有保证的水库水源，以供水需求定供水规模，按照城乡统筹和一体化供水要求，打破行政区划界限，结合水源情况进行方案论证和比较。

（1）工程布局。充分利用自然地形条件，缩短供水线路，优化建（构）筑物布置，节约土地资源。工程布置应考虑尽可能与现有工程设施相结合，节约投资。水源取水方式、线路及建（构）筑物布置应有必要的方案比较，合理采用分区、分压供水，尽可能在大的供水范围实现重力供水，降低运行费用。

（2）工程布置。根据统筹城乡发展的总体要求，综合考虑水源条件、地形地貌、用水需求、技术经济条件等因素，与美丽宜居乡村规划、新型城镇化发展规划、脱贫攻坚规划紧密衔接，按照规模化建设、专业化管理、经济合理、方便管理等原则，科学确定工程总体布置、建设规模与技术方案。

取水方式、输水线路、净（配）水厂厂址、净水工艺等内容均应开展多方案比较，综合确定最优方案。

（3）建筑物设计。根据工程规模、工艺类别开展典型工程设计，应包括取水、输水、净水、配水及自动化监测等内容。

（4）环境影响。供水工程建设前后，工程对所在地区的自然环境和社会环境的有利与不利影响；对环境影响进行综合评价；根据工程对环境的影响，从环境角度提出工程建设的可行性，提出环境影响补偿投资。

1.3.3.6 精细管理

根据项目区域城乡供水信息化系统现状情况，分析城乡供水信息管理系统和供水公司运营管理系统存在的主要问题；结合市、县（区）级水行政主管部门和供水公司管理实际，分析区域城乡供水信息管理系统和供水公司运营管理系统建设需求，做好系统总体结构，一般分为四个层次：感知层、传输层、数据层、应用层。

（1）细化系统建设内容。建设内容一般包括调度中心建设、信息采集系统建设、市、县（区）城乡供水信息管理系统建设、供水公司运营管理系统建设、物联网感知建设等。

（2）提出工程建设和管理方案。明确工程法人（或项目业主）、管理职责、岗位及人员编制；简述对工程建设管理单位的要求以及管理制度等。

（3）明确运行管理责任。明确工程运行管理单位，确定工作岗位及人员编制；简述对工程运营管理单位的要求以及管理制度等；应根据工程运行管理和保护工程安全的要求分别划定运营管理范围和工程保护范围，并说明划定范围内的管理主要要求和办法。

（4）水源和环境保持。说明工程采取的生产环境、劳动保护与安全措施；根据工程建设影响所产生的水土流失等问题，提出水土保持方案，如对土、石料场的恢复绿化，施工中弃料场的平整利用，交通和水、电、通信设施的恢复等；根据水源地具体情况及存在问题，提出水源保护措施和保护方案。

1.4 城乡供水工程总体设计

1.4.1 设计供水规模

设计供水规模应根据最高日居民生活用水量、公共建筑用水量、饲养畜禽用水量、企业用水量、浇洒道路和绿地用水量、消防用水量、管网漏失水量和未预见用水量等的总和确定，不同供水工程应根据当地实际用水需求列项，并应符合下列要求：

（1）根据水源条件、现状用水量、用水条件及发展变化、制水成本、用户意愿以及当地用水定额标准和类似工程的供水情况等综合确定。

（2）分别计算供水范围内各村镇最高日用水量。

1.4.2 工程设计标准

工程设计标准主要包括工程等别及建筑物级别、洪水标准、抗震设计标准等。

1.4.2.1 工程等别及建筑物级别

根据《防洪标准》（GB 50201—2014）、《水利水电工程等级划分及洪水标准》（SL 252—2017）中有关规定确定供水工程的永久性水工建筑物级别，见表1.1。

表1.1　　　　　　　　供水工程的永久性水工建筑物级别

设计流量/(m³/s)	装机功率/MW	主要建筑物级别	次要建筑物级别
≥50	≥30	1	3
10～50（含10）	10～30（含10）	2	3
3～10（含3）	1～10（含1）	3	4
1～3（含1）	0.1～1（含0.1）	4	5
<1	<0.1	5	5

根据《水利水电工程等级划分及洪水标准》(SL 252—2017)第 4.7.2 条，承担县级市及以上城市主要供水任务的供水工程永久性水工建筑物级别不宜低于 3 级；承担建制镇主要供水任务的供水工程永久性水工建筑物级别不宜低于 4 级。

1.4.2.2 洪水标准

依据《防洪标准》(GB 50201—2014)、《水利水电工程等级划分及洪水标准》(SL 252—2017)规定确定取水拦河坝、加压泵站、输配水管线及沿线穿越河流等交叉建筑物设计洪水标准和校核洪水位标准。水厂防洪标准不应低于所处区域的城市防洪标准。

1.4.2.3 抗震设计标准

根据《中国地震动参数区划图》(GB 18306—2015)及福建省建设厅、福建省地震局联合印发的《关于贯彻执行〈中国地震动参数区划图〉的通知》(闽建设〔2002〕37 号)相关规定确定抗震设计标准。

1.4.2.4 水质、水压标准

(1) 水质目标。水厂出厂水水质应符合国家规范《生活饮用水卫生标准》(GB 5749—2022)中规定的生活饮用水的卫生指标。

(2) 水压目标。

1) 给水管网水压按直接供水的建筑层数确定时，用户接管处的最小服务水头，一层应为 10m，二层应为 12m，二层以上每增加一层应增加 4m。当二次供水设施较多采用叠压供水模式时，给水管网水压直接供水用户接管处的最小服务水头宜适当增加配水管网中用户接管点的最小服务水头单层建筑物为 10m，两层建筑物为 12m，二层以上每增高一层增加 4m。

2) 应满足行业标准《城镇供水厂运行、维护及安全技术规程》(CJJ 58—2009)规定的"管网末梢水压不应低于 0.14MPa"和国家标准《城市给水工程规划规范》(GB 50282—2016)规定的"城市配水管网的供水水压宜满足用户接管服务水头 28m"要求。

3) 配水管网中，消火栓设置处的最小服务水头不应低于 10m。对居住很高或很远的个别农户不应作为设计控制水压条件。

4) 用户水龙头的最大静水头不宜超过 40m，超过时宜采取减压措施。

(3) 排泥水处理目标。以净水厂沉淀池排泥水和滤池反冲洗废水为处理对象的水厂排泥水处理系统工程目标如下：

1) 外排的上清液达到《污水综合排放标准》(GB 8978—1996)一级标准，其中的悬浮物 (SS) 浓度不高于 70mg/L。

2) 排泥水处理系统的规模按满足全年 85% 日数的完全处理确定。

3) 规模化水厂污泥做到经机械脱水填埋，其他小水厂污泥水经沉淀后沉淀处理。

1.4.3 工程总体布置

1.4.3.1 总体布置原则

给水工程总体布置原则如下：

(1) 给水系统的选择应根据当地地形、水源条件、城镇规划、城乡统筹、供水规模、水质、水压及安全供水等要求，结合原有给水工程设施，从全局出发，通过技术经济比较

后综合考虑确定。

（2）地形高差大的给水系统宜采用分压供水，对于远离水厂或局部地形较高的供水区域，可设置加压泵站，采用分区供水。

（3）当用水量较大的工业企业相对集中，且有合适水源可利用时，经技术经济比较可独立设置工业用水给水系统，采用分质供水。

（4）当水源与供水区域有地形高差可利用时，应对重力输配水与加压输配水系统进行技术经济比较，择优选用。

（5）采用多水源供水的给水系统应具有原水或管网水相互调度的能力。

1.4.3.2 取水工程布置

取水工程的布置，应综合考虑各项因素，进行科学合理的布置。

（1）水质因素。取水口设在水质较好地点，避开水库的"死水区"，以保证取水水质。

（2）河床和河岸。河床和河岸条件是选择取水口位置的重要因素。取水口位置应设在具有稳定河床和河岸，靠近主流，有足够水深的地方。

（3）取水高程因素。取水口高程设置，要满足供水高程要求。

（4）上下游构筑物的影响。在选择取水构筑物位置时，应对取水口邻近的人工和天然障碍物进行分析，尽量避免各种不利因素。

（5）工程地质条件。取水构筑物应尽量选在地质构造稳定，承载能力高的地基上。

（6）施工条件。取水口应考虑选在对施工有利的地段，尽量做到交通方便，有足够的施工场地，较小的土石方和水下工程量。需考虑施工技术力量、施工机具、动力设备等条件。

1.4.3.3 水厂厂址选择

厂址选择，除需考虑地势高程、项目区相关规划因素外，还需考虑输配水管网的布置、交通通信、排水和环境条件、地质条件、土方量等因素，同时还需兼顾工程远期的扩建。

1.4.3.4 输配水线路选择

输配水管线布置应符合下列要求：

（1）选择较短的线路，满足管道埋地要求，尽可能沿现有道路或规划道路一侧布置。

（2）避开不良地质、污染和腐蚀性地段，无法避开时应采取防护措施。

（3）尽量避免穿越铁路、高等级公路、河流等障碍物。

（4）减少房屋拆迁、占用农田、损毁植被等。

（5）充分利用地形重力流输水。

（6）施工、维护方便，节省造价，运行经济安全可靠。

1.4.4 构建水务信息化管理系统

自动化监控系统应根据供水工程规模、工艺流程特点、取水及输配水方式、净水构筑物组成、生产管理运行要求等确定。有条件地区应以县域为单元建立供水管理信息系统。系统软件应成熟、可靠、开放且具有良好的兼容性。然而水务信息化建设，普遍存在整体规划不到位、信息孤岛、业务孤岛等问题。水务企业在保证其生产运营管理系统的优质安全运行、节能降耗、贸易的准确计量、客户的优质服务等方面的问题日益突出。主要原因为：一是水资源日益稀缺，要求城市制定更科学的供水规划、提高用水效率；二是市场和经济压力要求水务企业进一步提高管理效率以应对多元化竞争和日益上涨的材料人工成本压力，提高盈利水平；三是水务企业需升级服务水平，以满足移动互联网时代用户日趋个性化、人性化的服务需求。而利用自动化和信息技术提高城镇水务系统的可预测性和可控制性，实现优化运行，是应对上述问题的有效技术手段。因此，智慧水务的概念应运而生。

思 考 题

1. 城乡供水一体化的含义是什么？有哪些实际意义？
2. 城乡供水一体化有哪些供水模式？这些供水模式有哪些异同点？
3. 城乡供水一体化工程应如何进行规划？
4. 现有的城乡供水一体化工程有哪些可取之处？请举例说明。
5. 现有的城乡供水一体化工程存在哪些问题？请举例说明。
6. 在进行城乡供水一体化工程总体设计时，需要执行哪些规范和标准？
7. 在进行城乡供水一体化工程总体设计时，为什么需要智慧水务？

第 2 章 数 字 水 务 概 述

2.1 数字水务概念

地球信息集成化工作是地球科学和信息技术发展的重要趋势。"数字地球"概念的提出，是 20 世纪 70 年代以来新技术革命的一个自然发展。数字地球是一个三维的地球信息模型，该模型将地球上每一角落的信息进行收集、整理、归纳，按照地球地理坐标建立完整的信息体系，用网络联结起来，便于人们快速、完整、形象地了解地球宏观和微观的各种情况，充分发挥这些信息的作用。数字地球的概念提出后，数字城市、数字水务等概念相继出现。水务是指以水循环为机理、以水资源统一管理为核心的所有涉水事务，而数字水务是在水资源利用的全过程中，先进信息技术与水务管理技术的广泛融合，以推动水务管理的智慧化。数字水务是数字城市的重要组成部分，综合应用地理信息系统（Geographic Information System，GIS）、全球定位系统（Global Positioning System，GPS）、遥感（Remote Sensing Image，RS）、宽带网络、多媒体及虚拟仿真等技术，以数据平台、网络平台和应用平台三个平台为框架，对河道、水闸、泵站、管网等水务基础设施和水文、水质、水压等水情信息进行自动化监测、实时化调度、网络化办事、系统化管理、规范化服务；对与水务有关的资源、环境、社会、经济等各个复杂系统的数字化、数字整合、虚拟仿真，是真实水务系统的数字化再现，并提供水务决策支持的可视化表现。

数字水务的提出有深刻的社会和技术背景。一方面，21 世纪的水务发展思路立足于可持续发展这一基本理念，着眼于人与自然的协调共处，把水务放在自然和国民经济宏观巨型系统中统筹考虑，因此，水务信息的种类和来源大大扩展了，对信息需要更加有深度地加工和处理，新的水务发展思路迫切需要先进的技术手段提供支持；另一方面，信息技术飞速发展，为信息采集、传输、处理、共享、控制提供了前所未有的技术手段和解决方案，将对水务的科研、规划、设计、施工和管理产生全方位的影响，为水务行业全面技术升级提供了可能。

同时，信息技术不断加速向水务行业渗透，水务行业面临着全面技术升级的大好机遇。水利政务、防汛减灾、水资源监控调度、水环境综合治理、大型工程的设计和施工、大中型灌区的综合管理等都迫切需要采用计算机技术、通信网络技术、微电子技术、计算机辅助设计技术、3S（G2S、GPS、RS）技术等系列高新技术进行技术改造，人们把利用以信息技术为核心的系列高新技术对水务行业进行全面技术升级和改造这一过程形象地称为"数字水务化"。

数字水务以水务可持续和谐发展思路为指导，立足于当前科技的最新技术和发展趋势，从水务信息流入手，将以计算机为核心的信息技术全面引入水务行业，对于实现中国水务现代化提供了可操作的具体内容。数字水务等概念的提出，为实现现代化的水务建设管理指出了发展方向。

2.2　数字水务建设背景

与数字水务相比，传统水务存在以下几点问题：

（1）部分水务企业缺乏顶层规划，发展方向和路径不明，导致系统建设偏离企业发展战略目标，造成应用系统相对分散，各自为政，制约企业数字化转型效率。

（2）传统水务运营环节和操作流程管理仍显粗放，数字化应用能力不足。水务领域工业自动化基础普遍薄弱，厂站网生产效能偏低；供排水管理标准化、精细化程度不足，公共保障能力、运营成本和节能降耗水平偏低；水务企业人、财、物、事管理系统有待优化，管理效率偏低。

（3）大部分水务企业仍处于信息化初级阶段，数字技术赋能业务的水平偏低。水务行业在新一代 ICT（Information and Communication Technology）技术运用、数字资源挖掘、智慧化管理等方面任重而道远。

（4）水务行业全产业链和新消费链尚未打通，水务数字化价值变现速度与产业布局拓展缓慢。特别是在构建设计规划、建设运营、服务咨询、涉水产品生产销售等水务产业生态，以及水务新服务等领域仍在起步阶段。

此外，厂站无人或少人值守、全业务线上服务、优质饮用水保障、城市内涝防治、污水零直排和"厂网河湖"一体化管控等管理不断升级，"传统水务"正在逐渐走向"数字水务"。

2.2.1　国内现状

我国目前所开发出的信息化软件开发标准大多存在通用程度不高、性能单一的问题。我国水利信息化软件研发刚刚起步，且大多数由一些水利信息化公司完成，各公司之间由于存在着技术垄断或各自为政，开发出的软件无法保证通用性。虽然国家近几年出台的各项信息化标准已经日益增多，但是对于具体到省级地区的具体问题仍有待解决和加强。

国内大部分水务公司信息化技术的发展经历了从早期无纸化办公、局域网、办公自动化系统建设到后期信息化技术在运营管理业务应用的跨越。水系统信息化主要归纳成四个阶段历程：

第一阶段：水系统信息化的基础建设，包括基础物联网构建、数字化信息系统建设，如数据采集与监视控制（Supervisory Control and Date Acquisition，SCADA）系统、营收系统等。

第二阶段：完善信息化数据建设，建立 GIS、以 GIS 为基础完善管网资产管理系统、完善 SCADA 系统等。

第三阶段：实现信息化业务应用系统模块、基于精准的管网资产数据实现分区计量管理、基于 GIS 建立移动化巡查系统、建立离线水力模型及水质模型等应用。

第四阶段：数据融合实现一体化信息调度平台，利用物联网、实时水力模型、大数据分析等技术，整合各类数据源的数据，建立数据中心，通过各类应用算法的支持实现智慧决策的实时综合调度平台。

2.2.2　国外现状

与国内快速发展的形势相比，国外从经验模式到智能自控模式的转变经过了一个较长的探索和发展历程，国外的水务技术发展重点不是在市场上去寻找智慧系统模块化或者现成软件平台的方向，而更加注重于企业自身数据的采集、分析和应用，包括对硬件如何实现优化布局、如何采用科学技术解决实际运营难题、数据应用的分析研究等等，经历了一个从生产到研究、从研究到应用的历程。

目前大部分国外智慧水系统由两块技术组成，即计算机辅助（Information Technology，IT）和业务技术支持（Operational Technology，OT），加强 IT - OT 的融合是国外水务公司信息化技术的主要工作，IT 是提供水系统的 IT 技术，不仅仅是数据的采集，还需要可视化和分析；OT 提供业务运营应用需求，并将业务需求进一步通过信息化方式实现应用。英国联合水务的业务技术包括了监测和报告、事件检测、事件预防、事件诊断、自动应急及优化等应用。

国外信息化的发展应用，除了在水系统本身，还延伸到用户用水量预测、分析等服务。例如欧盟资助的 IWIDGET 智慧水务项目，其研究内容不仅仅是在水系统方面的技术，更在于用户消耗水量的数据分析，分析不同类型用水的实时数据、获得为提高水费发票精准度和灵活性的信息、基于数据分析获取水的消费趋势等。事实上越来越多发达国家对未来水务提倡的概念是建立一个有弹性理念的水系统，也就是通过对系统可能产生的风险进行评估，对系统接纳风险的能力进行评估，进而提出系统弹性恢复的建议措施。智慧水系统就是实现弹性水系统的一个工具和措施。

国外的信息化应用比国内早，尤其是数据的深度挖掘与分析，英国部分水务公司在早期信息化建设中就重视生产数据的分析及应用，水力模型的建立也比中国较早发展应用，目前国内水务公司应用较多的几个水力模型软件如 Inforworks、DHI、KYPIPE、Bently 等都是来自英国、丹麦或者美国的软件。英国很多水务公司通过建立实时数据平台，布设大量压力或流量传感器来采集生产运营中的数据，如英国联合水务在硬件方面投入的流量计和压力传感器有 8000 多个。水务公司通过与高校联合的研究项目实现数据分析算法的应用，这种数据整合、智慧平台建设、智能算法应用最终带来的效果就是实现企业管理模式的转变，一个从依靠经验化的管理模型转变成高效智能的自动化管理模式。

2.3　数字水务建设必要性与发展方向

水务部门作为政府的水行政主管部门，肩负着防汛减灾、水资源综合利用和水生态环境保护的重任。信息化是当今世界经济和社会发展的大趋势，也是我国实现工业化、现代化的关键环节。水务数字化是国家以信息化改造和提升传统产业思路在水务行业的具体体现，是推进水务现代化的重要措施之一。

2.3.1　数字水务建设的必要性

水务数字化的核心是为实现水务现代化、全面建成小康社会提供支撑。长期的实践证明，完全依靠工程措施，不可能有效解决当前复杂的水问题。广泛应用现代信息技术，充分开发水务信息资源，拓展水务信息化的深度和广度，工程与非工程措施并重是实现水务现代化的必然选择。以水务数字化带动水务现代化，增加水务工作的科技含量、降低资源与资金的消耗、提高整体效益是新世纪水务发展的必由之路。

（1）数字水务建设是提高水务管理水平的需要。在新的形势下，提高水务管理水平必须依靠科技的进步。以防治水旱灾害为例，水情信息是防汛抗旱决策的基础，建立实时有效的水情信息系统，能大大提高预测和预报的及时性和准确性，为制定防洪抗旱调度方案、提高决策水平提供科学依据。目前，我国水资源供需矛盾日益突出，水环境污染形势十分严峻，严重影响了人民的生产和生活，制约了经济和社会的发展。水资源合理配置、防污治污工作的开展和决策需要水量、水质和水利工程等多方面信息的联合决策，因而迫切需要利用现代信息技术及时收集和处理大量的信息，为水资源调度、合理使用以及保护决策提供及时准确的信息支持。

（2）数字水务建设是实现水务发展思路历史性转变的需要。水务工作要从过去重点对水资源的开发、利用和治理，转变为在水资源开发、利用和治理的同时，更为注重对水资源的配置、节约和保护；要从过去重视水利工程建设，转变为在重视工程建设的同时，更为注重非工程措施的建设；要从过去对水量、水质、水能的分别管理和对水的供、用、排、回收再利用过程的多家管理，转变为对水资源的统一配置、统一调度、统一管理。水务数字化是实现上述转变的重要技术基础。

（3）数字水务建设是政府部门转变职能的重要内容。信息已经成为与物质同等重要的资源。政府利用现代数字技术，充分开发和利用信息资源，是正确、高效行使国家行政职能的重要环节。政府机构改革和职能转变，客观上要求政府部门广泛获取、深入开发利用信息资源以更好地管理复杂的政府事务，提高管理水平和工作效率，加强政府与广大公众之间的联系，使社会各界有效监督政府的工作，达到改进服务的目的。水务各级部门作为政府的职能部门同样需要水务数字化来实现职能的转变。

（4）数字水务建设是促进国民经济协调发展的需要。水务数字化对于建立包括节水型农业、工业在内的节水型社会，推进城市化进程，提高资源共享，促进国民经济协调发展具有十分重要的现实意义和长远的历史意义。特别是对于全面建成小康社会和新农村建设、开发资源性缺水地区、提高水资源的利用率、促进国民经济协调发展也具有重要现实意义和长远的历史意义。

2.3.2　数字水务建设的发展方向

根据国内数字化建设的现状与存在的主要问题以及水利现代化和社会经济现代化对水利信息化的要求，未来将从信息采集、信息平台建设以及信息化标准等方面加快信息化建设。

（1）信息采集是数字水务建设的基本需求。信息是基础，各业务应用系统能否准确、快速、有效地运行，首先取决于信息采集处理阶段的自动化、现代化水平。因此，大力改善目前信息采集处理手段落后、信息量少、实时性差的水情及水环境信息采集、处理与传输系统，采用自动化采集和现代化传输手段，强化信息处理能力，建设完备的工、旱、灾情信息采集传输系统和水利工程自动化监测系统，规范工、旱、灾情及水土保持监测信息的内容、格式，提高信息的时效性、可靠性、准确性、标准化及自动化水平，是数字水务建设的基本需求。

（2）信息平台的建设是数字水务建设的必要支撑。

1）通信是信息传输的保障，建立覆盖各省水利部门的水利通信网，使该网能够具有多种通信手段、传输多种信息类型、全天候地可靠完成通信任务。

2）计算机网络是实现信息资源充分共享的重要保障，需要建立覆盖各省连接各地市水利部门、大中型水利工程管理单位的计算机广域网以及各单位自身的局域网，并与水利部及各省政府联网。从而显著提高信息收集、发送的速度和质量，扩大信息种类，增加信息量，实现信息资源充分共享，为防汛抗旱、水资源调配、水环境保护、水土保持以及行政办公自动化等提供网络服务。

3）建设公用数据库是避免重复建设、实现信息资源最大程度共享的需要，是水利公用信息平台的重要组成部分。公用数据库是可供多个业务应用系统共享使用的数据为这些业务应用系统提供统一基础数据支持和管理。因此，建设包括水文数据库等是数字水务建设的重要部分。

（3）信息化标准、政策法规以及水利人才的培养是数字水务建设的重要保障。

1）标准规范建设、政策法规完善和信息化人才队伍建设是实现水利信息化的重要保障措施。没有统一的标准规范，水利信息化工程建设就无章可循，质量无法保证，更谈不上信息资源的充分共享，同时，没有完善的政策法规体系，何以依法行政。目前在信息化建设领域，标准规范缺乏或不统一以及政策法规跟不上形势发展的现象较为突出。因此，加强标准规范与政策法规体系的建设，是数字化建设的强烈要求。

2）数字水务的建设和信息系统的应用推广的支撑点是人才，没有人才就没有信息化，针对目前水利信息化人才特别是高层次的复合型人才严重短缺的现状，建设一支高水平高层次的水利信息化专业队伍是水利信息化工程建设、运行、维护和管理的大保障。

2.4　数字水务建设目标与任务

2.4.1　数字水务建设的目标

以供水管网地理信息系统为基础整合供水企业所有数据资源、通信资源、网络资源、系统资源，建立集供水各专题信息服务于一体的供水信息共享服务平台，以此为基础快速构建面向供水企业综合运营监管的综合业务应用平台，打破信息孤岛，实现信息的共享，实现供水企业的信息共享和协同办公，实现供水业务监控、管理、服务等业务的数字化、可视化与联动化，最终建成供水企业网络化办公，使企业的人力、物力、信息等资源实现共建共享与互惠互赢，改变现有各业务系统分散工作的局面，为供水企业的综合信息化监管开创一种全新的管理思路与模式,最终建成具有各供水企业特色的智慧水务综合运营平台,为企业的运营、调度指挥、分析决策提供有效的数据支撑。具体目标如下:

(1)集成各供水业务支撑系统,实现数据的有效集成,为供水企业各部门间进行信息交互与共享奠定基础。

(2)将不同供水业务进行有效互联,进行跨业务的综合运营分析,实现面向供水企业宏观层面的综合运营监管与调度指挥决策(可同时实现对管网、用水户、供水量、水质、工程等运营信息的管理,并对巡检时间、漏水、爆管、用户投诉等异常信息进行浏览、监控查询、展示和分析)。

(3)为企业运营提供完善的评价体系和综合分析手段,为供水综合应急提供有力的信息化支撑,方便企业随时掌握供水企业的宏观运营情况。

2.4.2 数字水务建设的基本原则

数字水务工程是项目规模庞大、结构复杂、技术难度大、功能强、涉及面广周期长的信息建设工程,为确保工程达到预期的目标,建设规划时应遵循以下原则:

(1)遵循"整体布局、分步实施、先进实用、共建共享"原则。以应用为驱动,在充分利用现有设施和资源的条件下,力求高起点,既满足近期需求,又适应长远发展的需要。

(2)坚持标准化与开放性原则。在规划设计时,要充分考虑到现代信息技术的飞速发展,要适应未来功能升级的要求,使系统具有开放性、兼容性、扩展性,工程建设应优先选择符合开放性和国际标准化的产品和技术,在应用开发中,数据规范、指标代码体系、接口标准都应该遵循国家标准、行业标准及国际标准要求。

(3)坚持确保安全原则。系统设计及建设根据要求达到相应的安全级别,确保系统运行有高度的可靠性和安全性。

(4)坚持跟踪、反馈、更新、完善的原则。系统应不断贴近生产实践的需要。

2.4.3 数字水务建设的主要内容

(1)建立数据采集系统。该系统包括对流域有关的自然、经济、人文等各方面的数据采集。数据采集必须适应水务快捷性、实时性和应急性的要求。

(2)建立数据传输系统。在整合现有的通信网络基础上,考虑建设包括卫星导航定位系统、光缆、超短波、微波等现代化的数据传输系统。通信网络必须保证不同环境条件下数据传输的通达性和可靠性。

(3)建立数据存储与管理系统。数字水务的数据和信息将是海量的,要通过数据库技术和数据挖掘技术,以 GIS 为载体,构建融气象水文观测成果、遥感解译成果、数字摄影测量成果、经济社会与人文等数据为一体的数字化集成平台,创造数字仿真研究手段可以依附的二次开发环境。

(4)建立数据分析与处理系统。通过对大量模型的归纳、抽象、升华,建设为各应用系统和决策支持提供分析手段的模型库。

(5)建立决策支持体系。决策支持体系将以各类应用系统为中心,在基础信息系统和模型库的支持下，从不同角度处理水务问题。

（6）人员培训。加强数字水务的人员培训，避免出现建设完成后的数字水务系统没有技术力量充分利用、无法随时维护更新的状况，以充分发挥其社会经济效益。

思　考　题

1. "数字水务"的概念是什么？

2. "数字水务"建设的原则是什么？

3. 水务数字化的转型将会面临哪些挑战？

第3章 数字水务基础设施建设

数字水务物联感知设施需要跟工程建设项目（包含总体工程项目涉及的水源、引水、净水、管网、泵站、入户等工程）统筹安排，并做好设计衔接和标准对接。在线监测设施、数据采集设备部署位置属于数字水务工程建设范畴，例如城区供水片区的管网分区、城区管网流量监测、相关监测计量井建设、县城与乡镇自控改造、新增及远传监控等智慧化设施建设建议归属数字水务建设项目。同时考虑到偏远山村由于运营商信号不稳或无信号情况存在，为保障村级供水工程在线监控数据采集、远传稳定并及时将村级供水信息采集、远传设施投入归入到数字水务项目，需要进行数字水务的基础设施建设。

3.1 物联网感知建设

3.1.1 流量监测

为了对水厂及泵站自动化建设情况把关，本着务实节约的原则，对厂区安全及水质安全信息化提出以下标准，以保证供水安全：

（1）厂区流量监测原则。通过对各水务公司新建水厂进水口与出水口分别安装流量监测设备，更换老旧水厂进水口与出水量因故障无法维修的流量监测设备，实现各水厂进出水量的在线监测与预警。

（2）流量计主要设备参数（参考指标）。流量计主要设备的指标参数见表3.1。

表 3.1 流 量 计 参 考 指 标

类型	参 考 指 标 参 数
流量计	精度等级：0.5级；公称压力：1.6MPa； 法兰标准：GB/T 9124.1—2019；衬里材质：氯丁橡胶； 电极材质：不锈钢；介质温度：≤80℃； 电极形式：标准型；传感器防护等级：IP68； 介质：自来水；输出：4～20mA DC485 通信接口； 供电：220VAC，50Hz

3.1.2 压力监测

3.1.2.1 建设原则

压力监测即在保证用户正常用水的前提下，通过加装调压设备，根据用水量调节管网压力为最优的运行条件。压力监测方法的优点显而易见。若管网压力过高，即使积极采取主动检漏、修补漏点的措施，也无可避免地会不断出现新的漏点，造成"补老漏出新漏"的恶性循环。采取压力控制方法，确保供水管网满足用户压力需求的前提下降低管网的富余压力，对提高水务公司运营水平有重大意义：

（1）大大降低管网由于压力过高造成漏失的频率，尤其是对降低背景渗漏等不可避免的漏失有很好的效果。

（2）有效降低爆管事故发生的可能性，延长管道的使用寿命，也节省了巨额的维修费用，以及因维修对交通造成的影响。

（3）降低供水能耗，节约能源，降低水务公司运营成本，提升公司效益。

（4）为广大用户提供更为稳定的供水服务，提升企业对外形象。

压力控制能够有效减少背景渗漏量。因此，压力监测方法被认为是一种减少供水管网漏损最为快速、有效的主动控漏方法。

3.1.2.2 管网压力控制模型

管网压力控制模型以满足管网压力、水量及节水节能为目的，基于管网监测数据建立，经过系统仿真校核实现泵站实时调度控制运行。管网压力控制模型可以实现以下功能：

（1）使水厂供水范围及管网水头损失合理，控制末端压力精度在 ± 0.001MPa 以内，满足用户需要且无多余扬程。

（2）基于管网压力控制模型建立压力流量预测控制系统，使泵沿管网压力曲线运行，根据瞬间流量控制压力。

3.1.2.3 管网压力控制模型使用

基于管网压力控制模型的压力流量预测系统工作流程如图 3.1 所示，由 PLC 调用出厂流量并依据管网压力控制模型计算出厂压力设定，根据设定压力与压力反馈比较的误差来调节变频器频率及调速机组的转速，使泵群沿管网压力控制曲线运行，实时监测调节出厂压力及流量，满足管网末端压力。

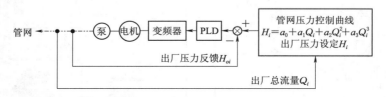

图 3.1 基于管网压力控制模型的压力流量预测系统工作流程

通过压力监测模型调节出厂流量与压力，在夜间出厂流量及压力较小，但为了满足管网末梢压力，导致近水厂端压力仍然偏高；如果进一步降低出厂压力，夜间出厂流量及压力较大，近端压力仍然比较高，但远端压力却不能满足正常水压，沿途用水量大是主要原因。近端压力过高导致的管网漏损不可忽视。采用分区阀门控制小区压力是降低管网漏损的有效方法，若分区入口的压力降低，则可以大幅减少该区域的管网漏损量，同时降低出厂流量，由管网压力控制模型依据实时流量控制泵站的出厂压力也会相应降低，可将局部小区域减漏效应实时扩展至整个管网系统，降低整个管网的漏损，达到管网泵站节能节水。管网压力控制模型示意如图 3.2 所示，表示环状管网的一段主配水管担负的用水区域及其分区阀门配置，其特征是各小区树状配水支管中的

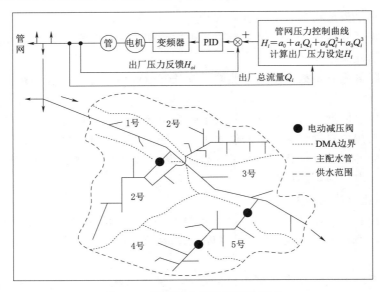

图 3.2　管网压力控制模型示意图

水量流向用户，而不再流回主配水管，2 号、4 号和 5 号小区配置阀门通过控制压力减少漏损。小区宜采用恒压供水，如 2 号阀门出口压力设定 $H = h + H_0$，其中 h 为出口端至配水支管最远端的水头损失（按最大用水量计算），H_0 为用户服务压力。而 5 号小区阀门出口压力须考虑 4 号小区配水支管远端的服务压力。

两种控制小区压力的方式如图 3.3 和图 3.4 所示。

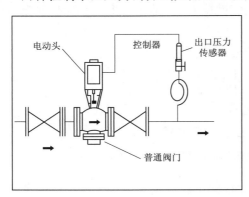

图 3.3　电动减压阀控制小区压力

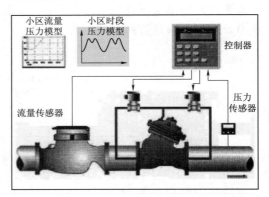

图 3.4　流量压力模型或时段压力模型控制小区压力

根据实际经验，小区最大流量和最小流量变化幅度比 H 小很多，这部分产生的节水量很少。不必用实时流量计算 h。如图 3.3 方式未采用实时流量计算 h，可减省流量计，其控制器远程或现场设定出口压力，与传感器反馈压力比较的误差以直流控制信号输入电动头内的伺服电机执行机构，转换为相应直线位移调节阀门开度，使出口压力调至设定值。不受进口压力变动影响，简单可靠。图 3.4 方式则需流量计，还需设置小区流量压力模型或时段压力模型，可根据流量来调节减压阀的开合，实现自动化恒压供水。也可以根据不同时段，启闭减压阀，实现调压。

3.1.3 水质监测

3.1.3.1 水厂水质监测

为进一步规范辖区范围内自来水厂的水质安全，强化生产过程水质控制，明确城市自来水厂关键水质指标的内控要求，实现从"合格水"向"优质水"的转变，应对水厂及供水管网的水质进行监测，监测的具体相关合格标准参考如下。

水资源水质直接影响到供水的安全，对水厂及配水管网水质进行检测应根据规划要求和有关规定，本着务实节约的原则，对水质安全信息化监测进行设备清单配置，以保证水质监测顺利进行，保障居民用水安全。

水质安全监测主要分为水质实时在线监测及实验室检验数据手工上传，依据检测数据进行水质安全分析，确保水质符合《生活饮用水卫生标准》（GB 5749—2006），超过限值后自动进行水质安全报警。

水质安全监测中，一般进厂水水质监测包含浊度、pH、温度、溶解氧、电导率五项常规参数；出厂水水质监测配备浊度、余氯两项监测。

如果原水管网较短，进水厂水质与原水水质相差不大的情况，已建设水源地水质常规五项监测情况下，则无须再对进水厂水质进行监测。表 3.2 中的参数为必需指标，数量建议配置见表格。

表 3.2　　　　　　　　水 质 指 标 建 设 参 数

序号	类型	建议数量	参 考 指 标 参 数
			进 厂 水
1	浊度	与进水管数量匹配	测量范围：0.00～4000 NTU； 测量精度浊度：小于全量程的±2%； 防水等级：IP68；测量环境温度：0～45℃； 隔离变送：4～20mA
2	pH	与进水管数量匹配	隔离变送：4～20mA，RS-485 通信接口；功能，标准 Modbus 协议； 测量范围 pH（0～14）；分辨率：0.01； 测量精度：±0.02；稳定性：≤0.02/24h； 温度范围：0～100℃；220VAC 供电
3	温度	与进水管数量匹配	温度指标由 pH 探头内置功能完成测量
4	溶解氧	与进水管数量匹配	测量精度：低于 5×10^{-6} 时为 $\pm0.1\times10^{-6}$； 高于 5×10^{-6} 时为 $\pm0.2\times10^{-6}$； 分辨率：0.01×10^{-6}（mg/L）/0.1%饱和度； 荧光帽：丙烯酸树脂； 响应时间：60s 以内达到 95%，40s 以内达到 90%
5	电导率	与进水管数量匹配	测量原理：感应电流； 测量范围：0～200μS/cm 至 0～2000000mS/cm； 重复性：满量程的 0.1%，甚至更好； 准确度：满量程的 0.5%以内； 测量温度：-10～200℃

续表

序号	类型	建议数量	参 考 指 标 参 数
			出 厂 水
1	浊度	与出水管数量匹配	测量范围：0.00～100NTU； 测量精度浊度：小于全量程的±2%； 防水等级：IP68；测量环境温度：0～45℃； 隔离变送：4～20mA
2	余氯	与出水管数量匹配	测量范围：0～20.00mg/L；分辨率0.001mg/L； 响应时间：<2min；稳定性：≤2% F.S.； 隔离输出4～20mA，RS-485通信接口，兼容 Modbus-RTU 协议；供电电源 220VAC

3.1.3.2 管网水质监测

管网水质在线监测设备是指多参数水质在线分析仪。

1. 设备主要技术特点

(1) 仪器故障自动报警功能和异常值自动报警功能。

(2) 定期自动清洗和自动校正功能。

(3) 远程时间设置功能。

(4) 远程校正和远程清洗功能。

(5) 双向数据传输功能。

(6) 水质连续采样和管道自动清洗过滤系统功能。

(7) 在监视器上显示测量参数和设备运行状态。

(8) 显示报警画面。

(9) 建立数据库，生成报告并打印，显示趋势曲线。

(10) 停电保护及来电自动恢复功能。

(11) 数据自动采集及自动传输功能。

2. 技术参数要求（必须指标）

(1) 浊度参数。

1) 用途：用于城市供水管网自来水浊度的测量。

2) 原理：90°散射光，内置气泡去除系统。

3) 光源：长寿命光源，带自动清洗功能。

4) 量程：0.001～9.999NTU；10.00～99.99NTU；自动选择量程。

5) 精度：0～20NTU 为读数的±2%或±0.02NTU，20～100NTU 为读数的±5%。

6) 重复性：优于读数的±1.0%或±0.002NTU。

7) 信号平均时间：6s、30s、60s、90s 可选。

8) 操作温度：−10～50℃。

9) 信号输出：0/4～20mA；Modbus RS-485。

10) 电源：220VAC，50Hz。

（2）余氯（总氯）参数。

1）用途：用于城市供水管网自来水的余氯测量，具备同时检测余氯和总氯功能。

2）测量原理：DPD 比色法。

3）测量范围：0～5mg/L。

4）精度：读数的±5％或±0.005mg/L。

5）操作温湿度：—10～50℃；0～95％相对湿度、无冷凝。

6）信号输出：两路 0/4～20mA；Modbus RS‐485。

7）电源：220VAC，50Hz，DC24。

（3）pH 参数。

1）电极：玻璃复合式电极，自动温度补偿。

2）测量范围：1～14pH。

3）测量精度：±0.01pH。

4）分辨率：0.01pH。

（4）温度参数。

1）电极：PT100 传感器。

2）有效量程：0～50℃。

（5）压力参数。

1）用途：测量、指示和传送自来水管道压力信号。

2）测量原理：压阻测量元件。

3）量程：0～7bar。

4）精度：0.25％。

5）输出：4～20mA。

6）电源：24VDC 两线制。

7）防护等级：IP67。

8）额定操作条件：过程温度为—30～80℃；环境温度为—25～85℃；贮存温度为—50～100℃。

3. 监测点数量

综合考虑县城及各乡镇供水规模、管网长度、管网布局等实际特征，县城与各乡镇管网水质监测点数量建议配置见表 3.3。

表 3.3 　　　　　　　　　　　**管网水质监测点数量**

县城供水规模/（m³/d）	管网水质监测点/个	集镇供水规模/（m³/d）	管网水质监测点/个
<20000	2～4	<2000	1
20000～50000	4～7	2000～3000	1～2
50000～100000	7～11	3000～5000	2～3
100000～200000	11～14	5000～10000	3～4
>200000	>14	>10000	>3

配水管网水质监测点主要为管网末梢及管网区域内学校、政府、工厂等重点监测地点，监测项包含浊度、余氯、pH 等，监测频次为每 5min、10min、30min 监测一次。

3.1.3.3　水质化验实验室建设

（1）数据检测频率。常规水质化验室设备配置，依据水源水、出厂水每日不少于一次，管网水和管网末梢水每月不少于两次的必检项目〔浊度、色度、臭和味、肉眼可见物、氨氮、化学需氧量（COD）、余氯、细菌总数、总大肠菌群、耐热大肠菌群 10 项指标〕，优先配置化验设备；并按照水源水、出厂水、管网水、管网末梢水每月不少于一次的水质常规检测指标，以及可能含有的非常规指标有害物质，完善常规水质化验室仪器设备的配置。

（2）化验室改造与装配。各县水司水质化验室建设一般利用现有房间改造建设，通过改造装修，配套相应的配套设施，形成电感耦合等离子室、放射室、离子色谱室、气相色谱室、紫外分析室、原子荧光室、样品室、理化实验室、微生物室、天平室、高温室、气瓶室。以上"室"等同空间，不一定要求单独空间。

（3）化验室建设与策略。各县城供水公司均需建设水质化验室，要具备规范规定的常规指标化验能力，并且随着国家对城乡供水投入力度的不断加强，水质化验设备得到进一步加强。各县现有的水质化验设备、设备档次、老化程度不一致，在建设城乡供水一体化数字水务建设中，要核实各县供水公司现有的水质设备情况，按照统一的技术标准，科学合理地装备水质化验仪器设备，装修水质化验室，保证水质化验分析准确到位。

（4）配置建议清单。系统配置建议清单见表 3.4。

表 3.4　　配 置 建 议 清 单

项目	化验室设备设施	数量
某县自来水公司	水质化验室改造装修	1 处
	水质化验室辅助配套设施	1 套
	水质化验室仪器设备	1 套

3.1.4　安防监控

（1）建设原则。按照以下原则配置视频监控设备：

1）根据实际情况装枪机和球机，保证工厂重要生产地点和安防点基本没有死角。

2）根据公安机关相关要求存储周期不低于 90d；通信传输方式视距离长短，采用光纤传输或电信运营商网络传输。

（2）安装数量。对泵房、高位水池、水厂、营业厅视频安防配置清单是根据国安要求，监控无死角，视频按 90d 存储进行配置，根据水厂规模及各自工艺特征以及点位采集确定，建议配置具体见表 3.5。

（3）400 万像素枪机技术参数。以下为参考指标：

1）具有 400 万像素 CMOS 传感器。

2）最大分辨率 2560×1440 像素。

3）需具有 20 路取流路数能力，以满足更多用户同时在线访问摄像机视频。

4）最低照度彩色为 0.0008lx，黑白为 0.0001lx，灰度等级不小于 11 级。

5）红外补光距离不小于 85m。

表 3.5   安防设备建议配置数量

项目名称	设备类型	建议数量	备注说明
××水务公司	枪机	20～25 个	含取水泵房、净水厂、营业厅高位水池的监控
	球机	4～6 个	
	硬盘录像机（32T）	3～5 个	
	尾纤	（100±50）m	
	网线	（2000±500）m	
	16 口视频交换机	2～4 个	
	防浪涌保护器	2～4 个	
	防雷接地系统	2～4 套	
	立杆基础及防水箱	4～6 套	

6）需支持三码流技术，可同时输出三路码流，主码流最高像素 2560×1440@30fps，第三码流最大像素 2560×1440@30fps，子码流 704×576@30fps。

7）在像素 2560×1440@25fps 下，清晰度不小于 1400TVL。

8）支持 H.264、H.265、MJPEG 视频编码格式，且具有 HighProfile 编码能力。

9）信噪比不小于 55dB。

（4）400 万像素半球机技术参数。以下为参考指标：

1）具有 400 万像素 CMOS 传感器。

2）最大分辨率 2560×1440 像素。

3）需具有 20 路取流路数能力，以满足更多用户同时在线访问摄像机视频。

4）最低照度彩色为 0.001lx（AGC 开，RJ45 输出），黑白为 0.0001lx（AGC 开，RJ45 输出）。灰度等级不小于 11 级。

5）红外补光距离不小于 50m。

3.1.5 管网在线监测

3.1.5.1 县城 DMA 监测点建设原则

县城监测点主要是用于漏损控制及管网运行监测，综合各因素并考虑到实用性以及将来维护的便利性，县城 DMA 分区监测点建设原则及建议如下：

（1）不同口径的流量计选型。管网在线监测中对于不同管网直径的流量计选择以及其相对应的供电方式的具体配置见表 3.6。

（2）RTU 供电方式选择。管网在线监测中不同供电方式的优先级及其具体说明见表 3.7。

表 3.6   不同口径的流量计选型

管网口径/mm	流量计类型	供电方式
50～600	分体式电磁流量计	电池供电
>600	插入式双声路四探头超声波流量计	电池供电

表 3.7　　　　　　　　　　　　　　RTU 供电方式选择

供电方式	优先级	说　明
市电供电	一	市电供电既可以保证数据的实时性,同时后期运维成本大大降低。因此监测点安装时,优先考虑市电供电
太阳能供电	二	在不能满足市电供电的情况,可选太阳能供电,太阳能应根据当地的日照情况,配置相应容量的太阳能板和电池,一般推荐太阳能板为 60W 及以上,电池容量为 20Ah 及以上
电池供电	三	在市电及太阳能都不能满足的情况下,RTU 可采用电池供电。防水级别 IP68

(3) 不同供水规模的县城监测点安装数量标准。

1) 主管网监测点。管网在线监测中对于不同供水规模的主管网监测所需配置的监测点数量见表 3.8。

表 3.8　　　　　　　　　　　　　　主 管 网 监 测 点 数 量

供水规模 /(m³/d)	流量压力一体监测点/个	单压力监测点 /个	供水规模 /(m³/d)	流量压力一体监测点/个	单压力监测点 /个
<10000	≤10	1～3	50000～100000	25～32	5～8
10000～30000	11～18	3～5	100000～200000	32～40	7～10
30000～50000	18～25	4～6	>200000	>40	>10

2) 小区入口及供水大用户监测点安装原则及参考指标:①在抄表到户且户数超过 200 户的小区供水入口处安装单流量计监测。②日供水在 100m³/d 以上的供水大户或管网口径在 50mm 以上的用水大户,如果是远传智能表,每天采集一次数据进行监测;如果没有安装远传水表,可安装远传流量计进行数据监测。

3.1.5.2　集镇流量压力监测原则及参考指标

(1) 小于 1000m³/d 供水的集镇根据供水实际状况,在主管网的分支处安装不超过 3 个流量监测点进行数据监测,同时可在供水最不利点安装 1～2 个压力监测点(供水最高点或最远点)。

(2) 1000～5000m³/d 供水的集镇根据供水实际状况,在主管网的分支处安装 3～6 个流量监测点进行数据监测。同时可在供水最不利点安装 1～3 个压力监测点(供水最高点或最远点)。

(3) 5000～10000m³/d 供水的集镇根据供水实际状况,在主管网的分支处可安装 6～8 个流量监测点进行数据监测,同时可在供水最不利点安装 2～4 个压力监测点(供水最高点或最远点)。

(4) 大于 10000m³/d 供水的集镇根据供水实际状况,在主管网的分支处可安装 8 个以上流量监测点进行数据监测,同时可在供水最不利点安装 4 个以上压力监测点。

根据集镇流量压力监测原则及参考指标所示,集镇流量压力监测点数量见表 3.9。

表3.9 集镇流量压力监测点数量

供水规模 /(m³/d)	流量压力一体 监测点/个	单压力监测点 /个	供水规模 /(m³/d)	流量压力一体 监测点/个	单压力监测点 /个
＜1000	≤3	1~2	5000~10000	6~8	2~4
1000~5000	3~6	1~3	＞100000	＞8	＞4

其中对于主管网监测点与集镇流量压力监测点中所安装的流量压力一体监测点配置参数见表3.10，所安装的单压力监测点配置参数见表3.11。

表3.10 流量压力一体监测点配置参数

序号	设备名称	技术参数（建议指标）
1	压力变送器	测量范围：0~16MPa；综合精度：±0.1% F.S.（典型）； 输出信号：二线制4~20mA，RS-485；介质温度：−20~150℃； 环境温度：−40~85℃；存储温度：−55~125℃； 零点温度漂移：±0.03% F.S./℃；过载压力：150% F.S.； 长期稳定性：＜0.1% F.S./a，＜0.2% F.S./3a；防护等级：IP68；
2	电磁流量计	分体型电磁流量计；精度等级：0.5级； 公称压力：1.6MPa；法兰标准：GB/T 9124.1—2019； 衬里材质：氯丁橡胶，电极材质：不锈钢； 介质温度：≤80℃；电极形式：标准型； 传感器防护等级：IP68；介质：自来水； 输出：4~20mA，DC485通信接口；供电：220VAC 50Hz
3	RTU（含通信费）	4G/2G无线远传，A/D输入输出，RS-485接口，可按规定的通信协议主动上报数据
4	太阳能套装	太阳能板（60W）、太阳能板支架、蓄电池（20Ah）、转换开关、电源线及配件
5	防雷接地系统	防雷接地阻值＜10Ω，接地铜缆采用黄绿色，接地桩与接地线做防腐处理
6		立杆及基础
7	计量井	根据现场施工情况而定，标准为1.5m×1.2m，含开挖、砌井、材料、垃圾运输费

表3.11 单压力监测点配置参数

序号	设备名称	技术参数（建议指标）
1	压力变送器	测量范围：0~16MPa；综合精度：±0.1% F.S.（典型）； 电源电压：典型12VDC；输出信号：二线制4~20mA，485； 介质温度：−20~150℃；环境温度：−40~85℃； 存储温度：−55~125℃；零点温度漂移：±0.03% F.S./℃； 过载压力：150% F.S.； 长期稳定性：＜0.1% F.S./a，＜0.2% F.S./3a；防护等级：IP68
2	RTU（含通信费）	4G/2G无线远传，A/D输入输出，RS-485通信接口，可按规定的通信协议主动上报数据

续表

序号	设备名称	技术参数（建议指标）
3	太阳能套装	太阳能板（60W）、太阳能板支架、蓄电池（20Ah）、转换开关、电源线及配件
4	防雷接地系统	防雷接地阻值＜10Ω，接地铜缆采用黄绿色，接地桩与接地线做防腐处理
5		立杆及基础
6	计量井	根据现场施工情况而定，标准为 1.5m×1.2m，含开挖、砌井、材料、垃圾运输费

3.1.6　智能水表建设

各分公司实际情况不同，存在多种多样的水表安装环境，不宜固定地采用单一的智能水表技术选型，应充分结合建筑特点、基表安装环境、网络条件，采用"一地一案"方式实施改造。智能水表改造原则如下：

（1）城区集中式高层小区。针对县城新建的集中小区，考虑到现成的运营商和通信环境，建议优先采用 NB-IoT 通信方式的智能水表，利用 NB-IoT 广覆盖、大连接、可利用运营商网络的通信优势，实现各智能水表终端的数据上传。也可以在网络信号覆盖程度高的小区，采用集中式抄收的智能抄表产品，实现小区的水表数据的集中抄收，减少数据抄收成本、有效降低设备安装及维护费用。

（2）乡镇独栋建筑。乡镇建筑往往为一户一表的独栋建筑，楼栋相对集中、部分分散、覆盖面积较广，水表多数独立安装于楼栋外的入户管线处。因水表安装位置分散的特点，该种场景不适用于分体自组网集中抄表设备，可选用覆盖范围更广、带载数量更多的物联网型产品，使通信网关覆盖镇区整个区域范围，实现镇区 5km 内的智能水表的集中抄收。

（3）农村分散住宅。农村分散建筑分散，覆盖面积广，地形地势复杂，水表安装分布不规则，安装环境复杂，无法适用组网型抄表方案。可结合当地运营商环境、基站设施和实际情况，酌情选用水表类型。智能远传水表数据及接口标准要求参考国家有关技术标准。

3.1.7　其他

（1）测漏设备配置。管网测漏包括数字滤波检漏仪、智能管线定位仪、数字相关仪等。其中，数字滤波检漏仪主要用于确定管网漏损状态，定位爆管位置，确定管网维修点位，提升工作效率；智能管线定位仪主要用于给水管路的探测、定位，为管网改造施工、检漏提供检测手段，减少盲目施工、开挖，保障给水管路的安全运行，还有一些其他的用于给水管路的泄漏检测的数字检漏仪，包括 PE、PPR、PVC 等非金属管材的检漏，可准确、快速、可靠地定位漏点。

（2）管网爆管、漏点在线监测设备。管网爆管、漏点按在线监测设备主要包括水听器与智能型漏损噪声记录仪。其设备技术要求：

1）使用优质的传感器，具有相关预定位功能，漏损状态通过成熟的算法进行运算，软件端选择设备进行两两相关分析，预定位漏点的位置频谱分析功能。

2）必须具有"预相关"功能，能够监测管道上压力瞬变和漏损噪声，持续不间断地采样，建立漏损噪声数据剖面线和趋势报警，能够精确地立刻对漏损进行报警，远程确定漏点的大致位置，便于检漏人员的跟进。

3）必须具有 Aqualog 功能，远程查看记录仪噪声细节直方图，清晰识别噪声的一致性，能传输监测点的噪声数据，以方便检漏人员在办公室"听音"识别漏点，能够更高频率地记录噪声以建立噪声曲线和轮廓报警以及精确的快速报警。

4）具有全天候实时监控功能，内存要求足够大，能自动同步监测结果，并可以通过服务器软件或者其他第三方程序查看监测结果，在异常情况下，支持硬件直接报警，也可识别或移除"假报警"。

3.2 通信网络建设

3.2.1 方案概述

通信网络建设是覆盖整个供水服务的一个广域网，可以由互联网、Wi-Fi（无线通信网络）、移动通信网络、水务专网等网络中的一个或多个组成，通信网络建设除了建设起到数据通信的功能之外的网络，更重要的是要建设起到路由的功能的网络，做到不同的数据发送到中心系统中不同的服务及应用接口中，以便服务应用能够正确快速实现。

在城乡供水一体化的数字水务建设中，要求通信网络建设在一张覆盖整个地市的传输专网网络，实现"横向到边，纵向到底"的总体联网整合目标，作为感知数据的传输通道，为感知数据采集传输和应用提供强有力的支撑，平台应部署在专网上。结合各个县级的网络覆盖情况与城乡供水一体化项目的相关标准，同时要考虑对接省水投公司的发展趋势，确保调度中心以及省水利投资公司、相应的县水利局、相应的县水务公司均能够稳定、正常与主机互联，相应的县级城乡供水一体化采用云服务组网构架。结合省水利投资公司的机房建设，购买云服务资源，包括网络资源、计算资源和存储资源，通过云服务提供商的云化资源池，平台的计算、存储和网络资源可进行按需分配。

3.2.2 网络拓扑

数字水务平台系统建设实现构件化、模块化和平台化，以保证数据中心系统的各项功能，满足可持续性开发需求，每一个应用程序都做到高度模块化，以便支持可能的跨平台的移植能力，同时具备可扩展的技术框架和标准的对外接口，为与系统外的应用系统和二次开发预留接口。通信网络的架构主要是采用集团型企业统一规划，相应下属的各子公司租用的方式进行管控建设。通过自建私有云，采用比较灵活、方便扩展的二级组网架构，具体的网络拓扑结构如图 3.5 所示。

（1）数据中心的内部网络。防火墙采用 HA 主备方式，网络交换机采用 VRRP 网络协议，保证接入的可靠性。

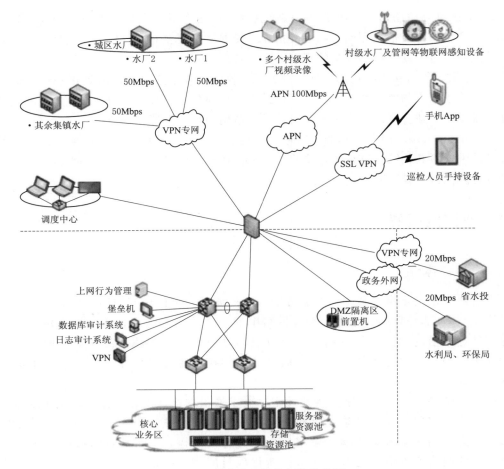

图 3.5　数字水务网络拓扑结构图

防火墙分两个区域：DMZ 隔离区、核心业务区。

DMZ 隔离区主要对外提供服务，包括网上营业厅、微信公众号等公众用户对水费、停水公告宣传等功能的访问服务，同时在 DMZ 安全区域之间通过防火墙进行网络隔离，保障内部安全。

核心业务区部署平台的核心业务，包括应用中心服务器、服务中心服务器、存储中心服务器、计算中心服务器、物联感知中心服务器，提供管网管理、分区计量、调度等主要功能服务。

（2）互联网用户接入网络。微信公众号和网厅等互联网用户通过互联网访问数据中心的前置机，前置机部署在 DMZ 安全区域，通过防火墙安全策略进行控制，只有特定的用户、IP 和端口才能进行访问，从而达到内网安全保障的目的。巡维检人员、抢维修人员等使用的巡检终端或者手机 App，采用虚拟专用网络 SSL，VPN 与内部数据中心服务器进行数据传输，保障网络安全。

（3）村级水厂及管网等物联网感知设备接入网络。村级水厂及管网等物联网感知设备采用 GPRS、3G、4G 或者 NB-IoT 等物联卡 APN 的方式接入，村级水厂的视频数据采用运营商 4G 的物联卡 APN 网络的方式接入。

（4）水厂指挥调度中心接入网络。水厂的指挥调度中心通过内部网络直接接入数据中心机房，乡镇水厂统一采用 VPN 专线接入，城区的水厂统一采用 VPN 专线接入，为保障与相应的省水投进行数据交换的数据安全，统一采用 VPN 专线接入；市（县）水利局建议统一采用政务外网 VPN 专线接入。

3.2.3 专网建设

专用网络建设采用 SSL VPN 技术，将不同信息平台的数据分隔在各自的 VPN（虚拟专用网络）中，互不干扰，实现低成本的网络安全控制。VPN 可在既有通信承载网的基础上搭建，通过 VPN 技术可以安全、高效地共享网络资源，大大减少了网络建设成本。

按照协议来划分，VPN 技术可以分为 PPTP、L2TP、IPSec 和 SSL 等多种。其中，PPTP 和 L2TP 工作在 OSI 网络模型的第二层，用户数据在数据链路层被封装，因此被称为二层链路协议。IPSec 工作在网络层，通过包封装技术封装内部网络的 IP 地址，实现不同网络的互通。但 PPTP、L2TP、IPSec 在不同程度上都要改变网络结构，要对数据通信网中的多个网络节点重新配置数据，不便于维护。而采用 SSL 实现的应用层 VPN 可以避免上述问题的发生。

SSL（安全套接字层）协议是一种传输层网络安全协议，采用公开密钥，以保证网络客户端（办公电脑）访问服务器端时的通信保密性和可靠性。SSL 一般分为握手、修改密码规范和警报三个子协议。

SSL VPN 是一种基于 SSL 协议的 VPN 实现，VPN 的安全性和独立性依赖于包封装技术，利用 SSL 协议加密算法和身份认证，构建安全的虚拟专用网络。SSL VPN 通过一个实体设备（即 SSL VPN 服务器）和客户端软件配合来实现上述功能。客户端软件安装在用户 PC 上，由 VPN 客户端模块与会话转发模块组成；服务器由安全隧道处理、身份认证、访问控制和 VPN 安全管理等 4 个模块组成。防火墙在 SSL VPN 网络中无差别地将来自办公网的数据包转发至 SSL VPN 服务器进行处理或鉴权，然后将来自 SSL VPN 服务器认证授权的数据包转发至对应的信息平台服务器。SSL VPN 网络结构示意如图3.6 所示。

SSL VPN 服务器工作过程：客户端（办公电脑主机）向 SSL VPN 服务器发送 http 请求；SSL VPN 服务器验证客户端发送的身份信息以及证书，通过 SSL 协议的握手创建 SSL 安全隧道；认证模块成功确认客户端身份后，生成全局唯一的不可逆的 cookie，并将其发送给访问控制模块；访问控制模块根据用户的角色权限给用户分配可访问服务列表，客户端据此可以访问相应的信息平台；客户端访问信息平台内容，

图 3.6 SSL VPN 网络结构示意图

SSL VPN 服务器通过鉴权认证等方式建立安全透明的隧道，并把信息平台的数据定向发送到客户端电脑。

专用网络的平台开发包括平台布设、软件开发以及硬件配置。

信息平台的布设包括服务器设置的位置，用户访问的方式以及防止非法用户访问。首先，信息平台服务器可以放置在承载网覆盖的任何位置，即有办公网电脑的地方都可以安装信息平台服务器，因为信息平台的部署不改变既有的网络结构和网络配置；其次，为了灵活控制信息平台访问权限，信息平台与办公承载网之间应设置一个网关（防火墙），进行流量控制、路由策略等；最后，在网关下设置 SSL VPN 服务器，并在网关上设置路由策略，使访问信息平台的数据先进入 SSL VPN 服务器建立 SSL 连接，由 SSL VPN 服务器代理访问信息平台。

用户登录 VPN 客户端，输入预先分配好的账户，SSL VPN 服务器收到请求后验证账户，建立与账户对应的信息平台服务器与客户端主机之间的安全隧道。而非法用户没有 SSL VPN 账户，则无法登录信息平台，其数据包被阻挡在防火墙和 SSL VPN 服务器之间，无法进入信息平台服务器所在的网络，从而保证了安全性。

信息平台的软件部分一般可以统称为 Web 应用，也就是根据实际需求自行开发的软件程序。Web 应用的技术栈相对复杂，且不断迭代，根据规范要求，Web 应用应当采取统一的架构和技术。以常见的前后端分离的 Web 应用来说，一个完整的 Web 应用程序分为前端程序、后端程序和数据库三个部分。

Web 应用程序的开发分为需求调研、技术预研、架构分析、开发、测试、部署、试运行和正式上线几个阶段。实际开发过程中，用户的需求会随着程序应用不断扩展，技术栈的演替也时有发生，技术预研可能伴随开发工作进行，因此开发流程的控制要从实际出发，不必局限于预定流程或思路，随时调整开发的进度。

开发智慧水务专用网络的 Web 应用，开发模式应以快速开发和迭代开发为主，边开发、边调研。另外，在完成需求调研之后，应确定 Web 应用整体的视觉观感，也就是前端页面的外观、颜色、控件的整体风格等，可以自行设计，也可以下载和使用 Iayui、easyui 等开源的前端页面框架来完成。

设计功能交互，即 Web 应用具体的功能实现。首先，将用户提出的抽象需求转换成网页交互的设计语言；其次，使用规范的网页控件实现前端的交互；最后，分析需要传递给后端程序处理的数据。

Web 应用的后端程序主要用于处理数据，从数据库中提取数据，处理前端发送的请求等这部分是最核心的开发工作。

信息平台开发后需进行测试，测试无误后即可进入部署和试运行阶段。

平台开发的硬件配置，在选择服务器时应在保证性能的前提下尽可能地节省成本。由于信息平台仅在本单位内部使用，一般配置常用的办公电脑即可。Web 应用的部署受限于开发过程中使用的电脑语言和编译环境，例如使用 Java 语言编写的 Web 应用可以实现跨平台部署，也就是不限于信息平台服务器的操作系统种类，可以部署在 Linux 系统下，也可以部署在 Windows 系统下。但如果采用 C♯ 语言，则只能部署在 Windows 自带的 IIS 服务器下。以 C♯ 语言开发的 Web 应用为例，部署步骤：在服务器上安装

Saqlserver 数据库，导入数据库原始表格；将编译完成后的网络应用下载到指定的路径下，安装 Windows 自带的 IIS 服务器；打开 IIS 服务器管理界面，设置好已经编译完成的程序路径，启动 IIS 服务器即可。

信息平台搭建完成后，用办公网内另一台电脑进行测试，能够正常访问则可以将此信息平台移入 SSL VPN 网络中。

3.2.4 资源配置

任何一套信息化系统建设的前提都需要充分考虑后期运维的规范化及简单化，确保网络信息资源能够合理分配。在满足国家对于网络安全的基本要求的前提下，以务实高效、经济适用为原则构建城乡供水一体化数字水务系统的网络结构。

从数字水务的网络架构图（见图3.7）可以看出，为了方便用于应用及数据存储的集中管理，每个县的县级管理平台及核心业务数据可以采用集中到集团私有云计算中心，同时为保证满足国家对于网络安全管理要求，数据进行异地数据备份。

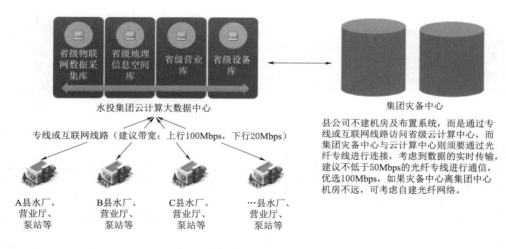

图 3.7　数字水务网络架构示意图

每个县的调度中心、水厂/污水处理厂、营业所等对数据的有远程传输或管理需要的网络节点，建议采用租用电信运营商的互联网线路实现数据传输及远程管理的需要。县级调度中心作为县级重要的管理节点，需要对水厂/污水处理厂的视频、设备运行状态实时数据等进行远程浏览或监测需要，建议租赁传输带宽不低于 100Mbps 的互联网通信线路（上下行传输速率对称）。水厂/污水处理厂、营业所、泵站等结合实际情况，可租赁资费性价比最优的互联网通信专线（上下行传输带宽不对称，下行较大，上行较小）实现数据传输及远程管理的需要。

针对县级管理的服务器资源设计采用自购硬件托管到专业的数据中心的模式进行规划。服务器配置建议见表 3.12，带宽配置建议见表 3.13，网络工程量配置建议见表 3.14。

表 3.12   服 务 器 配 置 清 单

用　　途	数量		配置说明（不低于此配置）
数据库服务器	一线品牌	1～2 个	CPU：V3/E5-2620v4×2 核/256G 内存/8T 硬盘/SR430C-M 1G 缓存/750W 双电源/3 年保修
应用服务器	一线品牌	2～4 个	CPU：V3/E5-2620v4×2 核/128G 内存/2.4T 硬盘/SR430C-M 1G 缓存/750W 双电源/3 年保修
接口及文件服务器	一线品牌	1～3 个	CPU：V3/E5-2620v4×1 核/128G 内存/8T 硬盘/SR430C-M 1G 缓存/750W 双电源/3 年保修
服务器托管租赁费	年费	4 年以上	暂估，按实结算。建设期 2 年，运维期按 3 年计算

表 3.13   带 宽 配 置 清 单

办 公 地 点	带 宽 建 议	备 注
县调度中心（入云专网）	不低于下行 1000Mbps/上行 200Mbps	必须
县城水厂	不低于下行 100Mbps/25Mbps	必须
乡镇水厂	下行 50M～100Mbps 上行 10M～25Mbps	必须
营业厅	下行 50M～100Mbps 上行 10M～25Mbps	必须
泵站	下行 50M～100Mbps 上行 10M～25Mbps	必须
村级供水点	不高于下行 50Mbps 上行 10M～25Mbps	非必须

表 3.14   网 络 工 程 量 配 置

序号	名称	数量	单位	租赁线路类型	租赁带宽	备 注
一、水厂						
1	××水厂	1～2	条	商务专线		无固定 IP 地址
2		1～2	条	商务专线		无固定 IP 地址
二、泵站						
3		1～2	条	商务专线		无固定 IP 地址
4		1～2	条	商务专线		无固定 IP 地址
三、县级中心						
5	县公司（调度中心）	1～2	条	入云专网		有固定 IP 地址
四、云计算资源租赁						
6	省级云专网节点接入	1～2	条	入云专网	不低于下行 1000Mbps/上行 200Mbps	

序号	名称	数量	单位	租赁线路类型	租赁带宽	备 注
7	云资料互联网	1~2	条	从互联网应用或存储		
8	云服务器	2~3	台		4core/16G/1T	
9	云数据库	1~2	套		8core/32G/1T	

3.3 云平台建设

3.3.1 方案概述

为消灭业内普遍存在的专业业务信息系统"孤岛"现象,理顺各系统间的内在关联性,做好顶层设计,借助新一代信息技术,将分散的计算机组成的一个超级虚拟计算机,建设统一的企业数据中心平台,信息共享、安全可信,适应信息技术高级应用的发展趋势,是实现数字水务智慧应用的大前提。

与此同时,随着互联网+产业的结合越来越深入人心,为更好地服务于数字水务的建设,数字水务云平台应运而生,其可以更有效地提高城市供水的科学性和应急处置能力,优化供水调度机制,保障供水安全。数字水务云平台通过压力监测、流量监测、水质监测、应急指挥、营销管理等在线监测设备实时感知城市供排水系统的运行状态,并采用可视化的方式有机整合水务管理部门与供排水设施,形成"城市水务物联网",并可将海量水务信息进行及时分析与处理,并做出相应的处理结果辅助决策建议,以更加精细和动态的方式管理水务系统的整个生产、管理和服务流程,从而达到"智慧云"的状态。

3.3.2 总体架构规划

数字水务大数据时代的到来,为科学预测资源、实施优化调配、兼顾生态生产需求、确保城乡供水安全提供了重要的技术手段和广阔的应用前景,因此必须以绿色、低碳、环保、可持续发展、大数据思维为先导,以构建智慧水务大数据云平台为基础,以大数据、云计算、区块链、机器学习、人工智能等现代技术为手段,以"全量数据建模、深刻洞察自然变化、融合算法模型、科学揭示水务规律,多维视角聚焦、精准服务水务决策"为目的,超前谋划,科学部署,加快数字水务目标的实现。

首先,需要全面完善水务信息化基础设施,建设新一代软件定义的数据中心;逐步整合水务和海洋资源、统一、规范化各业务系统,按照一体化、一站式的服务进行建设。其次,统一信息采集方式,标准化数据共享和交换方式,借助移动技术、大数据等手段在应急指挥灾害预警、水务监管环境保护等领域建立智慧决策体系。然后,优化水务工作流程,借助信息化,建立有效健全的协调和考核制度,使得水务工作责任明确提升业务创新积极性。最后,将业务和系统的统一化管理,对资源使用合理化评估,运管流程自动化、标准化。构筑安全稳固的业务支撑体系,加快网络安全、信任体系等级保护等建设。

云平台的总体架构包含平台应用、业务逻辑、数据处理层、通信层和感知层。

（1）平台应用。主要的应用方有水厂、泵站、管网、自来水公司、消防公司、业主、App 监测等，作为云平台服务的核心，与业务逻辑相互作用，进而发挥出云平台至关重要的作用。

（2）业务逻辑。云平台通过一定的业务逻辑对其进行操控，比如水厂的监控系统，其监控管理着水池水位、管道压力、液位、流量、水质、设备启停监控。数据统计包含监测数据统计，异常统计、故障统计、报警统计。不仅如此，还可采集水厂原有监测系统数据、DCS 系统数据或者监测设备数据，并传输到监测管理平台数据管理。报警服务则是实现了微信报警、语音报警等，逢变即报。关于巡更巡检服务有电子巡更巡检，自动化排班管理。

管网压力监测系统功能。对于管网压力监测中可以实现管网压力在线监测。数据统计包含有压力监测数据统计、压力异常统计、设备故障统计、报警统计。报警服务中，系统具备微信报警，语音报警等功能。同时平台采用智能设计，无线压力变送器采用超低功耗设计，可选择 NB-IoT、GPRS 通信。

消防栓远程监控系统的系统功能。消防管网压力监测中可以实现消防管网压力在线监测。消防栓状态监控：实现对消防栓撞倒、倾斜、开盖、偷水等监控，报警。数据统计主要是压力监测数据统计，压力异常统计、设备故障统计、报警统计。同时，系统具备微信报警、语音报警等，经变即报，设备采用超低功耗设计，可选择 NB-IoT、GPRS 通信。

远程抄表系统的系统功能。主要适用于远程监测工厂、酒店、学校、医院等大用户的用水量和各个区域的用水总量进行自动化抄表；实时或定时监测用水流量数据，并远程传输到监测管理平台。设备故障、用水异常自动报警；报表自动生产、打印、用水数据分析、漏水分析等；用户信息、监测点信息匹配与管理；系统具备微信报警、语音报警等，逢变即报；设备采用超低功耗设计、内置电池组供电，可选择 NB-IoT、GPRS 通信。

（3）数据处理层。数据处理层的作用主要是对于系统故障、管网系统的运行情况、对监测系统以及监控系统的监督与反馈作用，并通过一定的数据库传输给业务逻辑。

（4）通信层。通信层是连接数据处理层和感知层的中间体，就是将感知层接收到的信息传递给通信层，通信层通过云平台一定的算法将其各方面收集的数据统计出来，再传递给数据处理层，实现一定的数据整理和联通作用。

（5）感知层。云平台的服务组件源自动态资源池，各层抽象资源横向组合，与服务松散绑定，应用及数据分布式管理。感知层主要通过基础设施元件连接，通过多流量数据采集单元或无线传感节点网管将信息传递给通信层。

3.3.3　混合云建设

如今，水务行业主要面临两大业务挑战，一是应用数据分散、管理效率低；二是因为一部分应用和数据部署在政务内网，另一部分面向公众或其他部门的应用和数据部署在公共网络而造成的无法兼顾"安全"和"便捷"的问题。混合云融合了公有云和私有云，是近年来云计算的主要模式和发展方向。私有云主要是面向企业用户，出于安全考虑，企业更愿意将数据存放在私有云中，但是同时又希望可以获得公有云的计算资源，在这种情况下混合云被越来越多地采用，它将公有云和私有云进行混合和匹配，以获得最佳的效果，这种个性化的解决方案，达到了既省钱又安全的目的。

水务混合云的建设可以按照"1（一张网）＋1（一朵混合云）＋1（一个数据中心）＋1（一个支撑平台）＋4（四类应用）＋1（一个门户）＋1（一组体系）"的思路展开。以传感器、智能终端、智能控制器等硬件技术和政务网、企业网、互联网、物联网等传输方式为基础，以云基础设施、大数据中心以及统一支撑平台为基础，以管理应用、业务应用、决策应用为核心，以 Web 端、移动端等多终端统一门户为载体，以标准体系、信息安全体系、信息化治理体系为保障，形成信息化总体框架，如图 3.8 所示。

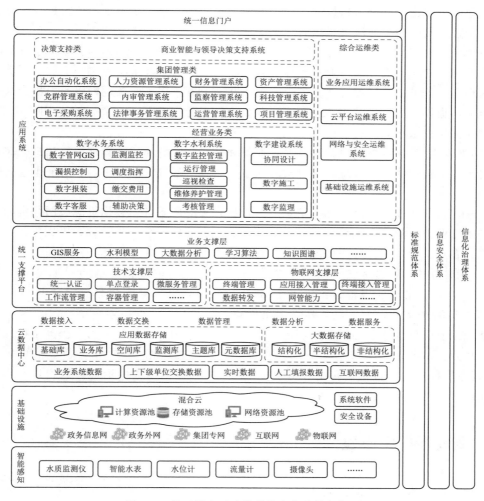

图 3.8　基于混合云建设的信息化总体框架图

"一张网"：构建一张全面感知和信息互通的企业感知网，以流量计、智能水表、压力计、视频等多种前端感知设备为基础，通过多种途径将各种动态数据接入，汇聚江河湖泊水系、水利工程设施、供排水设施、水利/水务管理活动中的业务特征和时间信息，形成物联传感数据，卫星和无人机遥感等观测数据，以及视频监测数据。这些数据和信息经过基础加工处理后，再分级分类通过网络、视频集控等进入统一平台，为其提供内容全面、质量可靠的感知大数据。

"一朵混合云"：在整合已有资源基础上，基于公有云和专属云建设一朵面向企业信息化的弹性"混合云"，形成云管端一体的信息化基础能力，提高资源利用率、增强系统弹性、节省资金投入。

"一个数据中心"：指数据资源中心，建设物理分散、逻辑统一、上下互通的分布式数据资源中心，汇集、整合企业不同口径、不同来源、不同结构数据资源，构建企业统一数据资源标准体系，完成结构化、半结构化和非结构化数据的统一管理和服务，实现财务小数据、业务中数据、社会大数据的横向互通与纵向共享，对内覆盖全员全流程，对外覆盖价值链全程，同时为企业决策提供有力支撑。

"一个支撑平台"：指统一支撑平台，基于云计算和微服务架构，将共性应用资产下沉，建设统一的技术支撑层、业务支撑层和物联网支撑层，技术支撑层为上层应用提供综合集成环境；业务支撑层通过业务需求，剥离共性业务，提炼业务逻辑单一、耦合度低的基础能力，提供上层应用调用，避免不同业务之间的重复建设，支持前台应用快速搭建；物联网支撑层提供物联网智能终端的统一接入和管理。

"四类应用"：建设覆盖决策支持、企业管理、经营业务和运维管理四类信息化应用系统，实现业务流程的全面管理、信息实时共享，打通多系统"壁垒"，强化企业运营管理能力。

"一个门户"：建设内外一体的信息门户，把各种应用系统、数据资源和网络资源集成到统一的企业信息门户，实现统一的系统管理、内容管理、个性化服务和集成服务，为企业员工、客户、合作伙伴等提供统一的信息共享入口。

"一组体系"：推动建立一组支撑企业信息化建设、运维、管理的保障体系，包含一套统一的信息化标准规范体系、一套强大的有效避免风险的信息安全体系、一套有效的信息化治理体系，为信息化建设保驾护航。

混合云有降低成本、增加存储和可扩展性、提高可用性和访问能力、提高敏捷性和灵活性的优点。水务混合云通过统一的应用服务平台解决方案，解决水务行业信息化系统"重建轻管"问题，实现线上和线下业务的无缝对接和数据的集中治理，达到效率和成本的最优组合。

3.4　调度指挥中心建设

为保障数字水务业务的全面建设，满足信息服务、业务应用、调度决策、应急管理应用需求。将显示系统，中央控制系统，调度机房系统及配套工程合理设置。根据总体部署要求，县级调度中心建设标准，调度指挥中心的主要建设内容如下：

（1）显示系统：液晶拼接屏或者采用一体化无缝全彩屏幕。

（2）网络设备：路由器、防火墙、交换机。

（3）配套设施：操作台、工作站、机柜、防雷等。

（4）水务公司服务器：一两个机架，两台服务器，以及必要的安全和网络设备。

3.4.1　显示系统

目前，DID液晶显示单元常用的尺寸有35.1in❶、35.8in、41.9in、45.7in等，它可以根据客户需求任意拼接，采用背光源发光，物理分辨率可以轻易达到高清标准，液晶屏功耗小、发热量低且运行稳定、维护成本低。LCD大屏单元组成的拼接墙具有低功耗、重量轻、寿命长、无辐射、安装方便快捷、占用空间小等优点。

（1）大屏效果。建议采用46in液晶屏，电子设备显示屏幕外的边角部分为1.88mm，规格为3:4，构成拼接屏电视墙。配套设备有拼接处理器，HDMI矩阵等。

如图3.9所示，原装工业级面板46in液晶拼接墙（物理拼缝1.7mm）LED背光4行5列，落地式支架安装，安装后屏幕整体尺寸为4110mm×2320mm。采用四工位操作台，配备4套工作站作为图形处理工作站和监测监控系统运行处理。通过拼接处理器、HDMI矩阵设备，实现电脑信号集中推送上墙，使各类数据信息（如视频监控、数字等信息系统）集中显示。

图3.9　拼接大屏效果展示示例

（2）系统功能。根据调度中心显示要求，需提供高清晰拼接显示系统。核心的图像拼接系统采用拼接处理器，实现整屏超高分辨率的显示效果，用户可以将想要显示的图文信息、影像信息、数据处理等信息同时显示在大屏幕上。显示系统总体拓扑图如图3.10所示，整套系统实现了多路信号的统一显示功能，从而为复杂的实际现场应用制定出了一套完美的显示系统解决方案，大屏幕显示系统将硬件拼接技术、多屏图像处理技术、信号切换技术等完美整合，形成一套尖端拼接显示系统。

智能拼接处理器用于实现计算机、服务器、摄像机、DVD等视频源（包括4K视频源）的接入，同时将这些信号显示到大屏显示系统上，通过控制软件的切换，实现图像叠加、图像分割等显示效果。

根据《电力调度通信中心工程设计规范》（GB/T 50980—2014），大屏显示系统采用LCD拼接屏，按照安装后的屏幕整体尺寸15~20m²，调度大厅横向（大屏幕方向）宽度建议6~9m，纵向宽度建议8~18m（按两排调度桌布置空间计算），因此，各县水司调度大厅面积建议50~165m²。具体大厅尺寸可根据实际需求而定。

3.4.2　中央控制系统

3.4.2.1　中央控制系统组成

系统中央控制站主要包括中控主机和中控触摸屏：中控主机可采用TCP/IP协议，内

---

❶　1in=2.54cm。

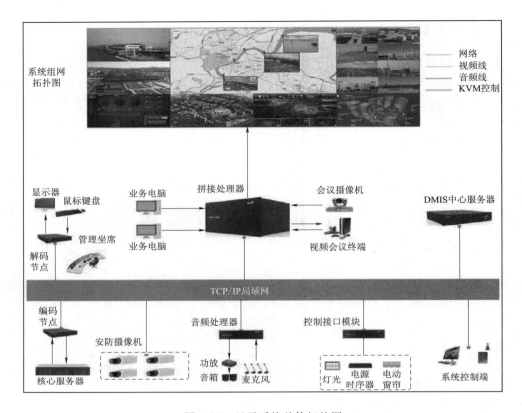

图 3.10　显示系统总体拓扑图

置有线、无线网卡，开放式可编程控制平台、交互式控制结构、中文操作界面；具有 RS - 232/RS - 422/RS - 485 和 IR/单向 RS - 232 控制接口；具有模拟和数字 I/O 接口、30V/1A 弱继电器控制接口、网络、UASB、编程调试接口。中控触摸屏通过 iPad 以及编制控制软件实现。

中央控制系统主要设备见表 3.15。

表 3.15　　　　　　　　　　　　中央控制站主要设备

序号	名　　称	型号规格	单位	数　　量
1	工控机	IPC610	台	2
2	打印机	高速	台	1
3	操作台	钢木结构	台	1
4	编程软件	Step7	套	1
5	组态软件	Wincc7.0	套	1
6	模拟盘	高清	台	1
7	不间断电源	山特	套	1

3.4.2.2 中央控制系统的主要功能

1. 中控系统的功能

（1）管理功能。即生成全厂工艺流程、变配电系统实时动态图，提供清晰、友好的人机界面，生动形象地反映工艺流程、变配电系统的实时数据，完成报警、历史数据、历史趋势曲线的储存、显示和查询。生成、打印各类生产运行管理报表。

（2）控制功能。即在基于图形和菜单的方式上，操作人员在中控室操作员站通过键盘或鼠标下达开、停/关命令。

（3）通信功能。中心控制监控系统与其他系统进行通信，如与各现场 PLC 站之间的通信等。

2. 中控监控系统主要功能

动态图形及实时数据显示。在操作员站彩色显示器上和投影仪大屏幕上动态实时显示系统工艺流程、各主要工艺设备运行状态、加药等过程控制的运行趋势、各工序工艺和电气等生产数据，使生产管理人员掌握当前污水处理厂生产运行情况，能从总图到详图多层次监测。

画面包括：污水处理厂概貌、污水处理厂工艺流程总图、自控系统总图、实时曲线、历史曲线、参数设置、污水处理厂参数显示、报表打印、系统服务、各主要设备的状态和回路图。

监控画面可以分级展开，从主画面可以进入相应的子画面，以及进一步到单体设备工艺图，下面分别说明每幅画面的组成。

3.4.3 调度机房系统

表 3.16 为数字水务调度中心建设配置。

表 3.16 数字水务调度中心建设配置

序号	名　称	单位	数量
县级调度中心（方案一）			
1	液晶拼接显示系统	台	15～20
2	液晶拼接显示专用落地结构支架	套	15～20
3	拼接控制软件	套	≥1
4	外置拼接处理器	台	≥1
5	信号线（专用 HDMI 线）	条	15～20
6	电源线（专用电源线）	条	15～20
7	网线（RS-232 控制用网线）	m	8～12
8	控制线（RS-232 专用线及转换头）	条	≥2
9	调度电脑	台	4～6
10	防火墙	套	1～2
11	杀毒软件	套	2～3
12	路由器	套	≥1

续表

序号	名 称	单位	数量
13	交换机	套	≥1
14	机柜	套	≥1
15	调度席工作台	套	≥1
16	调度椅	把	4～6
17	防浪涌保护器	套	不少于1
18	防雷保护系统	套	不少于1
县级调度中心（方案二）			
1	LED全彩显示屏	m²	15～20
2	视频处理器	台	≥1
3	接收卡	套	＞50
4	电源	套	＞50
5	LED显示屏控制软件	套	≥1
6	播控主机	台	≥1
7	发送卡	张	＞4
8	网线	m	＞100
9	配电柜	张	≥1
10	安装结构架（钢结构镀锌方管）	m²	15～20
11	不锈钢包边装饰	m²	15～20
12	超六类网线	m	＞10
13	调度电脑	台	4～6
14	防火墙	套	≥1
15	杀毒软件	套	＞2
16	路由器	套	≥1
17	交换机	套	≥1
18	机柜	套	≥1
19	调度席工作台	套	≥1
20	调度椅	张	4～6
21	防浪保护器	套	≥1
22	防雷保护系统	套	≥1

3.4.4 配套工程

3.4.4.1 定制控制软件

智慧水务指挥中心的控制软件是根据中心功能定位和操作人员的实际使用需求，基于长图的分布式管理系统定制开发。控制软件分为电脑端（C/S架构）和移动端两部分，具有以下功能：

（1）大屏显示系统控制功能：包括大屏开关操作、视频信号预览与切换、分屏显示（支持四分屏、九分屏、十六分屏、跨屏、画中画功能）等。

（2）会议系统控制功能：会议麦克风升降、音频信号切换、音量大小控制等。

（3）环境控制功能：雾化玻璃、照明、窗帘控制等。

（4）预案保存和调用功能：可以根据需要制定不同预案（值守模式、会议模式等），支持预案一键调用。

3.4.4.2　会务及值守系统

1. 会务系统

作为日常调度和应急指挥的场所，指挥中心必须满足各种会议活动的要求。因此，需要配置会议发言、音响扩声系统、会议桌椅、远程视频会议系统等。

（1）会议发言、音响扩声系统：由数字音频处理器、时序器、功放、全数字嵌入式升降定向麦克风、无线手持话筒、天花喇叭等设备组成。具体设备包括：1台音频矩阵、13台定向麦克风、4个无线手持话筒、一台功放、10个天花喇叭。

（2）会议桌椅：根据指挥中心的装修风格，配备13个座位的U形会议桌椅。材料采用高密度板基材、天然橡皮饰面、表面环保油漆处理。椅子背面使用暖白色西皮，人体接触面使用咖啡色黄牛皮。

（3）远程视频会议系统（预留）：紧急情况下需要与上级单位、政府部门和各下属单位进行远程视频会议，便于在突发事件情况下上线联动指挥、处理。具体建设过程中，由于其他单位尚未制定统一的远程视频会议标准，所以预留必要的布线和空间。

2. 值守系统

值守系统用于日常综合运营及调度，由6台调度操作工作站及操作台椅组成。操作工作站根据业务需要，由4台配备23.5in高清液晶显示屏的双屏工作站，及一台配备28in 4K（3840×2160像素）高分辨率显示屏工作站组成。操作台椅根据业务需要配置5个座位，风格和材质与会议桌椅保持一致。

3.4.4.3　安防系统

1. 门禁系统

门禁系统采用海康威视的人脸识别门禁考勤一体机，主要由门禁控制器一体机、电锁、专用电源（12V/3A）、出门按钮、通信转换器、管理工作站组成。支持人脸识别、指纹、IC卡、CPU卡等多种验证方式，主要应用于平安社区、企事业单位、政府大楼、金融网点、监狱等室内场所。

2. 视频监控系统

视频监控系统前端设备由安装在各办公室及出入口等地安装室内外一体化球形摄像机组成，负责图像和数据采集及信号处理，信号通过网络交换机传到网络视频录像机存储，监控中心通过网络调用和访问视频数据，视频监控系统以IP网络作为系统数据流承载平台。

3.4.4.4　设备及配套系统

按照设备要求，屏体内维修宽度空间为3.0m，维修间的密封、防尘、防雨水、防潮排水、防鼠或其他动物破坏、防盗和连接系统管线的安装配合等，整个屏体与维护空间安装牢固，装饰美观大方，符合装修的相关规范和规定。散热、除尘是确保电子屏长期稳定工作的重要设计项目。降温散热，即控制屏内热量，以保持屏内空气温度与器件工作温度处于正常的要求范围。同时采用屏内防尘、防湿与防腐等措施，保持屏内洁净。防静电地板采用全钢无边 $600mm \times 600mm \times 35mm$。铺设前应保持地面平整、干燥、无灰尘。同时保证地板下方铺设的线槽、线管、电缆等管道及空调系统已施工完成。确保安装固定基座完工，基座高度跟防静电地板表面高度一致。防静电地板距离地板高度为 $150mm$。

（1）配电系统（含 UPS）。配电系统为设备运行提供电力，为了方便使用，进一步提高系统的智能化管理和动力电源的集成度与稳定性，配电系统采用 PLC 控制、显示屏智能上电等技术，可实现对 LED 显示屏等设备远程有线控制上电，实现定时开关屏体，方便使用。此外，屏体采用"分步加电"的上电方式，既要避免大负载对电网瞬间的冲击，又要有效地保护显示屏体的工作元件，延长屏体的使用寿命。配电设计采用三相配平衡方案，保证零线漏电流为 0，要求提供的两组电源均采用三相五线制供电，保护地线对大地的电阻小于 4Ω。另外需要使用一个独立于保护地的信号地，供网络系统和集散控制系统使用。为了提高系统的可靠性，大屏显示系统及操作工作站接入 UPS 供电设备。设备间内部署 1 套 30kVA 的 UPS 配电系统（CASTLE 3C3 Pro，山特），配置 32 块松下蓄电池 $12V \sim 100AH$。

（2）精密空调。根据《数据中心设计规范》（GB 50174—2017），为保证机房内设备能够安全、可靠运行，需要提供一个符合其运行标准要求的环境，对制冷、制热、加湿、去湿、滤尘提出了严格的标准要求。为满足要求，设备间安装一台艾默生 DME12MCP5 精密空调。

（3）气体消防。由于系统设备对消防的特殊要求，设备间灭火系统禁止采用水、泡沫及粉末灭火剂，适宜采用气体灭火系统。因此，设备间配置 1 套七氟丙烷自动灭火系统（HFC-227ea），由火灾探测器、自动报警控制器、固定灭火装置、灭火输送管道和喷嘴等组成。

3.5 水厂自动化建设

水厂实现自动化的根本目的是提高生产的可靠性和安全性，实现优质、低耗和高效供水，获得良好的经济效益和社会效益，积极响应党的号召，让人民喝上安全放心的好水。

3.5.1 水厂自动监控

为保障城乡供水水质水量安全，必须对净水厂水处理过程进行全程监控。净水厂水处理工艺流程包括：进水—加药—加氯—配水—絮凝—沉淀—过滤—储水—加氯—加压—供水全过程的监测与控制。监控对象包括取水泵（电动阀）、加药泵、前加氯、后加氯、供水泵自动控制，水处理过程的流量、液位、pH/T、浊度、压力、余氯自动监测。在确保水压、水质、水量安全供给的同时，应减少能耗、药耗，降低运行成本，提高供水企业效益，形成良性循环机制。

根据净水厂常规生产工艺流程，水处理监控过程可划分为取水控制、絮凝加药控制、加氯控制（前加氯与后加氯控制）、供水控制和闭环协调控制五个环节。

（1）取水控制环节：控制对象为取水泵变频调节器，或高位取水的进厂电动蝶阀开度调节器。通过建立进厂所需流量与配水井水位、清水池水位、出厂流量之间的自动监控数学模型，实现取水泵启停、变频调速或电动蝶阀开度的自动控制。

（2）絮凝加药控制环节：控制对象为加药泵变频调节器。通过建立加药量与不同进厂流量、浊度、pH 的水流，经过配水井、絮凝沉淀池、过滤池过程的浊度变化数学模型，实现加药泵变频调速的自动控制。

（3）加氯控制环节：控制对象为加氯装置。通过建立出厂供水余氯与不同进厂流量、不同出厂流量的数学模型，实现二氧化氯发生器的自动控制，以稳定净水厂出水的余氯含量。

（4）供水控制环节：控制对象为供水泵变频调节器。通过建立出厂流量与供水压力之间的数学模型，实现供水泵启停、变频调速的自动控制。

（5）闭环协调控制环节：在实现各环节自主监控的基础上，形成进水—配水—加药—混凝—沉淀—过滤—消毒—储水—加压供水全过程的监控体系，实现水厂"有人看护、无人值守，自动运行、保障质量"的现代化目标。

3.5.2 水厂净化监控实现

根据净水厂自动监控功能和管理需要，净水厂设施监控逻辑架构由厂站级（设备层、控制层、管理层）、管理级（市/县级平台、省级平台）构成，如图 3.11 所示。

3.5.2.1 厂站级

1. 设备层

通过监测仪器（流量计、水位计、压力计、pH 计、浊度计、余氯计）和监控设备（加药机、加氯装置、取水供水泵、电动蝶阀），实时采集水流、水质、电量、转速、开度、限位等数据信息，以数字信号或模拟信号形式传输给控制层；并执行控制层发送的指令，实时控制设备运行。实现信息采集和执行控制指令的功能。

2. 控制层

基于可编程控制器、单元控制模型、闭环协调控制模型，通过构建净水厂工艺过程控制组态，依据设备层实时监测信息，发出控制指令，实现取水量、加药量、加氯量、供水压力与供水量的实时控制。

3. 管理层

基于监控管理工控机、组态应用软件，实现净水厂生产过程的数据处理、过程监视、远程控制、故障报警、趋势查询、统计分析、报表管理、权限管理等功能。

（1）数据处理：发出控制指令，接收、存储、分析处理发来的运行数据、故障信号、报警信息。

（2）过程监视：以组态图、电路图、柱状图、曲线图、趋势图和相应的数据，直观展示水处理过程的各个环节。

（3）远程控制：接收市/县中心、省中心发来的监控指令，实施远程控制。

（4）故障报警：当运行过程出现故障或事故时，在过程监视画面自动弹出报警窗口，

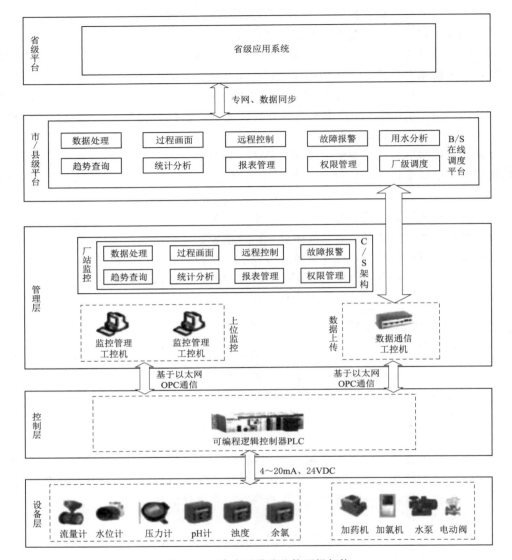

图 3.11 净水厂设施监控逻辑架构

闪烁报警信息，警示管理人员尽快处理，并在后台自动记录故障或事故类型、管理人员处置时间等信息。

（5）趋势查询：按照单一或多元数据形式，查询和打印历史趋势曲线。

（6）统计分析：进行关键运行参数的小时、日、月累计统计，均值、最大值、最小值统计分析等。

（7）报表管理：自动生成水厂管理需求的日报表、月报表、年报表，以及自定义查询报表等。

（8）权限管理：建立不同层别管理用户，匹配不同管理控制权限，以保障系统运行安全。

3.5.2.2　管理级

管理级包括市/县级平台和省中心平台。采用 OPC＋Web Services 通信模式，实现厂站级数据与管理级平台的数据交互。管理级平台软件采用 B/S 架构开发，省级和市/县级软件应能够对权限范围内的所有厂站级信息进行实时处理，实现厂站级自动监控和省中心远程监控的基本功能。

3.5.3　综合自动化系统

随着计算机网络技术的不断进步，建立一个供水系统的综合自动化系统成为可能。在现代化的大型水厂中，除了采用先进的设备和控制技术对厂区内部进行有效控制和管理外，还要求实现对一个城市或地区整个供水系统的综合自动化管理。对自来水公司而言，为了安全、稳定、可靠地管理好遍布全城的供水系统，要有一个满足企业特点的、现代化的、先进的企业综合自动化系统（SAS）。在该系统中，要实现对整个供水系统的现代化企业管理。主要包括社会服务系统，自来水管网地理信息系统（GIS）、自动抄表收费系统（AMR）、生产过程数据采集与监控系统（SCADA）、办公自动化系统（OAS）、自来水管网优化系统、数据仓库中心数据管理系统、信息管理中心系统（IMCS）等。在美国和加拿大等发达国家，已经建立了不少现代化的水厂，实现了整个供水系统的自动化。

思　考　题

1. 能够保障数字水务通信网络传输稳定的措施有哪些？
2. 数字水务云平台的优势是什么？对当代社会发展有什么启示作用？
3. 调度中心的主要功能是什么？
4. 水质监测中，管网水质监测与水厂水质监测有何区别？

第 4 章　数字水务一体化平台建设

4.1　数字水务平台发展现状

　　水务行业作为支撑社会经济和城镇化健康有序发展的重要行业，对标新时代新要求，全面进入从"粗放式发展"到"高质量发展"，从"传统模式驱动"到"创新模式驱动"的变革期。2020 年 7 月 2 日，国际水务智库（Global Water Intelligence，GWI）根据十项维度进行综合分析，从全球角度纵观水务领域，给出了一份全球水务行业竞争力排名，中国名列第 13 名，在过去十年中，行业绩效提高程度处于领先地位，被评价为十年的飞速转型。

　　在水务格局快速变革的大环境下，水务系统数字化建设可以帮助水务行业建立水网运行和管理的"中枢神经系统"，确保实现水务资源合理配置，为用户提供更好的服务。传统的水质取样一般有两种：没有测站时，依靠人工采样，选取典型点位进行检测，往往只能实现有限的点位，有限的时间覆盖；有测站时，在典型、重要断面上建立水质站，获取水质信息，可以做到时间全覆盖，但依然只能监测有限点位。基于 5G、物联网、无人驾驶等技术的发展，无人巡检船应运而生。无人巡检船可以自动水上巡检，实时传输水质、水下地形等数据，实现整片水域的时间与空间的全感知、全覆盖，实现监测从点到面的突破。还可以对水中的垃圾、漂浮物等进行清理，遇到大型杂物时，自动发送信号，通知人工进行处理，提高巡河效率，节省成本。

　　针对传统厂站自动控制精度不高、生产管理落后等问题，深圳水务集团通过对光明水厂和洪湖水质净化厂进行数字化改造，让水厂的运行变得更加安全、高效、优质、节约。水厂传统碱铝投加控制的影响因素多、滞后性明显，在光明水厂，采用神经元网络算法建立数学模型（见图 4.1），精准控制碱铝投加量。通过在水厂引入工艺智能算法实现了生产精细化控制，使之初步具备自学习能力，水处理单元适应性变得更强，使生产更加安全可靠，并显著降低水厂生产药耗。

　　"十三五"期间，河北省水源置换和农饮水建设工作稳步推进，自 2014 年 12 月南水北调中线一期工程正式通水以来，河北省加快配套工程建设和江水切换工作，积极推进江水利用。南水北调经过多年运行管理，水质优良，社会反映良好。以河北省魏县为例，其智慧供水功能涵盖多

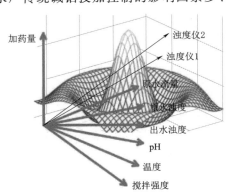

图 4.1　神经元网络算法在
光明水厂的应用

环节多系统。其中，泵站管理系统将南水北调水厂的送水泵房、城西中途加压泵站、漳北中途加压泵站、经济开发区配套水厂送水泵房等设备运行数据分别展示，在这里可以监测不同支路供水量、压力、累计流量，总耗电量等数值。泵站管理系统通过信息化手段对各厂站进行管理，将供水设备的数据，如压力、流量等实时传输到控制中心，在线远程查看厂站的供水运行情况，避免厂站异物入侵导致的水体污染及设备损坏，避免设备故障未及时发现导致的停水用户投诉事件的发生。

目前国内采用人工巡检的方式来完成管网水质的监测工作，这有着一定的问题，比如不能及时有效地反馈、不能做到每日对整个管网水质的全面掌握、不可避免的人为误差等，针对这些问题，管网水在线监测成为管网水质动态管理的重要手段。实时监测能及时掌握管网水质变化，为提高管网水质和保障安全提供科学依据。杭州市在 2001 年初建设了包括 10 个监测点的管网水质在线监测系统。成都市已经建设了包括 20 个水质监测点的管网水质在线监测系统。西安市建设了 10 个水质在线监测点。2003 年，温州市已经在给水管网中建立了 3 个水质在线监测点。天津市自来水公司与哈工大给排水系统研究所合作，进行水质在线监测系统的研究与建设。这些监测点监测的水质参数一般都是余氯和浊度。个别自来水公司还有 pH、氨氮等其他参数。在线监测网络的建立为管网水动态管理提供科学依据，使管网水质和水质管理上了一个新台阶。

我国用水计量"一户一表"政策的推行，决定了抄表系统数据采集点多、数据量大而且采集点极其分散的特点；阶梯水价计费的方法，决定了计费算法复杂，人力输入数据容易出错，这些必将使水表抄收和水费核算的工作量大大增加。我国的城镇房屋建设倾向于开发建设高楼大厦，这也增加了水表抄收工作的难度和强度，完全靠人力很难及时准确地完成水表抄收工作。为了解决这些问题，自动抄水表的创建就显得异常重要了。智能化抄表主要内容包含了智能采集终端（智能表）、集中处理传输设备（集中器、采集器）、数据传输介质（无线、有线）和智能抄表平台系统（服务器、软件系统）。主要实现过程是通过智能水表、采集器、集中器、服务器等实时在线通信设备，配套相关通信技术方案，组成一个可以相互通信的网络结构，即时了解到小区内所有水表的运行状态，并可以即时通信响应完成交互式指令。在软件系统方面，采用可视化的方式将数据进行存储管理，形成"水务物联网"，将海量的水表信息进行分析与处理。

目前来讲，国内对于数字水务一体化平台建设的需求量很大，这是一个全新的领域，这方面的技术处在一个探索的阶段，还有很大的发展空间。

4.2 数字水务需求分析

4.2.1 用户分析

用户期望能把"大数据＋物联网＋云平台＋移动化"以及人工智能、边缘计算等前沿技术与水务应用融合一体，形成新技术＋新业务，提升决策的科学性、提高管理效率，使供排水系统的运行效能最大化。用户期望能实现智能规划、智慧运行和智能运维。

（1）智能规划。结合模型预测，对工程地点选择、规模设计、参数优化、运行效果进行模拟评估，指导项目的规划与投资，为区域整体规划建设提供决策依据，为厂站建设、管网建设等的预期效果提供量化手段。

（2）智慧运行。一方面，随着在线监测技术的发展和智能控制技术的成熟，供排水厂站逐渐由机械式、人工式监控向自动化、智慧化调控发展，最终实现厂站少人、无人值守，实现厂站工艺智能、安全、高效、达标运行。另一方面，精度高、实用性强的供排水管网实时在线水力模型作为调度系统的核心模块，结合预测算法、AI 分析等，能够实现对管道中各种可能出现的问题进行预判，对管网调度操作进行事前模拟，为区域科学调度提供参考，保证生产顺利开展。

（3）智能运维。借助数字孪生技术、物联网感知设备，构建涵盖供排水业务全链条的数字孪生体，将会是水务基础设施运维管理的新模式。通过水务数字孪生，将水源、水厂、泵站、管网等设施精准地映射在计算机中，再利用数据分析、模型模拟等技术，实现对设施的仿真交互、故障预测等，为基础设施的运维管理、事件处置的评估决策提供强有力的支撑。

4.2.2　业务分析

4.2.2.1　业务管理流程

数字水务一体化平台建设作为新时代水利改革发展的一项重大举措，对水利主管部门及水务公司提出了更高的业务管理要求。数字水务的建设可以加强水务公司对供水一体化建设及实际供水情况统一监管，可以加强区域主管部门对区域城乡供水一体化工程的运行维护管理工作。由水务公司统一负责数字水务一体化平台的建设及运营维护工作，水务管理工作的业务流程如下：

（1）加强水源、水厂、管网的水质管理，大量的检测设备和检测频次，需要统一的水质管理系统进行记录和管理。

主要流程：现场检测水样—实验室检测水样—填写日常检测原始记录—水质是否合格—通报—整改—复检—备案—上报—填写水质常规检测汇总表—填写电子版日报表—统计月报表。

（2）建立完善的监管物联网，需要建设统一的物联网平台，对流量，压力，水质等数据进行记录和管理。

主要流程：编制仪器台账—汇总仪器台账—制定仪器操作规程—制定年度计划—使用、维护监测设备—抽查检测设备使用维护—检测并出具报告—维修处理—组织维修—验收设备。

（3）严格制水生产工序质量控制，针对突发事件能够及时应急响应，需要建设综合调度系统监控生产全过程，达到无人值班、少人值守的目的。

主要流程：确定生产要求—岗位运行—水质化验——级巡检—二级巡检—三级巡检—上报—确认—现场处理—设备故障处理—确认—生产记录。

（4）提高管网运营管理的效率，需要建设管网 GIS 系统、管网动态建模系统、管网漏损管理系统、泵站与二次供水管理系统及移动客户端。

管网维修主要流程：接报—接报并派工—现场勘察情况分析—制定停水方案和抢修

方案—协助制定方案—判断影响—指导与沟通—接报派人赶赴现场—监测水质反馈信息—接报并通知—应急停水—协助阀门操作—组织实施维抢修—实施维抢修—恢复供水工作流程—填写表单审核签证—复检阀门—录入内业资料—录入 GIS—存档资料—存档与分析。

管网巡查主要流程：制定巡查管理标准—制定管网巡查方案—审定方案—备案—安排工作—现场巡查—记录工作台账—资料归档—抽查—考核评价。

管网探漏主要流程：提交开工报告及施工组织设计—审核—审批与监管—审核—审定—备案并监管—备案与组织实施—进场探漏。

（5）建立良好的客户服务，需建设智慧服务系统。

用户报装流程：提交资料—受理—复核资料—现场勘查—初审—审批。

抄表管理流程：领取抄表册—抄表途中—现场抄表—离开—交回抄表册。

客服热线工作流程：接听客户来电—咨询、查询—解答客户问题—回复—结束。

4.2.2.2 业务管理分析

为使水务管理工作正规化、规范化、制度化，形成一系列规范运作和有效的工作程序，其中还需要包含工程运行监控、指挥调度、信息发布等业务：

（1）工程运行监控。收集水厂、泵站、管网的日常运行监测信息，包括泵站水厂运行信息、泵站启闭状况、流量、水质及水压、视频监控等信息。

（2）指挥调度。及时应对突发事件，在全面掌握供水系统信息的基础上，水务公司向水厂及泵站下达调度指令，使运行管理人员能及时接收、执行上级的调度指令，并按照要求及时上报，确保供水系统安全运行。同时使工程检查、维修、运行等必要数据得到同步记录。

（3）信息发布。主要通过信息化手段加强信息工作的管理和监督，保障用户获取有效信息，提高工作透明度，充分发挥信息对民生和社会经济活动的服务作用。

4.2.3 功能需求

采用微服务、模块化、分布式技术架构，将业务分为 App 应用层、功能服务层、平台技术层、前置接口层。通过分层技术实现将各层功能与职责进行隔离，实现各功能层功能单一相互不影响，同时便于后续快速扩展。各服务层内部通过微服务实现模块化设计，各业务单元独立存在，支持业务单元相互组装。平台层将基础服务进行抽象，支持业务快速扩展。接口层将与各业务系统隔离，避免业务系统改造对平台功能业务影响。同时也避免新功能对原有系统的影响。

（1）统一标准体系的需求。建立信息化标准体系，包括数据标准、转换标准、存储标准等，保证数据的统一性和持续利用性。

（2）数据智能应用的需求。以业务需求为主线，以数据为驱动，结合实际工作特点，建立应用系统，从而实现对数据的管理和利用。通过对数据的挖掘分析，实现水务公司对城乡一体化的日常运维管理、调度指挥、规划设计等工作科学化、智能化、标准化、精细化的管理。

（3）数据资源共享的需求。严格按照数据标准对数据资源进行集成整合，并进行统一存储发布，打破数据孤岛、信息壁垒，方便其他相关业务部门进行资源使用，最终实现资源共享。

（4）建立和完善管理机制的需求。管理机制包括系统运行维护管理机制、数据更新维护机制、数据安全保障机制、人才培养机制等。通过机制的建立和完善，实现水务公司对城乡一体化长期有效的管理和利用，提高工作效率，提高公司人员技术水平。

4.2.4　性能需求

（1）界面需求。界面操作方式一致、按钮取名一致、复杂操作有注释、出错处理有人性化提示；操作便利，易用实用；设计时需要充分考虑系统的可操作性、易用性和易维护性，系统用户界面必须友好、通俗易懂、便于操作，符合日常办公习惯；信息输入界面本着数据库中已有数据尽可能引用，而不要重复录入。

（2）扩展性需求。系统的建设要对未来业务需求的扩展提供充分的支持，主要包括：对调度指挥核心功能的完善，业务向站、子公司等延伸扩展；未来公司整体信息化发展下多业务、多源头、多内容的集成扩展；其他未来可能的接口扩展或业务扩展。系统需采用标准化的接口服务协议，能够与热线、营业收费、SCADA、水质监测、OA、报装等业务系统进行集成，实现数据共享。

（3）运行环境及开发技术需求。

操作系统：Windows7 及以上。

浏览器：支持 IE 系列（V6.0～12.0），谷歌、360 等主流浏览器。

兼容性：移动支持 iOS 与 Android 各主流操作系统。

采用主流技术开发，基于地理信息平台，C/S 采用组件式开发，B/S 前端采用 HTML5 技术开发，后台提供数据服务和功能服务。移动端采用原生 App＋HTML5 混合开发技术，实现业务功能跨平台调用。

（4）资源整合需求。在现有软硬件设施的基础上，进一步补充建设供水调度管理支撑软硬件系统，建设一套新的供水调度管理应用系统，并与已建成系统整合，充分利用现有的数据和资源，完成基础资源体系整合（主要包括：通信网络、服务器与存储、调度中心、中心机房），完成应用系统资源整合［主要包括：营业收费系统、管网设施数据采集、管网在线数据（水质、压力、流量）采集、加压站数据采集等］。

（5）系统性需求。软件的性能主要是指软件在执行过程中的速度、可使用性、响应时间、各种软件功能的恢复时间、吞吐能力、精度、频率等。数字水务系统的性能需求主要包括以下方面：

1）响应时间。系统在正常情况和极限负载条件下，能够处理不断增加的访问请求，具体有良好的性能扩展能力。对用户查询的响应控制在合理范围内。

2）维护速度。系统维护是比较占用资源的操作，要求数据集、装入的时间安排合理，不影响用户日常使用，同时有较好响应。

3）数据存储性能。对数据存储要采用较先进的技术，重点考虑存储方法（文件系统/DBMS）、存储速度、查询统计速度等，合理地使用索引等文件组织的方法。

4）系统恢复性。对异常情况出现后的系统恢复问题，包括对系统运行平台的恢复以及数据的恢复，要采用较先进的技术，在保证数据恢复正确的前提下让系统得以正常地运行和操作，不影响日常的办公工作。

5）系统冗余性。系统资源应有冗余性，在出现一般故障情况下，要确保基本正常运行，核心运行功能不受影响。

4.2.5 数据需求

数据是数字水务一体化平台建设和应用的核心，数据需求分为数据类型与来源、多源数据整合建库、数据共享服务和数据挖掘分析等四类。

4.2.5.1 数据类型与来源

经过分析，数字水务一体化平台的数据类型可分为基础时空数据、公共专题数据、物联网实时感知数据、互联网在线抓取数据等四类，可来源于监测站点、已有数据库和信息系统共享、相关统计及规划设计报告等成果、互联网在线抓取等。

其中，管网物探普查是利用科学有效的手段摸清地下管线的规模、空间分布、基本属性、产权归属、运行情况等，并建立完整的地下管线信息系统，对城市的规划管理和城市的可持续发展都具有重大的社会意义。

（1）管网物探普查的基本要求。管网物探普查主要是针对地下给水、排水、电力、通信、热力、工业等管线的管线点探查，管线点包括管线特征点和附属设施中心点，管线点分为明显管线点和隐蔽管线点。明显管线点是指地下管线中心位置投影在实地明显可直接定位；隐蔽管线点是指因地下管线在实地不可见需采用仪器探测或样孔探测的物理点，隐蔽管线点需要开挖一定比例进行验证探测的精确度，地下管线实地调查项目（见表4.1）。

表 4.1　　　　　　　　　　　　　地下管线实地调查项目

管线类别		埋深		断面规格			载体特征		材质	附属物	孔数	根数	权属单位	建设日期
		外顶	内底	管径	宽×高	压力	电压	流向						
给水		★▲	—	★▲	—	—	—	—	☆▲	★▲	—	—	△	△
排水	管道	★▲	—	★▲	—	—	—	★▲	☆▲	★▲	—	—	△	△
	沟道	★▲	—	★▲	★▲	—	—	★▲	☆▲	★▲	—	—	△	△
燃气		★▲	—	★▲	—	▲	—	—	☆▲	★▲	—	—	△	△
电力	直埋	★▲	—	—	—	—	☆▲	—	☆▲	★▲	—	△★	△	△
	管块	★▲	—	—	★▲	—	☆▲	—	☆▲	★▲	☆▲	△★	△	△
	沟道	—	★▲	—	★▲	—	☆▲	—	☆▲	★▲	—	△★	△	△
	套管	★▲	—	—	★▲	—	☆▲	—	☆▲	★▲	—	△★	△	△
通信	直埋	★▲	—	—	—	—	—	—	☆▲	★▲	—	△★	△	△
	管块	★▲	—	—	★▲	—	—	—	☆▲	★▲	☆▲	△★	△	△
	沟道	—	★▲	—	★▲	—	—	—	☆▲	★▲	—	△★	△	△
	套管	★▲	—	—	★▲	—	—	—	☆▲	★▲	—	△★	△	△
热力	直埋	★▲	—	★▲	—	—	—	—	☆▲	★▲	—	—	△	△
	沟道	—	★▲	—	★▲	—	—	—	☆▲	★▲	—	—	△	△

续表

管线类别		埋深		断面规格			载体特征		材质	附属物	孔数	根数	权属单位	建设日期
		外顶	内底	管径	宽×高	压力	电压	流向						
工业管道	自流	—	★▲	★▲				☆▲	☆▲	★▲	—	—	△	△
	压力	★▲	—	★▲		▲		▲	☆▲	★▲			△	△
	沟道	—	★▲		★▲			☆▲	☆▲	★▲			△	△
综合管沟	管道	—	★▲		★▲				☆▲	★▲			△	△
	沟道	—	★▲		★▲				☆▲	★▲			△	△
不明管线		★▲		★▲					☆▲	★▲				

注　表中"★"为详查应调查项目；"☆"为详查宜调查项目；"▲"为普查应调查项目；"△"为普查宜调查项目。

（2）明显点调查。明显管线点指直接或间接能看到的管线及附属物，对于明显管线点的各种数据的采集应直接开井量测或直接标注。一般采用经过校验的钢卷尺直接量测，至少两次读数，读至厘米。

1）管线点记录及标记方法。一般采用管线类别代码和数字组成，如采用 12 位编码，2 位年代号＋2 位测区号＋2 位小组号＋2 位管线代码号＋4 位外业物探点号，如 16A112LT0015。位数不够用前置"0"补齐，物探点号必须全片区唯一，管线代号按当地规范规定的二级代码执行。现场记录常用平板电脑电子记录手簿或者在 A4 纸手工画管线综合草图，将各种管线走向、连接关系、管线点编号等标注清楚、记录齐全完整。

2）管线点标志。管线点标志一般应设置在管线特征点的地面投影位置或附属物的中心点上，管线特征点包括分支点、转折点、起止点，附属物的中心点包括接线箱、变压箱、人孔、手孔、阀门井、各种窨井、仪表井等中心点。在无管线特征点和附属物的中心点的直线段上应设置隐蔽管线点，管线点间距一般不应大于 75m。

3）管线点地面标志。管线点地面标志，沥青路面应用统一规格的水泥钉打入地面至平，用红色油漆以水泥钉为中心（或附属物中心位置），注上"⊕"及管线点号，水泥路面应用钢钎刻画十字，注上"⊕"及管线点号，松散地面应打入木桩，把木桩涂红，并可在管线点附近明显的物点上标注点号、拴距，以便实地寻找。

（3）隐蔽点调查。

1）隐蔽点常用的方法和仪器。隐蔽点调查常用物探方法解决问题，常用的仪器有地下管线仪和地质雷达。其中地下管线仪是最常使用的仪器，此类仪器常用的探测方法有直连法、感应法、夹钳法等。

直连法可向地下探测目标直接施加一次场，并在地下管线目标体内产生位移的一次场，其传导效果和场分布形态较为突出，接收机能接收到较强的一次场信号，增加"信噪比"，突出异常场，定深、定位精度较高，应为首选的工作方法，但管线体须有出露并且安全的情况下方可实施。

感应法在无管线出露区或盲区探测时，可向地下金属管线施加一次场，对地下金属管线进行激发，而在地面接收由于一次场激发而产生的二次场，判明地下金属管线的空间分布状态，达到探测目的。

　　夹钳法在有小管径的金属管线出露的地方，可向地下目标体直接施加一次感应磁场，由于金属管线与周围介质电磁性差异，地下金属目标得以充分地激发，而其本身形成的二次场较为明显，易于地表捕捉，追踪距离较大，提高了探测精度，达到工作目的。

　　探地雷达是一种宽带高频电磁波信号探测技术，利用电磁波信号在物体内部传播时电磁波的运动特点进行探测的。主要测地下的直径较大的管道，依据电磁波脉冲在地下传播的原理进行工作，发射天线将高频的电磁波以宽带短脉冲形式送入地下，被地下介质反射，然后由接收天线接收，对接收到的数据进行资料处理，最终得到成果图，进而推测地下管道的平面位置及埋深。

　　2）如何确定管线的位置和埋深。管线点定位方法：在多数地区及走向变化不大的地段，只采用定位精度最高的水平分量（ΔH_x）最大值（梯度法）来定位。对于管线密集、不同种类管线并存地区，在有激发方式的技术保证下以谨慎、认真地判断分析后，决定是否可以使用上述定位方法。在管线走向变化剧烈或突变处（如分支、拐弯处）以及受其他因素干扰时，则不能采用上述各种定位方法，应根据具体情况采用交会或逐次逼近的方法定位或进行剖面探测。

　　管线点定深方法：主要采用"70％法""直读法"。难度较大之处可结合开挖对比结果来进行判断分析。

　　"70％法"就是测出一个峰值、两个70％峰值点，如果两边对称，则两个70％值点间距就是管线的中心埋深。

　　"直读法"是利用仪器直接读埋深，一般是对所探管线受旁侧的影响很小时，多读几次读数，并确认读数稳定，适用于埋深小于50cm且受旁侧管线影响不大的情况。

　　（4）管线开挖点。对于仪器无法探查的隐蔽点需要进行开挖或钎探，以便精确地调查管线的位置和埋深，另外为了验证隐蔽点探测的精确度，最直接有效的方法也是进行开挖验证，一般抽样比例不低于0.5％。

　　（5）测量工作。测量工作包括控制测量、管线点测量和地形图测量。

　　1）控制测量。控制测量的目的是提供控制基础和起算基准，其实质为测定具有较高精度的平面坐标和高程的点位，控制测量有平面和高程两个方面，高程控制测量可以使得高程误差减少，如果没有高程控制测量，只能用平面代替大地水准面，随着测区增大，误差急剧增大。控制网具有控制全局，限制测量误差累积的作用，是各项测量工作的依据。对于地形测图，等级控制是扩展图根控制的基础，以保证所测地形图能互相拼接成为一个整体。

　　2）测量地下管线点。地下管线测绘是对已查明的地下管线位置即管线点的平面位置和高程进行测量，地下管线点测量在已有各等级控制点的基础上进行，测量时使用全站仪，采用极坐标法施测其平面位置，高程采用电磁波三角高程法施测。由于管线点的测量比一般的地物碎部点测量精度要求高，测量时使用对中杆配合施测。野外采集的各管线特征点平面位置相对于邻近控制点不大于±5cm，高程测量中误差相对于邻近控制点不大于±3cm。

　　3）地形图测量。通常情况下探测的管线成果要展布到1：500地形图上，因此，管线探测时要有 1∶500 地形图或带状地形图做底图。一般情况下测量带状地形图，即沿探测管线测绘带状地形图，宽度为道路两侧第一排建筑物，无建筑物处测至路沿外 30m 处。地形图的测量采用极坐标法采集平面坐标和高程，定向边宜采用长边，管线点的高程测量和平面测量同时进行，高程测量宜采用三角高程。对于要求测量高程的地下管线特征点和探测点，使用仪器直接测量，对消防栓、接线箱、各电力、电信上杆点等高程测至地面。

（6）提交的数据成果。管线调查和测量完成后，需要将这些数据通过地下管线数据处理系统进行处理，最终生成能满足当地技术规程的格式要求输出相应的数据库、成果表及综合管线图。除以上这些还需要提交技术设计书、方法试验及一致性校验报告、质量检查报告、技术总结报告、雷达探查报告；地下管线探查记录表、地下管线探查检查表、图根控制导线成果表、仪器设备清单和检验合格证、权属单位审图意见表等资料。

4.2.5.2　多源数据整合建库

数字水务一体化平台数据来源广泛、数据量巨大、数据格式多样、内容丰富，且各类数据之间存在着紧密的联系，互为彼此使用和管理的重要依据。为了提高数据整体管理效能、加强数据共享，节约资源建设，更好地服务于数字水务一体化平台的业务应用，需要对多源数据整合建库，主要包括数据汇聚、数据处理、数据建库等 3 个步骤。

4.2.5.3　数据共享服务

数字水务一体化平台不但需要集成已有的各种数据，还要向相关单位、部门共享各业务系统的数据，保持数据的联动更新，提高信息资源利用效率。针对该地区从水源地、水厂、输水管网、各级水源到用户用水全程的自动化监测、控制、计量、缴费等相关数据构建水务数据平台。以城市地理信息系统基础平台为基础，叠加河道水闸、水文水资源、滩涂海塘、排灌、堤防、供水、排水行业等水务专业信息，为一体化建设提供基础数据，并为各行业数据交换提供支持。

4.2.5.4　数据挖掘分析

为了充分发挥数据价值，满足数字水务管理决策需求，数字水务一体化平台利用各种数据资源的融合，通过大数据分析模型和水力分析模型等各类专业模型，辅助决策管理，支撑水安全、水资源、水环境、水生态、水空间等五大板块业务应用。

4.2.6　安全需求

4.2.6.1　边界安全

边界安全涉及信息内网纵向安全边界和信息内网横向域间边界，信息外网移动作业设备接入为边界安全提供了防护措施。

（1）信息外网 App、微信公众号等接入边界安全防护。信息外网接入边界安全防护控制措施见表 4.2。

（2）信息内外网边界安全防护。内外网边界安全防护措施见表 4.3。

（3）信息内网纵向边界安全防护。内网纵向边界安全防护措施见表 4.4。

（4）横向域间边界安全防护。横向域间边界安全防护措施见表 4.5。

表 4.2 **信息外网接入边界安全防护控制措施**

边界类型	边界描述	安全控制措施
信息外网移动应用接入边界	信息外网移动应用安全边界与网省间的网络边界	1. 部署防火墙（互联网边界防火墙和信息外网边界防火墙），实施访问控制，在网络边界对跨越边界传输的信息进行内容过滤，应对应用层数据流进行有效的监视和控制；防火墙登录应使用两种以上鉴别技术的组合实现身份鉴别； 2. 采用入侵检测系统对流经边界的信息流进行入侵检测，基于对外提供的服务类别（如 HTTP、DNS 等）进行入侵防护； 3. 对于跨越互联网边界所提供的对外服务，应强化访问控制，限制由应用服务器发起的外发连接，在 IP 地址、协议、端口等层次细化访问控制策略； 4. 采用专用的 DoS/DDoS 攻击系统或在防火墙等边界防护设备上采用技术手段防止 DoS/DDoS 攻击； 5. 应对各类用户和互联网终端与公司信息外网之间进行安全数据交互提供多种身份认证、消息验证、内容过滤、行为审计等机制； 6. 对重要用户提供多种认证措施，并对各种访问及操作行为进行鉴别，对恶意代码进行过滤，阻截恶意信息传入，防止敏感数据泄漏，保障对外服务安全。应能检测到非授权设备私自外联并能准确定位、阻断

表 4.3 **内外网边界安全防护措施**

边界类型	边界描述	安全控制措施
信息内网外网边界	信息内网外网边界	采用隔离装置进行外网应用与内网数据的交互过滤

表 4.4 **内网纵向边界安全防护措施**

边界类型	边界描述	安全控制措施
总部内网系统和网省内部系统边界	总部内网系统和网省内部系统边界	信息内网广域网（虚拟专网）

表 4.5 **横向域间边界安全防护措施**

边界类型	边界描述	安全控制措施
横向域间边界	信息内网第三方界	采用入侵检测系统对流经边界的信息流进行入侵检测，基于对外提供的服务类别（如 HTTP、DNS 等）进行入侵防护

4.2.6.2 应用安全

应用安全建设主要包括四个方面（见图 4.2），具体如下：

（1）个人信息鉴别。提供登录模块并对登录模块登录用户进行身份查询与核实。防止用户个人信息被冒用，初始进入系统密码应设置不得少于八位数。且数字、字母、标点符号三种必须选择两种或两种以上混合使用口令，用户名和密码禁止相同。其他应用软件不能明文存储口令数据。应用系统应定期要求用户更换

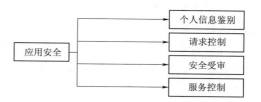

图 4.2 应用安全建设图

密码且不能与近期密码相同，用户应提供身份唯一标识符以防忘记密码或者被别人冒用。应提供登录失败处理功能，可采取结束会话、限制非法登录次数和自动退出等措施。应启

用身份鉴别、用户身份标识唯一性检查、用户身份鉴别信息复杂度检查以及登录失败处理功能，并根据安全策略配置相关参数。

（2）请求控制。应用系统应提供访问控制功能，根据安全策略控制用户对部分与实际岗位不相符的文件，数据库表等的客体请求。请求控制的覆盖范围要包括与资源访问相关的主体、客体及它们之间的操作。应由授权主体配置请求控制策略，并严格限制默认账户的请求权限。应授予不同账户为完成各自承担任务所需的最小权限，并在它们之间形成相互制约的关系。

（3）安全审核。应用系统应对用户登录、用户退出、增加用户、修改用户权限等影响力较大的安全事件进行审核，并且要提供覆盖到每个用户的安全审核。应用系统保证无法删除、修改或覆盖审计记录。审计记录的内容至少要包括事件起始日期、结束日期、起始时间、结束时间、发起者信息、类型、描述和结果等。灾难备份应提供数据有效性检验功能，保证通过人机接口输入或通过通信接口输入的数据格式或长度符合系统设定要求。在故障发生时，应用系统应能够继续提供一部分功能，确保能够实施必要的措施。

（4）服务控制。应用系统通信双方中的一方在一段时间内未做任何响应，另一方应能够自动结束会话。应能够对应用系统的最大并发会话连接数进行限制。应能够对单个账户的多重并发会话进行限制。

4.2.6.3　数据安全

数据安全设计是结合数据分类所定义的数据安全级别，制定数据安全防护的措施要求，对系统数据保护进行约束。

数据库安全是管理体系的基本条件，数据分析层通过收集和归一各类业务系统产生的海量信息数据，运用实时关联分析技术、智能推理技术和风险管理技术，对各类海量数据事件进行统一加工分析，实现对数据安全风险的统一监控管理和未知风险预警处理。

采用数据传输加密技术，对传输中的数据流加密，以防止通信线路上的窃听、泄露、篡改和破坏。采取两地三中心的方式，建立异地灾难备份中心，配备灾难恢复所需的通信线路、网络设备和数据处理设备实现业务应用的实时无缝切换。监控数据引擎的关键参数：数据库系统设计的文件存储空间、系统资源的使用频率、配置情况、数据库当前的各种锁资源情况、监控数据库进程的状态、进程所占内存空间等。在参数到达门限时通过事件管理机制发出警告，报告数据库管理员，以便及时采取措施。

4.2.6.4　主机安全

保护主机系统安全的目标是采用信息保障技术确保业务数据在进入、离开或驻留服务器时保持可用性、完整性和保密性。

身份鉴别：采用网络安全审计统计，对登录操作系统和数据库系统的用户进行身份标识和鉴别；设置操作系统和数据库系统的不同用户分配不同的用户名，确保用户名具有唯一性。

入侵防范和防病毒：采用防病毒、入侵检测和防火墙产品监视攻击行为，检测对重要服务器进行入侵的行为，记录入侵的源 IP、攻击的类型、攻击的目的、福建省城乡供水一体化工程攻击的时间，并在发生严重入侵事件时产生报警；每周必须更新病毒库，及时更新防病毒软件版本，主机病毒库产品具有与网络病毒库产品不同的病毒库，支持病毒库的统一管理。

安全审计：采用网络安全设计系统，审计范围覆盖到服务器的每个操作系统用户和数据库用户；审计内容包括用户行为、系统资源的异常使用和重要系统命令的使用等系统内重要的安全相关事件；对服务器进行监视，包括监视服务器的 CPU、硬盘、内存、网络等资源的使用情况；审计记录权限仅由审计管理员操作，不会受到未预期的删除、修改或覆盖等。

主机安全设计可以参考如下要点：

（1）按照国家信息安全等级保护的要求，根据确定的等级部署主机操作系统防护措施；操作系统层面的防护措施应包括主机访问控制、主机安全加固、主机入侵检测、主机内容安全、病毒防范、主机身份鉴别和主机监控审计。

（2）按照国家信息安全等级保护的要求，根据确定的等级部署主机数据库防护措施；数据库层面的防护措施应包括数据加密、备份恢复、资源控制、剩余信息。

（3）按照国家信息安全等级保护的要求，根据确定的等级部署主机数据库防护措施；机房建筑应设置避雷装置、防雷保安器、防止感应雷和设置交流电源地线，应将通信线缆铺设在隐蔽处，可铺设在地下或者管道中。机房出入口应安排专人值守，控制、鉴别和记录进入的人员，需进入机房的来访人员应经过申请和审批流程，并限制和监控其活动范围。

按照对业务服务的重要次序来指定带宽分配优先级别，保证在网络发生拥堵的时候优先保护。应在网络边界部署访问控制设备，启用访问控制功能，根据会话状态信息为数据流提供明确的允许访问、拒绝访问的能力，控制粒度为端口级。

4.2.6.5　网络安全

1. 网络设备安全

保护网络关键设备（如交换机、大型计算机等），制定严格的网络安全规章制度，采取防辐射、防火以及安装不间断电源（UPS）等措施。

对用户访问网络资源的权限进行严格的认证和控制，设置用户访问目录和文件的权限，控制网络设备配置的权限。

数据加密防护，采用带 AES 加密的 WPA2 无线安全。

建立健全的 Web 安全解决方案：注入 AV 扫描、恶意软件扫描、IP 信誉识别、动态 URL 分类技巧和数据泄密防范等功能。

采用目前最先进的漏洞扫描系统定期对工作站、服务器、交换机等进行安全检查。

2. 网络传输安全

（1）身份鉴别。设计和实现传输层用户自主保护级的身份鉴别功能，在首次建立 TCP 连接时，进行相互身份鉴别。

（2）数据传输。加密与数字签名。使用 SSL 警报协议在客户和服务器之间传递 SSL 出错信息。User Name/Password 认证。

基于 PKI 的认证：应用在电子邮件、应用服务器访问、客户认证、防火墙认证等领域。

虚拟专用网络（VPN）技术：VPN 技术主要提供在公网上安全的双向通信，采用透明的加密方案以保证数据的完整性。

（3）宽带分配。按照对业务服务的重要次序来指定带宽分配优先级别，保证在网络发生拥堵的时候优先保护重要主机。

4.2.7　运行管理需求

4.2.7.1　集中管理的需求

（1）数据采集自下而上，同步共享。城乡供水一体化项目供水区域广，分布散，需要通过信息化手段，实现连点成线，连线成面，实现区块整合。以乡镇办事处为最小管理单位，划分区块，对城乡供水一体化项目进行严格化管理。将采集到的水质数据、水流量、水压力、供水量、用水量数据、营收数据等通过传输网络上传至数字平台，以实现水务公司对各乡镇情况的全局把控。此外，通过预留对外接口，实现数据共享，使得各级部门对工程运行状况实时掌握，集中管理。

（2）企业管理自上而下，责任到人。能够通过视频会议、服务热线、办公系统等科技手段，将乡镇办事处、水厂、水务公司连成一片，形成一个整体，打破层级壁垒、打破部门壁垒，以实现信息同步，实现集中管理，企业管理自上而下统一管理，将饮水安全、保障责任落实到人。需建设统一的管理平台，对城乡供水一体化项目的业务数据的全面整合，实现对人、财、物、事的全面监管。

4.2.7.2　数据整合集中管理

数字水务系统数据必须无缝接入已建系统，实现统一集中管理，以避免信息孤岛和数据碎片问题，杜绝零敲碎打式建设。

4.3　一体化平台系统建设

4.3.1　统一支撑平台

4.3.1.1　技术支撑层

技术支撑层为智慧水务系统平台数据存储和应用运行提供支撑，主要包括以下内容：

（1）网络传输层。将感知层监测设备所采集的数据通过 2G、3G、4G、5G、NB-IoT、LoRa 和运营商网络等传输方式传输到数据库，为系统应用提供数据支撑。

（2）物联网统一接入层。主要包括设备安全接入、感知设备生命周期管理、数据保护和信息安全、数据路由规则、设备维护等，能够屏蔽终端接入协议的差异性，以统一的格式或 API 将数据向上开放，实现各类数据的融合。

（3）硬件基础设施。主要包括服务器、防火墙和安全网关、存储设备、电源设备、显示及运行环境等，硬件设施的设计和建设应考虑兼容性和扩充性。

（4）软件基础设施。主要包括操作系统、数据库、搜索引擎和大数据、机器学习、GIS、BIM 等平台，以及分布式缓存、消息队列、文件系统等应用开发框架及软件平台。

4.3.1.2　业务技术层

业务技术层基于数据和业务中台为智慧水务管理提供专业的业务应用服务，主要分为以下几个系统：

（1）基础应用系统。主要包括资产、排水户、管网、闸泵、污水处理厂、河湖等管理及监测告警。

（2）决策支持系统。主要包括厂网一体化联合调度、洪涝预警预报、水环境管控、防汛应急调度、绩效考核等。

（3）公众服务系统。主要包括大屏综合展示系统、门户网站、公众服务平台、App、微信公众号等。

4.3.1.3 物联网支撑层

从技术架构上来看，物联网可分为三层：感知层、网络层和应用层。

（1）感知层。在水务行业中，可以通过数采仪、无线网络等在线监测设备实时感知城市供水管网的运行状态，并且采用可视化的方式有机整合运营调度部门与供水管网设备，形成统一的智慧水务平台，并可将及时采集到的各种管网运行、水质、外业人员信息进行及时分析与处理，并做出相应的处理结果与辅助决策建议，从而支持水务企业的数据管理和应用。

（2）网络层。通过物联网的网络传输，可以实现数据的传递和处理数据采集获取的信息。水务企业可以采用各种传感器，如水浊度传感器、水位传感器、水压传感器等来获取设备的各类信息，通过设备控制台或专用控制箱（PLC）来采集数据，并且通过网络传输，可提前对异常状态自动报警，如极限低水位报警和联锁保护，高水位报警等。加装摄像头可以对设备状态进行实时和多角度的监测，尤其是偏远地区和人不容易到现场查看的地方（包括水库、污水井、狭窄空间等）。

（3）应用层。通过建立统一的智慧水务监管平台，可以实现对供水设备、水处理设备的智能识别、监控和管理，形成集设备在线能耗诊断、水量水质监测、远程动态监测为一体的设备检测和监测完备体系。随着传感器数量的增多，其数据收集量将更广、更具代表性，对设备的横向数据（不同设备之间的数据）与纵向数据（单一设备的历史数据）进行统计，有助于设备制造单位和设备用户进行研究分析，实现设备的集中检测，推进精细化管理，提升设备的运行效率，实现安全水质、不间断供水的目标。

4.3.2 生产管理类系统

4.3.2.1 综合调度管理系统

生产调度管理是企业生产管理的中心环节。随着供水企业业务需求的变化和科技水平的发展，管理思路、理念也在不断创新。自动化和信息化技术在水务、企业生产经营、服务和管理中的应用越来越广泛深入。通过边调试边运行，低层物联数据采集的及时性与准确性、网络通信的稳定性、软件各个模块的功能性得到完善。运用科学技术手段开发的生产调度辅助决策系统，结合实际生产情况，集自动化技术、优化调度技术、高速网络技术、系统仿真技术于一体，实现优化调度，使取水、制水、供水等自来水各个生产环节高度自动化，促进自来水行业的生产指挥自动化、供水调度科学化。通过监控和调配水厂、泵站或流量压力控制点，逐步降低出厂压力，保证测压点和管网的平均压力合格率上升，确保爆管发生概率降低和漏水次数下降，并促使运行总能耗降低，减少设施及资源浪费，发挥全系统一张网的运行优势，提高突发事件的应急响应速度。

系统由十大功能模块组成，主要包括生产监控、管网监测、调度指令、应急预案、查询统计、成本分析、热线管理、运输管理等，其主要功能如下：

（1）生产监控。对各生产环节（各水源地、水厂的进出厂流量、压力、清水池水位、机泵的开停运行状态和在线水质仪表等生产监测数据）的生产数据、运行参数进行实时监控。通过系统，调度人员对生产状况进行实时监控，对未来用水量变化进行预判分析，从而及时地下达调度指令，满足城市供水需求。

（2）城市管网运行压力监测。通过整合调用测压系统，监控城市供水管网 40 个测压点的实时数据变化，及时调度调整机泵运行状况，平衡管网压力，满足供水服务压力需求。通过测压系统数据变化，还能及时发现局部管网险情，迅速展开抢修工作，避免了水资源的浪费，为供水安全提供了有力的保障。

（3）数据处理分析功能。调度系统对采集存放在数据库中的数据，可进行最大值、最小值、平均值、偏差值、累积值及其他各种特殊的运算处理，并可根据需要生成各类报表，包括日报、月报、季报、年报、各类趋势曲线、棒（饼）状图等，为分析生产运行情况提供决策依据。

（4）调度辅助决策功能。优化水量调度方案，做出一天或几天内的生产预测分析，计算出一套或几套经济运行方案，建立一套联合调度辅助决策系统，并根据历史数据不断修正，为优化经济调度方案提供决策依据，最终实现生产过程节能降耗的目标。

4.3.2.2　泵站和二次供水系统

在二次供水系统中，将"智慧水务"的理念应用于二次供水的设施建设及管理系统中主要表现为集成高新技术，以智能化供水设备为基础、以智慧管理平台为纽带、以保障安全用水为目标，对传统的二次供水系统进行精细化管理，并将后续服务移至线上，是一种将二次供水与信息化管理相结合的技术与管理并重的服务手段。具体从以下六方面建立"智慧化"应用的技术架构。

（1）基础设施建设。为实现工艺设备的智能化控制，工程项目需具备一个基础的实施环境，二次供水泵房无线通信信号需满足网关传输要求并能满足信号传输质量要求。地下泵房可通过有线连接将泵房内的数据采集设备与外部通信网管进行连接。

（2）数据采集要求。智能化控制主要数据采集范围包括设备数据（电流、电压、频率、运行及故障状态等）、水质数据（浊度、总氯、pH、水温等）、水系统运行数据（压力、流量、液位等）、环境数据（水浸、温度、烟感、湿度等）及安防数据（红外检测、泵房门状态等）。为便于数据传输管理，供水企业制定二次供水设备选型及二次供水泵房智能化技术标准，在标准内为适应"智慧化"建设，明确供水设备数据传输功能种类要求，并对数据采集仪表及智能控制柜的技术要求作出规定。数据仪表应具备设定、校对、断电保护、来电恢复、故障报警及本地存储功能确保数据的安全性及准确度。各类数据采集仪表均采用 RS-485 通信接口及 Modbus 协议进行数据传输；智能化控制柜（配电柜、控制柜）采用 RS-485 或 RJ-45 通信接口及 Modbus TCP/IP 协议进行数据传输，同时应具备以太网通信方式，高速可靠收集上述数据采集信号。

（3）水工艺控制模式。智能化二次供水控制方式体现为设备联动控制、PLC 控制和远程监视。设备联动控制即设备与数据采集仪信号联锁自动运行，如由液位计联锁电信号控制阀启闭控制水池（箱）进水、出水总管压力变送器及水池（箱）液位计联锁水泵启停及变频水泵数字集成全变频运行模式等。PLC控制通过人机交互界面进行控制，并可实时显示设备、水质及水系统运行数据，并可实现设备就地控制与PLC控制的实时切换。远程监视将全部数据上传至智能监测系统平台，供供水企业、物业管理人员、维保人员及用户远程实时查看二次供水系统运行参数，制定维保计划，并实时远程发送故障报警信号。

（4）泵房安防控制。通过泵房内安装无死角监控摄像头，供水企业可通过智能监测系统平台远程监视泵房内运行环境情况并发现泵房警情。泵房应配备泵房水淹报警装置，检测地面水淹信号；安装温湿度监测，并和泵房排风设施联动控制；安装烟感报警监测设备，报警信息可上传至故障报警系统；设置独立式门禁系统，具备人脸识别或指纹识别等功能；设置入侵报警系统；有固定排水设备的泵房，应将排水泵的运行、故障、液位信息接入主控柜。通过上述监控，确保泵房环境的安全可靠。

（5）全生命周期管理。对二次供水设备进行编码，关联其设备名称、种类、型号、品牌等基本档案信息，为后续设备运行及设备维保提供设备信息数据支撑。在运营维护过程中，智能监测系统平台作为供水企业、服务外包商及用户间数据传递的桥梁，实现服务全过程中人、物的精细化服务管理。智能监测系统平台集成设备基本信息管理、维保信息档案记录、维保工作管理等功能，供水企业可根据设备运行参数制订维保计划、实现用户在线报修、供水企业在线派单，并可在线监管维保单位服务及时性、服务质量及维保后设备运行效果等。

（6）智能监测系统平台优化。智能监测系统平台应具有高信息安全性，且权限层级划分完善，面向不同使用者针对性地展示监测数据及推送报警信号。同时平台可结合移动端App，提供实时信息及历史数据的展示，方便现场人员的工作需求。为了更好地对维保工作进行量化分析，平台可具有现场图片信息保存功能及操作评价功能。

二次供水"智慧化"必将增加建设初期的投资成本，但伴随专业化、精细化的管理，通过采集数据，应用区块链技术，记录、共享二次供水状态、辅助决策其运行模式，必将带来更大的社会化及经济化效益。如根据不同项目流量计参数分析该项目用水特点，调整水池（箱）有效容积，降低水龄，减少因停留时间过长导致水质污染事件的发生，并实时发出高液位报警，避免水资源浪费；根据流量计、压力表及水泵电流电压信号参数，分析泵房耗电功率，优化水泵配置及水泵运行模式，降低二次供水电能消耗；根据设备运行状态监视，制定合理设备维保计划，减少冗余工作量，降低人力资源成本等。

将"智慧水务"理念应用于二次供水系统是水行业发展的大势所趋，是提升二次供水管理水平的必由之路。目前此项应用仍处于数据的采集阶段，技术上满足数据实时监视、报警及在线维保管理的要求，与完成大数据分析，满足远程辅助决策控制的要求仍有一定的距离，在未来的工作中，将致力于扩大二次供水"智慧化"应用，扩大数据采集量，依托物联网大数据分析技术，科学、合理、安全地监控二次供水运行模式，进一步提升二次供水的管理及服务能力。

4.3.2.3　实验室管理系统

1. 建设目标

根据水厂实际情况和需要，可选择性建设实验室（水质）管理系统。实验室管理系统可以实时地显示水质状态，并能够在界面上显示所有水质变化趋势情况。

（1）可远程设置系统的采样周期。

（2）具有对监控水质预警功能，水质有异常值短信报警功能。

（3）系统具备自动分类报警功能。报警信息显示对系统运行中所有故障、超标值进行提示。

（4）系统采用开放式结构，使系统易于扩充，并为以后预留了可扩充接口，网络具有升级能力。

（5）系统具有安全防护功能，具有数据加密功能，并采用金字塔式权限约束，在进入系统时需确认身份，使其可使用相应的操作。

（6）采集到的数据送入数据库中保存。系统可以预定义数据报警上下限属性值，采集到的实时数据如果超越报警上下限，系统自动进行报警，并对报警自动分类。另外，这些报警信息同时发送到监控中心，由中心监控软件进行接收和处理。数据采集与传输完整、准确、可靠，采集值与测量值误差不超过 1%，系统连续运行时数据捕捉率大于 99%。

（7）现场软件具有数据查询/导出/自动备份功能、参数设置功能、报警信息显示、手工及单一控制功能、系统及仪器历史运行状态显示、操作提示、用户管理功能等。

（8）现场控制软件具备强大良好用户界面，可动态显示系统的实时状态，实时数据，历史报表和历史报警。

2. 水质监控集成方案

水质自动监测系统由站房、仪表分析单元、取水单元、控制系统、数据采集/处理/传输系统、辅助系统、视频监控单元等组成。其中仪表分析单元包括常规理化五项（pH、温度、电导率、溶解氧、浊度）。系统泵、阀及辅助设备由 PLC 控制系统统一进行控制；各仪表数据 RS-232/RS-485 接口由数采工控设备进行统一数据采集和处理，系统数据支持以太网和无线传输两种传输模式。为防止雷击影响，水质自动监测系统配置完善的防止击雷和感应雷措施。

系统配置智能环境监控单元对系统整体安全、消防和动力配电进行智能监控。同时，水质自动监测站设置有视频监控装置，可远程实时对取水口状况，站房内部状况进行监视。水质自动监测站内配置防入侵、火灾、水浸、温湿度等报警装置并接入 PLC 系统，实现无人值守。在线监测仪器安装于规范的监测现场，在线监测仪器将测试数据、仪器运行状态通过数据采集传输仪以选择的通信方式将数据送至中心控制室储存。

设备维护单位负责对现场仪器进行巡检和维护，按照仪器故障电子报单通知，及时分析查找故障原因，派出维修车辆和人员进行现场维护，同时将手写的维修表通过现场打印机扫描后发回主管单位入档。管理部门依据中控室报送的监测数据对监测现场的情况进行相应的管理和总量控制。监测站点可根据中控室反馈的监测数据、总量控制信息，调整相应的设备运行状态，进一步加强内部管理，达到节约原材料、实施清洁生产、提高治污设施运转效率的效果。

3. 系统功能介绍

（1）数据展示

1）实时数据：在此界面中可以观察到各监测参数的实时数据，各个执行机构（泵、阀）的当前状态，以及各设定参数的数值。

2）实时曲线：实时曲线界面与后面要叙述的历史曲线很类似，不同之处是实时曲线每一秒钟自动更新一次。

3）历史报表：在此界面中可以观察到任一时段的详细历史数据，并且可对照历史数据进行打印等操作。并且可以对所保存的数据实现各种方式的查询，提供灵活多样的监测数据检索。

4）历史曲线：在此界面中，用户可以任意选取一个时间段进行查看，可同时显示多个参数的曲线，可对任一参数或多个参数进行显示隐藏操作，可任意放大、缩小时间维度，可左右、水平移动曲线，可以打印当前曲线，可观察到本时间段内各参数的最大值、最小值、平均值，移动左右游标可以显示本时间段内任一时刻的数据。

（2）报警功能。在此界面可以查看报警的历史记录，包括报警时间、报警名称、报警类型、报警值等。报警信息显示对系统运行中所有故障、超标值进行提示；可动态监视采样泵的运行状态（含水压），采样泵及切换阀门可按命令自动切换，采样泵有故障后可进行报警；具有对监控水质预警功能，现场软件有异常值短信报警功能。系统运行过程中会随时检查运行的各个状态，判断对应的泵、阀等设备是否运行正常，当出现故障的时候，会自动记录并发出报警信号，此时系统处于故障状态，从而停止各种操作、只有用户检查了系统，并确认没有故障之后，才能重新进入运行状态。系统还可以检测所测量的仪器的值，是否在所设置的上下限之间，如果超过限值，系统就会自动记录并发出报警信号，以便及时处理，自动启动应急监测功能及自动采样功能。停水、断电、水压到极限或采水单元、配水单元、预处理单元、设备出现故障时，能进行报警，报警信息以易读易懂的方式在设备显示器中显眼位置显示，同时能往远程实时发送，并能进行安全保护，断电来电后自动恢复运行。

（3）参数设置。在此界面中，可对工作模式、时间参数、报警阈值进行设置，设置采样周期、系统复位、参数报警值、PLC校时、采水时间、补水时间等参数。通过组态软件的开发平台，可以方便地修改并增加监测参数，增强了系统的可扩展性。

（4）系统安全管理。系统具有权限管理功能，可以保护系统免受非法使用和人为破坏。软件设置严格的管理权限和管理角色，不同的权限和角色对应不同的管理和控制功能，未经许可的用户不能操作系统。权限管理功能可以在开发系统中进行设计，来实现用户管理功能。系统具有日志功能，监控软件提供完备的日志功能，包括系统报警日志、系统状态日志、操作日志和用户自定义的日志。记录监测数据的报警情况，记录监测仪器的校准、掉电等状态信息，记录用户登录系统并对系统进行操作的情况，为系统管理提供丰富的可跟踪数据信息。

4. 管网水质监测点部署建议

水质监测点一般部署在供水最不利点与重要敏感客户接水口，供水最不利点一般位于供水管网末梢与供水最高点；重要敏感用户包括政府机关单位、学校、医院、大型工厂企业、人群密集区等。

5. 实验室手工监测数据上传

除水质在线实时监测外，对于本地水厂实验室内检验出的各项水质数据，应定时进行数据上传，结合水质在线实时监测数据形成全面的水质安全报告。实验室数据上传规范为表 4.6。

表 4.6　　　　　　　　　　　实验室数据上传规范

水样点	检测项	检测值	单位	取样时间
××水厂进水口	氨氮	××	mg/L	20××-××-××：××

4.3.3　管网运行管理类系统

4.3.3.1　供水管网 GIS 管理系统

管网地理信息系统简称 GIS，是在计算机硬、软件系统支持下，对有关地理分布数据进行采集、储存、管理、运算、分析、显示和描述的综合技术系统。GIS 在供水行业的应用主要集中在输水管线和配水管网，可以称为"供水管网地理信息系统"或"供水管网 GIS"，如图 4.3 所示。

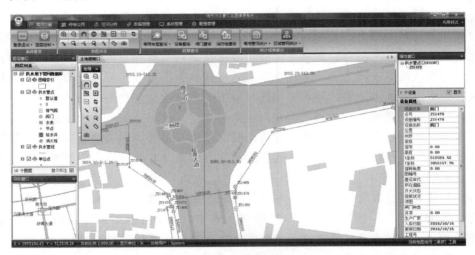

图 4.3　地理信息管理系统示意图

GIS 主要工作涉及各类输配水管线及附属供水设施的现场定位、关联结构确定、属性信息标识等。邯郸水司的信息系统项目自 2008 年起步，采用软件平台和数据采集分别建设的模式，共测量供水管线 600 余 km、标定点 1.6 万余个，收集整理工程图纸 2500 余份，并将测量数据、地形、管线、设施等信息统一整合，录入系统。2010 年系统进入实用阶段。经过大量基础性工作，管网 GIS 系统中已经存储了较为完整的供水管道数据。2013 年出台了 GIS 数据修正奖励办法，进一步完善了系统数据。GIS 在实际工作中，可快速查询各种给水工程及管网信息，代替了人工查图，极大提高了工作效率；各类供水设施都经过准确定位，位置信息均为绝对地理坐标，不会因为地形变化或掩埋而丢失；在供水抢修中，系统可快速计算出需关停的阀门及影响到的用户等信息，为公司进一步管网建模、水力平差计算等工作提供翔实的数据资料。利用这些信息，可实现快速定位，为被掩埋供水设施的清理、维修和使用等提供有力帮助。

2019 年邯郸水司在原有 GIS 系统基础上开发了管网综合业务智慧管理系统。对 GIS 平台进行优化，实现对管网 GIS 系统在性能、功能、美观、交互操作方面的全面优化升级。通过对业务应用体系的完善，增强对供水管网的运营和监管能力，实现供水管网智慧运作，提高供水管网管理与服务水平。同时，通过数据集成，深度挖掘数据价值，为自来水公司的日常管理与决策提供科学支撑。

4.3.3.2 DMA 漏损控制管理系统

独立计量区域（District Metering Area，DMA），是控制城市供水系统水量漏失的有效方法之一，其概念是在 1980 年初，由英国水工业协会在其水务联合大会上首次提出。在报告中，DMA 被定义为供配水系统中一个被切割分离的独立区域，通常采取关闭阀门或安装流量计，形成虚拟或实际独立区域。通过对进入或流出这一区域的水量进行计量，并根据流量分析来定量泄漏水平，从而利于检漏人员更准确地决定在何时何处检漏更为有利，并进行主动泄漏控制。

管网破损预测是控制管网漏损的重要辅助技术，可以帮助掌握管网破损规律，明确控制重点，制定有效的管网漏损监测与控制方案。因此，管网破损预测模型一直是一个研究热点。管道破损的影响因素很多，包括管材、管龄、管径、接口、内衬、腐蚀情况、质量缺陷等；环境因素，包括季节变化、低温、土壤位移等；运行因素，包括水压、历史破损等。但这些数据很难全部获得，只能用有限的数据来研究管网破损的规律。

管网漏损发生后会产生一个额外的流量，故而在相关的管线上流量会发生变化，形成与漏损发生前不同的流量模式。其中，"聚类算法"通过数据之间的相似性可将数据划分为不同的类别。随着管网流量监测体系的不断完善，流量数据越来越多、监测频率也越来越高，促进了这种方法在管网漏损监测中的应用。通过采用聚类算法，对 DMA5 个入（出）口流量计监测得到的 180d、每 5min 一条的流量时间序列数据进行了分析；识别了流量曲线的异常变化，并通过对引起 DMA 流量发生异常的可能事件进行分类实现了漏损预警。除了将当前流量数据与历史数据作对比之外，还可通过将当前流量实测数据与预测数据作对比来发现异常。

虽然漏损控制已有较长的研究历史，但在智慧水务背景下，管网漏损控制技术的发展逐渐呈现出两大特点：①更大量、更精细的数据，加上更创新的算法，使得漏损控制的各单项技术更加强大。例如，基于在线流量压力数据，采用深度学习算法开发的管网漏损识别与定位技术。在数据更多、方法更优两方面的作用下对漏损的识别与定位能力得到显著提升。②多源数据的综合运用，使得漏损控制技术体系更加完善。例如，管网 GIS 数据与运行维护数据的综合运用、水力实测数据与模拟数据的综合运用，使得可以从更多的角度去理解、分析管网漏损问题，并更高效地监测与控制漏损。随着数据的不断积累与数据技术的不断发展，这两大特点有望得到进一步凸显。

然而，从目前研究进展来看，部分领域的研究尚不够充分。例如：①对数据标准的研究较少，目前的研究主要是基于现有的数据来开发可用的技术。但反过来，要实现漏损的高效控制，对数据有什么要求（如监测点数量、监测频率等）的研究不足，导致对管网漏损的智慧化管控缺乏足够的指导。②智能水表监测的水量数据价值未得到充分挖掘。虽然智能水表的应用越来越广泛，但很多供水单位仅将其作为替代人工抄表的工具没有充分挖掘其对掌握用户用水规律、理解管网漏损的意义。因此，未来可加强上述两方面的研究，进一步提升管网漏损控制的智慧化水平。

4.3.3.3　供水管网水力模型

管网水力模型是基于真实管网的拓扑关系、管径、管材、流量、压力、水厂泵站出水压力和流量数据，通过管网平差公式算法，利用计算机技术将实体的管网运行情况抽象成数字的点线关系，真实地反映管网流量、压力、流速、管损情况。

水力模型建设的基本步骤包括数据处理、数据导入、模型校核。

（1）数据处理。模型建立的过程需要众多的数据支撑，包括管网拓扑数据、水量数据和 SCADA 数据。

1）管网拓扑数据处理。管网拓扑数据来自 GIS，详细数据说明见表 4.7。水力模型最基础的拓扑数据是 GIS 中的管线、节点、阀门数据，其准确性直接影响模型精度，在管线数据处理方面首先需要梳理 GIS 中的管线数据，最主要的工作是确定管线之间的连接管线，完善拓扑数据。此外，还需要根据地面高程数据对节点进行高程赋值，梳理阀门启闭情况等。

表 4.7　拓 扑 数 据 说 明

要素	所需属性字段	字 段 说 明
节点	地面标高	服务区内的地形高程图
管道	编号	
	管径	
	管长	
阀门	编号	
	所处位置	所在位置的节点编号
	类型	闸阀、蝶阀、减压阀等
	口径	
	开关状态	全开或部分开
水泵	编号	
	布置图纸	所有泵站
	所处位置	
	类型	定速或变频泵
	特性曲线	$Q-H$ 和 $Q-\eta$
水池	编号	
	布置图纸	包括水厂清水池和增压泵站前的水库
	所处位置	
	水池形状	
	水池池底标高	

原始 GIS 数据中含有多种类型节点，首先将所有节点图层合并为 1 个图层，然后在 ArcMap 软件中建立管线与节点之间的拓扑关系。

在拓扑关系建立过程中，重点为拓扑关系的设定，主要设定的 5 条拓扑规则包括：不能有节点重叠；管线不能自我交叉；管线不能自我重叠；节点必须与管线连接；管线末端必须与节点连接。

通过设定拓扑关系，可以自动修正拓扑关系，其次再通过查找 Network 管网连接关系找到孤立管线与孤立节点，便于 GIS 数据的核对。在此基础之上，通过创建 DEM 和栅格数据赋值，为节点进行高程数据的赋值。

2）水量数据处理。水量数据主要来源为营业收费系统，需获取的数据包括：①用水点位置、用水类型（居民、工业或其他等）、抄表时间、抄表模式（单月或双月）、用水量；②大用户贸易水表位置、计量类型（工业、商业等）、实时水量数据；③其他统计数据，包括产销差水量统计以及绿化、管道冲洗等非计量水量收费方式等。

各地的水务公司通常存在双月抄和单月抄两种模式，季抄比较少。进行水量处理时，对连续2个月的数据取平均值作为单月水量，然后再平均到每日作为每个用户的单日用水量。如果能实现水表定位，可在模型中根据各个水表的位置将其水量挂接到最近的节点上。如果未能实现水表定位，则需要进行一定的水量定位工作，至少需要将大用户（用水量$>1000m^3/d$）进行水量定位。对于漏损、绿化等水量，可将其统一处理为未计量水量，采用比流量法进行水量分配，均匀分配到管网中。

3）SCADA数据处理。SCADA数据对比模型校核至关重要，主要包括：①所有泵站水泵的开停记录；②泵站总流量、总压力、用电量、泵站效率；③各泵站每台水泵的单泵流量、压力、用电量、效率；④各水库液位变化记录，包括清水池水库和管网中泵站水库；⑤管网测压点、测流点的运行数据，测压点需包含压力计标高信息。

在获取SCADA数据后，需要进行数据清洗，剔除噪点数据。SCADA数据既是模型建立的数据支撑，也是模型校核的标准，应选取上述数据中前4项作为基础数据，第5项作为校核数据。需要说明的是，如果模型采用水源压力控制模式，则水厂流量应作为模型的校核数据；采用水源流量控制模式，则水厂总压力应作为校核数据；如果采用水泵模式，流量和压力都应作为模型校核数据。下一步将处理好的SCADA数据放入模型中，作为模型建立和校核的重要依据。

（2）数据导入。在完成数据处理之后，模型的建立过程可以看作数据导入的过程。通过Water GEMS的各个导入功能，将处理好的数据导入模型中。

1）管网数据导入。将GIS中的管线、节点、阀门数据导入水力模型中，形成水力模型的管网框架，通过Model Builder导入管线数据。

2）水厂数据录入。将水厂的清水池、水泵、管线、阀门录入水力模型，同时与外管网连接好，确保连接正确。同时需要将水厂的运行数据导入模型中，例如水池液位的变化、水泵的启停以及水泵的频率等。在Water GEMS中既可以通过编写控制语句的方式，又可以通过设置pattern的形式设置水厂运行数据。

3）水量分配。根据供水量数据，对水力模型进行节点上的初始流量分配，如果可进行水表定位，直接进行水量挂接。当不具备水表定位的条件时，则首先进行大用户位置定位，录入大用户水量信息，然后可采用管线比流量分配方法进行水量的分配。

4）建立用水模型。根据远传水表和流量仪的水量数据，通过数据处理形成不同的用水模式，录入到水力模型中并赋予到相应的节点上。

（3）模型校核。完成上述工作后，即可运算水力模型，此阶段的计算结果会与实际情况存在较大的误差，需进行水力模型的校核工作。

水力模型基本的校核方法主要分为检查、校验和验证，始终贯穿于水力模型建设项目的全过程。在水力模型建设的不同阶段，这三种方法的使用各有侧重，整个过程就是发现问题—假设模拟—问题锁定—确认更正的过程。总的来说，水力模型的校核内容主要包括以下几个方面。

1）基础数据检查。将收集到的基础数据和现场测试数据进行汇总分析，通过统计分析方法评估数据的准确性和可用性，对不正常的基础数据进行讨论确认并重新收集、整理，以降低由于基础数据不准确而造成的偏差。

2）管线及其连接关系检查。根据管线数据和管网运行数据对管网进行初步建模，通过初步水力模型的建立，通常会出现管线之间的连接关系错误和其他数据错误。通过检查与沟通确认，基本要求达到管线连接关系和阀门开度与实际相符，同时主干管网的连接情况、管径大小与实际一致。

3）水力模型相关参数修正。运行水力模型，与压力监控点、流量监控点的实测数据进行比较，根据误差值合理地调整影响水力模型准确度的关键参数，使水力模型的计算结果与实测值的误差逐步控制在要求的范围之内。相关的参数包括节点流量及其用水曲线、管道摩阻系数、阀门启闭、地面标高等。

4）水力模型验证。水力模型的建立与校核工作完成后，需要采用不同供水方式下的数据进行验证。使用其他供水方式下的基础数据重新输入水力模型并进行计算，验证其结果是否符合实际。若符合则表示该模型准确度较高，若不符合则应继续校核与调整水力模型，使水力模型适用于实际不同的供水方式，体现实际的运行情况。

4.3.3.4　数字水务分析系统

水务公司用水从自来水厂出水，进市政管网、二供泵房，最后到用户用水分为四个阶段，每个阶段有不同的业务环境和业务需求，所以分析从主流业务划分为四个。即用户档案数据分析、营业分析、二次供水分析、流量计分析，再加上共有的核心系统、监控平台、权限系统以及客户的个性化分析需求等内容。

（1）用户档案数据分析。用户档案分析是站在用户的立场上分析用户用水、缴费、违约记录、客服来电分析等内容，根据客户的用户用水习惯、缴费习惯、违约记录、来电次数从四个不同的维度给用户建立档案。

1）用户用水。分析用户用水量和用水量在一段时间内波动情况，同小区用水根据用水量划分层级，分析用户用水量在同小区内所在范围；分析用户在阶梯水价下的当前阶梯水价、距离下一阶梯还剩余水量、下一阶梯水价；分析用户用水量的同比和环比数据；分析用户用水量的变化曲线内容。

2）用户水费。分析用户水费，同小区水费划分层级，分析用户水费在同小区内所在的范围，分析用户水费的变化曲线，分析用户每日产生的水费，分析水费的缴费情况、欠费情况和预缴费情况。

3）违约记录。分析用户的欠费次数、消除次数和信用档案挂钩，评判用户的信用体系。

4）来电分析。分析用户历来给水务公司的联系电话内容，分析用户报装、报修、投诉、咨询等不同类别的信息内容以及回复情况，分析同小区的联系内容分类以及该用户的客服小区内容所在层级和总消息数。

（2）营业分析。营业分析是站在水务公司的角度分析各个地域，根据不同用水性质和不同水价类型进行的用户欠费分析、用户用水分析、收益分析以及客服来电分析等，为用水用户划分片区、划分群落，有针对性和集中性地处理和解决问题。

1）用户欠费分析。从不同的地域、不同用水性质（特种用水、居民用水、非居民用水等）、不同水价类型用水分析欠费金额、欠费用户数分析；连续欠费分析；欠费金额、欠费用户数的环比同比分析；分析欠费用户、欠费金额的地域密集性、用水性质密集性、不同水价类型的密集性，为水务公司解决欠费问题的可行性方案提供数据基础。

2）用户用水分析。从不同的地域、不同用水性质（特种用水、居民用水、非居民用水等）、不同水价类型用水对用水量、用水用户数分析；小区和用户的高频用水波动分析；日高峰用水分析、夜间小流量分析、用水量和用水用户数的环比同比分析；分析出用水量和用水户数的地域密集性、用水性质密集性、不同水价类型的密集性、高峰流量密集性、夜间小流量密集性，为水务公司优化供水方案提供数据基础。

3）收益分析。从不同的地域、不同用水性质（特种用水、居民用水、非居民用水等）、不同水价类型收益，分析水务公司应该有的收益和实际收益，分析应收和实收的环比同比。分析地域密集性、用水性质密集性、不同水价类型的密集性数据，为水务公司提供评价的数据基础。

4）客服来电分析。从不同地域的客服来电，按照客服来电的报装、报修、投诉、咨询四大类管件，无水、通水（解冻）、接引用水、消防设施维护、抽水、其他报修、阀门、井口井盖、水质、井室漏水、拆迁现场漏水、其他报漏、一楼地下漏、室内漏水、室外二次供水漏、室外一次供水漏、无水降压检测漏、水压投诉、水表计量、其他投诉、无水投诉、违章用水、吃拿卡要、水质投诉、服务态度、工程施工投诉、缴费业务、政策类咨询、水费业务咨询、水表业务咨询、缴费业务咨询、其他咨询、申请用水咨询、水压、用水器具、停水、回填土、管线、管线迁改、工程施工、水表、报停断水、路面恢复小类进行客服来电分析；对地域密集性进行分析，为水务公司集中处理某类问题提供数据基础。

（3）二次供水分析。二次供水（以下简称"二供"）分析通过故障频次分析、故障原因分析、泵水压力分析、设备运行稳定性分析、能耗分析、水质分析、管网漏水分析、设备全寿命费用使用分析、运行管理费用分析、泵房告警分析、泵房档案管理等可以解决如下问题：

1）辅助决策。①优化泵房出水压力：通过泵水压力分析给出各月份及每天高低峰合理的泵房泵水压力，建议提醒水务公司及时加药，补气和添加润滑剂等，优化泵房能耗减少水务公司损失。通过能耗分析、水质分析、水压分析提醒水务公司及时做以上操作，减少损失。②对各厂家，各型号设备采购提供帮助：通过警告分析、故障分析、故障因素分析、设备全寿命费用使用分析、运行管理费用分析，对水务公司的设备选型提供帮助。③管网漏水分析，提醒水务公司应尽快处理，减少损失：通过夜间最小流量分析判定水管是否漏水，提醒水务公司尽快处理。④对易发生告警的泵房重点关注，检查排除引发告警原因：通过对易爆发告警和故障的泵房重点关注，仔细排查故障原因，保证泵房优质运行。

2）实时监控。水质、出水压力、瞬时流量、电流、电压、电机工作频率等核心指标实时监控。

3）实时预警。当设备运行触达阈值的时候及时发出预警。

4）泵房运行预测。待数据完善，自动分析找到各泵房潜在的生产异常。如对所有泵房一段时间内运行数据和易发生各类故障的影响因子极其相似便可得到短期内泵房有可能发生相对应的故障，给出预警信息。

（4）流量计分析。通过夜间小流量、日高峰流量分析、瞬时流量、累计流量变化等基础数据分析管网的漏损和爆管，以及漏损、爆管小范围定位等功能。

1）管网片区漏损分析。通过漏损指标计算不同水管网段的额定漏损量，计算不可避免物理漏损水量，衡量通过流量计记录的水量偏差。

2）爆管分析。采用最小夜间流量法，使用漏损量、用水量、总水量、水压计算突然增大流失水量，设定阈值判定是否爆管。

3）管网压力分析。利用水厂出水口水压、各个流量计检测的水压、有效用水、总水量、漏损率分析管网每天（周、月）的正常压力范围。可实现以下功能：①使水厂供水范围及管网水头损失合理，满足用户需要且无多余水浪费；②可以使水泵沿管网压力曲线运行，根据瞬间流量控制压力可进一步降低管网的漏损率。

4）爆管告警。漏水到达阈值，判定爆管，发送告警。

5）压力告警。水管压力超过阈值，发送告警。

（5）个性化分析——远传水表采集数据分析。个性化分析是根据客户的实际业务从而定制的用户化分析，例如辽阳水务公司需要对用户小区里的远传水表的采集数据进行特有化分析内容。

远传水表采集数据分析，主要包括数据采集率分析、水表采集率分析以及报表查询功能。主要包括如下指标的计算和展示：

1）接入水表数＝人工配置在系统的水表数。

2）采集准确的水表数＝满足 48 条且数据无异常的水表数。

3）接入不完全的水表数＝采集到水表但不包含在接入水表的水表数。

4）采集到的水表数＝当天采集到的水表数量。

5）丢失的水表数＝当天没有采集到的水表数＝接入的水表数＋接入不完全的水表数－采集到的水表数。

6）水表采集率＝采集到的水表数/（接入的水表数＋接入不完全的水表数）×100％。

7）水表丢失率＝（接入的水表数＋接入不完全的水表数－采集到的水表数）/（接入的水表数＋接入不完全的水表数）×100％。

8）水表异常率＝（采集到的水表数－采集准确的水表数）/采集到的水表数×100％。

9）数据采集率＝去重后采集到的数据量/[（接入的水表数＋接入不完全的水表数）×48]×100％。

10）数据完整率＝采集准确的水表数×48/[（接入的水表数＋接入不完全的水表数）×48]×100％。

11）数据丢失率＝1－采集到的数据量/[（接入的水表数＋接入不完全的水表数）×48]×100％。

12）数据异常率＝1－数据丢失率－数据完整率。

13）实际采集数据量＝当天采集到的数据量。

14）缺失的数据量＝（接入的水表数＋接入不完全的水表数）×48－实际采集数据量。

15）总采集量＝实际采集量。

16）异常水表数＝采集到的水表数－采集准确的水表数＝采集小于 48 条的水表数＋采集大于 48 条的水表数＋采集等于 48 条但数据有异常的水表数＋表号相同时间相同但数据不同的水表数。

17）采集准确的数据量＝满足每个水表每天48条记录且数据准确的数据量。

18）采集不完整的数据量＝采集到的数据量－采集准确的数据量。

表具特性分析：对远传水表本身的运行情况进行分析，根据远传水表、远传流量计的最小流量、过载流量判断该设备的运行状态是否长期处于小流/过载计量精度较差的状态，若处于系统建议用户对它进行缩径/扩容处理，并通过业务分析，系统推荐合适的口径，给供水运营管理数据支撑与参考。

4.3.4 对外服务类系统

4.3.4.1 营业管理系统

1. 架构设计

营业管理系统是数字水务建设的核心系统之一，也是水务公司日常经营中最不可缺少的系统之一，同时也是提高水费收入、降低管理漏损最直接有效的工具。根据水务公司的特点，综合集团管理的要求，系统的架构设计如图4.4所示。

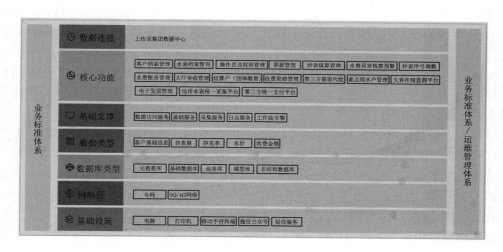

图4.4 营业管理系统架构图

各县、市公司营业管理系统数据都统一存储在省级的业务营业库中，由元数据库、基础数据库、业务数据库、非结构数据库等组成，后期由数字公司统一管理，需要增减字段升级时，需报备数字公司并及时更新相关的数据字典文件。

2. 建设目标

建立统一的营业管理系统，数据存于省统一平台，各子（分）公司通过专线直接访问。平台建立旨在提高水费收入、降低管理漏损、规范化各项数据接口、建立统一的营销管理平台及第三方收费平台，建设目标如下：

（1）解决松散型管理、业务成熟度不一、缺乏信息化的有力抓手等问题，帮助解决高层领导在运营管理上的布局与管控。

（2）解决水务公司的数据对集团无法做到完全透明，集团无法对水务公司的数据做到有效整合与分析的问题。

（3）解决缺乏数据安全与运维意识、存在人为数据修改、网络传输等安全隐患以及数据封闭开放度低，导致数据壁垒孤岛的问题。

（4）建立营业厅、网点、线上支付宝、微信、银行等第三方收费通道，为客户提供多种途径的快捷缴费通道，提升客户满意度、提高水费回收率、降低整体的管理漏损。

（5）解决县级水务公司信息化运维水平薄弱，系统厂商建设与运维存在脱节现象以及缺乏有效的运维管理及升级服务工作等问题。

（6）加强水务营收系统建设、实现营收业务科学有序地管理、不断提高企业自身竞争力和服务质量，推动水投集团水务数字化的发展。

（7）为客户提供方便、便捷的服务体验，并结合"互联网＋"模式扩展更多的业务方向，向移动化、智能化、数字化延伸，提升客户满意度。同时，可以提升水投集团标准化、精细化、精准化运营水平，强化水投集团对营销业务的跟踪、分析洞察能力与风险控制能力，提升业务决策水平与驱动力。

3. 营收管理核心功能

（1）客户档案管理。客户档案是整个用水系统的基础数据。客户档案管理比较全面地反映了用户的用水信息，水费、计量、收费等用水系统中各个子系统均从业务档案取得数据。

客户档案是用水系统中最重要的数据，从理论上客户档案的建立和修改均应申请业务工作流，经过相应的业务流程，由各岗位用水人员审批处理后，营业收费系统根据业务工作票来建立或修改业务档案。

（2）水表档案管理。水表基本信息包括：水表编号、出厂编号、口径大小、生产厂家、型号及水表起止度、存入位置等各项参数等。水表表径的变更，相应的水表资料跟着相应变化，对于水表档案的建立分为新表入库及旧表返库两部分，其新表入库业务管理流程如图 4.5 所示。

新表入库：建立新表档案信息，支持批量入库。

新表出库：按报装系统清单或周检任务单核定数量扫描出库，打印出库清单，表状态信息变更为出库待装。

出库送检：打印出库清单，表状态变更为出库待检。

出库返厂：打印出库清单，表状态变更为出库返厂。

新表校验：判断是否合格，输入校验参数及新表资产号，可以和水表校验台进行数据接口，导入校验数据（需厂家提供接口技术支持）。

统计报表：①按存放位置打印库存报表清单（水务公司提供格式）；②统计报表（水务公司提供格式）；③检定水表分析，按厂家口径进行分析，检定新表的第一次检定合格率；④报警功能，当不合格出库的时候需要

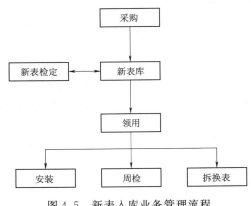

图 4.5　新表入库业务管理流程

报警。

软件操作页面：①水表入库；②水表全生命周期查询。

（3）操作员及权限管理。操作员及权限支持集团多分公司管理的要求，上级可以看下级公司的数据，下级不可以看上级公司的数据，平级公司之间不可以互相查看。

1）操作员管理：水务营销收费系统有一套完整的操作员管理体系，可以详细管理操作员的姓名、性别、所属部门或分公司、手机号、QQ 号、邮箱、微信号等，同时还可以登记操作员的指纹及文字签名信息。

2）权限管理：营业管理智能化平台权限分为两部分，一部分是数据权限，一部分是功能菜单权限。

数据权限是系统内置的权限，主要用于部门或分公司之间数据查看的控制，核心思想是上级可以看下级的数据，下级不可以看上级的数据，平级之间不可以互相查看。

功能菜单权限设置有两个地方：一是单个人员设置权限时，可以在人员管理中选择这个人员点击用户权限进行设置；二是多人需要设置同一权限时，可以在岗位管理中进行设置。

（4）票据管理。票据管理主要分为两部分，一部分是收据管理、一部分是电子发票管理，具体如下：①收据管理。收据管理主要是将收费大厅新到的收据录入到系统，将票据派发给收费员即可。②电子发票管理。电子发票是通过与税务的航信或者百万进行接口，实现用户缴费的电子发票管理。除了传统的方式，用户还可在微信公众号获取电子发票。

（5）抄表核算管理。

1）抄表员管理：对抄表员进行管理，抄表员账号和系统管理模块的账号统一一致，方便用户一个账号可以进多个系统，这里主要是作标志和划分抄表本。

实现对抄表员的抄表情况和所管理用户的缴费情况进行考核。能够很方便地统计出应抄、实抄、抄表率等指标对抄表人员进行考核。

系统根据抄表计划，按抄表员自动将抄表路线匹配给某位抄表员，实现动态调整抄表计划，最后由主管抄表工作人员根据具体情况进行适当的调整。

2）抄表册管理：可以按营业区域及抄表员进行表册分配，并可以设定相关的属性信息。

3）手工抄表管理：抄表常用抄表本抄表、抄表器抄表，智能水表抄表系统、册页抄表和手机抄表等方式。

抄表本抄表：抄表本管理包括对抄表本的添加、删除和对抄表本的各项参数进行修改；同时可按月份、抄表本编号或给水号对抄表本内的各项信息进行统计、查询。可对同一抄表本内的抄表顺序号进行调整，或将某户从一个抄表本调整至另一抄表区域内。

抄表器抄表：系统将提供接口标准，能与各种抄表器（PDA）匹配。其中下装是将抄表所需的表户基本信息、上次行度等数据转换为接口双方规定的文件格式，通过通信程序发送到抄表器中。上装是将抄表器中的数据通过通信程序转换成接口双方规定的文件后，按照表户将抄表员记录的水表止码、异常分类代码、满码标志等更新到水费档案中。在上下装过程中系统应自动生成抄表日志，包括抄表本、抄表日期、抄表户数、表数、抄见数、抄表人、上下装操作人等完整记录。抄表数据上传后，系统能自动处理抄表的附属信息，对客户用水异常或水表异常的客户要自动生成相应提示（指标可以根据需要设置，例如抄表水量小于 5），以便相关部门进行处理。抄表器抄表是到用户那进行抄表，上载数据到中心数据库时候，可以根据需要，通过算法对数据进行合理性判断，并对异常数据进行提示。

智能水表抄表系统：电子远传集抄系统主要由上下位 PC 机、掌上机、水表数据采集器、电子远传水表，利用智能远抄系统，获取客户抄表行度，在远程抄表结束后可以进行行度复核处理异常并进行计算，为了保证计算的准确性，在计算结束后可以进行水量水费的再次核对。远程抄表数据到中心数据库时候，可以根据需要，通过算法对数据进行合理性判断，并把异常数据进行提示，进行相应处理。集抄数据到中心数据库时候，可以根据需要，通过算法对数据进行合理性判断，并把异常数据进行提示，进行相应处理。

册页抄表：按照抄表计划安排，抄表员可以在应抄表日期到来时向台账组人员领取抄表本进行现场抄表，抄表后将本次行度和计算出的水量记录于抄表本。抄表人员将抄表本返回给台账人员，由台账人员进行抄表行度的录入。通过手工录入功能按抄表本或单客户手工录入本次抄表得到水表表码，对于特定权限的用户还可以通过本功能进行表码的修改工作。

手机抄表：虽然智能远传水表可以解决估抄、漏抄、少抄等不良现象，但是由于目前大部分水务公司普通机械表占有率比较高，针对上述现象，通过手机抄表软件，可以有效提高抄表及时率和准确率。

抄表的划分是按照一定的抄表路线，根据要求将抄表口径及抄表周期符合条件的客户组织在一起的客户集合，抄表应首先按应抄日期划分，再按照抄表员、抄表周期等属性分区，一个抄表对应一个月内的一个抄表工作日，分区则根据客户数据、抄表周期的不同进行划分。比较特殊的是对于抄表到户后的总表和子表户，原则上划分为一个区，但是如果户数过多，则再建立子区，分配给不同的抄表员进行抄表，但是为了保证水量分摊计算，必须相同，也就是说应该在同一天进行水费计算并发单。

4）手机抄表管理：针对手机抄表开发的页面功能，可以查看到手机抄表时拍摄的手表读数照片以及输入的指针数，对抄表员抄表管理有很大的提升。

为了实现实时精确地进行数据计量及管理，建立基于智能手机的移动 App 抄表平台有很大的意义，具体要求如下：一是支持 Android 6.0 以上操作系统，可以自适应各种屏幕大小。二是独立运行，和现有的收费软件（营业平台）无缝对接。三是手机 App 抄表应具备功能：智能抄表、手动录入抄表，拍照抄表、定位水表位置、抄表导航、统计水表数据、手机稽查、维修申报、预约抄表、查询水表和用户信息，审核抄表信息等。四是数据支持离线和在线上传，后台可以监控抄表员运行轨迹，实时显示抄表员位置，可以实时显示抄表数据。五是需要一套独立的后台支撑手机抄表平台，手机端产生的维修信息可以通过工作流平台进行派工、派单处理。六是支持收费员现场收费（走收），可以和蓝牙打印机连接进行票据打印。七是软件具有权限管理，软件和手机唯一对应。

（6）水费异常核算预警。系统提供强大的预警功能，可以多条件查询异常的数据信息，且条件可以自行配置。

抄表情况统计除了可对正常情况下各类用户的应抄和实抄数量以及其他指标进行统计

外，还可以按所出现的异常情况进行分类统计，并针对不同的异常情况进行系统自动处理或提示相关部门协调处理。制定相应规约，可以找出抄表异常数据以便做相应异常处理。

（7）抄表序号调整。系统提供灵活的抄表序号调整功能，可以跨本调整、可以调整序号，可以整本调整。

（8）水费账务管理。通过工作单，选择需要稽核的用户，然后由领导审批是否稽核这些户，通过后通过数据录入（稽核不会对已抄的实际数据进行更新），对实抄进行数据比对分析判断差错率并提供相关报表。

（9）大厅坐收管理。能根据客户号或客户名、地址、表号、旧客户号等快速找到要缴费的客户，并列出该客户每月的欠费情况或最新余额情况；根据客户实际缴费情况，同步打印水费实收票据。

此处支持现金、支票、微信扫码支付、支付宝扫码支付等缴费方式。

每一种缴费方式都可以整笔收费，也可以部分收费或预收费。收费员可不必关心用户交的是预收款或是部分整笔的水费，操作方式完全一致。

系统根据缴费的情况，自动打印相应的票据。

（10）结算户（团体缴费）。生成的托收用户进行委托收款凭证的批量打印。可按抄表例日来查询，并同时按是否增值税户来分别查询和打印，并可对查询出的记录通过户号进行定位，查询出的记录按抄表区段编号和抄表序号进行排序。

委托收款凭证只针对托收用户，上面要打印用户的开户行和账号以及公司的开户行和账号，系统通过各银行与公司银行的对应关系，保证不同银行能找到相应的公司银行和账号。打印时，系统会生成打印的顺序号并打印到票面上，并记录到数据库中，下次再打印同一条记录时保证顺序号不变。

（11）收费差错管理。对于收费金额录入错误，串户等收费错误情况，可以通过撤销收费进行还原后，重新进行收费。

撤销收费采用冲账的方式进行，保留原收费记录。并且一次收费只能进行一次撤销，撤销的金额应与收费金额保持一致。并修改该收费流水的冲账标志为冲账，同时将用户的欠费状态修改为收费前的状态。

已经冲过账的收费流水在收费流水查询和实收报表等功能中都不再进行统计。

只有经过授权的操作人员方可进行操作。

（12）第三方渠道代收。

1）同城委托：对生成的托收用户进行委托收款凭证的批量打印。可按抄表例日来查询，并同时按是否增值税户来分别查询和打印，并可对查询出的记录通过户号进行定位，查询出的记录按抄表区段编号和抄表序号进行排序。

委托收款凭证只针对托收用户，上面要打印用户的开户行和账号以及公司的开户行和账号，系统通过各银行与公司银行的对应关系，保证不同银行能找到相应的公司银行和账号。打印时，系统会生成打印的顺序号并打印到票面上，并记录到数据库中，下次再打印同一条记录时保证顺序号不变。

2）银行代扣：此功能用于输出居民用户与各个银行之间的接口文件（包括扣款数据、退款数据、过户数据、收费流水等），将银行返回的数据文件导入到系统中进行相应的处理（文件包括扣款数据、专卡的银行利息、收费流水等），除工行外的其他银行，只可生成扣款数据文件，工行专卡收费方式可以生成扣款数据、退款数据、过户数据、收费流水4种文件。工行代扣可以生成扣款数据和收费流水两种文件。

文件输出的查询条件可按区域、区段、例日、户号以及银行和收费方式等来进行，扣款文件生成必须指定水费月份，否则在文件返回的时候，可能会导致无法进行入账。过户、收费、退款文件生成需要指定这些业务发生的起止时间。对于系统查询出的记录，可以将不需要输出的进删除，只保留需要的数据。

文件导入，选择找到要导入的文件，选择银行、收费方式，对于扣款文件要指定水费月份，以便系统能够按该水费月份进行扣款。导入完毕后，系统会对扣款文件的记录与系统中该水费月份的用户欠费进行对比，将异常用户剔除掉，只保留可以进入账的用户，异常用户的种类包括用户无欠费（已经在大厅收过的）、扣款文件欠费与系统中的欠费不符等。

3）实时联网：通过统一支付平台，与银行进行联网实时缴费，缴完费后自动对账。

对生成的代收用户进行委托收款凭证的批量打印。可按抄表例日来查询，并可对查询出的记录通过户号进行定位，查询出的记录按抄表区段编号和抄表序号进行排序。

代收水费清单只针对代收用户，上面要打印用户的开户行和账号以及公司的开户行和账号，系统通过各银行与公司银行的对应关系，保证不同银行能找到相应的公司银行和账号。打印时，系统会生成打印的顺序号并打印到票面上，并记录到数据库中，下次再打印同一条记录时保证顺序号不变。

4）小额支付：此功能用于单位用户与各个银行之间的水费自动扣款，将银行返回的数据文件导入系统中进行入账处理。

文件输出的查询条件可按区域、区段、例日、户号以及银行和收费方式等来进行，由于涉及合表户的多户合并扣款，因此在生成文件的时候要求必须按例日来进行生成，扣款文件生成必须指定水费月份，否则在文件返回的时候，可能会导致无法进行入账。对于系统查询出的记录，可以将不需要输出的记录删除，只保留需要的数据。

文件导入，选择找到要导入的文件，选择银行、收费方式，输入起止例日，指定水费月份，以便系统能够按该水费月份进行扣款。导入完毕后，系统会对扣款文件的记录与系统中该水费月份的用户欠费进行对比，并将合表户用户的例日内的金额与系统中的金额对比，如相符则按系统设置好的对应关系，将其拆分成各个单户的费用记录，同时将异常用户剔除掉，只保留可以进入账户的用户，异常用户的种类包括用户无欠费（已经在大厅收过的）、扣款文件欠费与系统中的欠费不符等，可打印银行交接单。

（13）重点用水户管理。水务公司70%收入来源于非居民用水用户，针对这些用户，可以进行统一管理，能及时发现用水异常，减少水务公司的经济损失。

（14）大表在线监测平台。对于大的考核或者大用户表，可以实时查看流量信息，当流量出现异常时，可以预警，及时发现问题，减少水务公司的经济损失。

（15）远传水表统一采集平台。随着科技及网络的发展，智能水表应用越来越广泛，很多水务公司现在在用的智能水表只起到一个抄表的作用，并没有真正起到智能和分析的作用，统一的智能水表统一采集平台可以支持目前市场上主流的有线、无线、物联网表的数据采集，通过数据采集，可以实时了解用户的用水信息，及时发现用水异常或水表异常，减少和降低水务公司的经济损失。

可以在地图上一目了然了解智能表集中器分布情况，并查看该集中器异常的水表信息，同时还可以查看到该集中器最后一次数据上传时间、表的电池电压，以及最后一次采集时间等。

（16）电子发票管理。电子票据可在系统中存档，检索票据明细。

（17）第三方统一支付平台。统一支付接口平台封装了当前主流的支付宝、微信、翼支付、各大银行、银联等标准接口，水务公司可以自主选择符合水务公司的代收渠道，后期如果增加渠道，不需要再支付额外的费用，大大降低运维成本。具体功能为：①支持微信、支付宝生活缴费以及微信和支付宝扫码支付；②如果是和银行对接，可支持银行柜面实时缴费和批量代扣水费；③自动对账，有异常数据自动列出相关报表，供水务公司和渠道商进行对账；④通过独立的前置机进行平台部署，完全隔离于数据库服务器，安全性极高。

4. 表务管理核心功能

以表计量为基本单位，管理两种水平设备，分别为水表和表芯，水表资产的购入、库存、资产流转、投运情况跟踪。记录各类表计资产的基础信息、资产人员以及技术资料的信息。因此表务管理核心功能有：

（1）进出库。实现表计设备的进、校、配，装、测（检）、出库、退库、报废等处理，以及各资产行踪的查询。

1）新购资产管理。维护新购表计资产信息，包括：填水表购置单、水表的条码入库，新购水表入库，表库管理员选择表类型，如口径、品牌、厂家等信息，以确定要批量录入水表设备的公共信息，确定本次入水表设备的数量。

2）水表进库管理。水表入库的维护水表中转库信息，表库管理员逐个录入表码，即水表的初始行度、水表状态、入库时间、收表人。

3）水表出库管理。从表库向装换表人员发放设备的过程称为出库，表库管理员记录出库的水表表码、领表人、领表时间、出表人等。

4）水表回库。用户处拆回的水表设备送回表库的流程称为回库，回库的设备一种是需要送回水表厂的，包括环表拆回、验表拆回、拆迁拆回；另一种是还需要再安装的水表设备。

5）水表返厂出库。把表库中设备送回水表厂称为水表返厂，表库管理员需要记录返回表厂的水表表码或表芯码，以及出库的原因，出库时间，出库人，水表厂验收员，验收时间。

6）表锁管理。水表中还有一种设备为表锁，对表锁管理只记录表锁码和表锁对应的口径大小。安装大表时，需要领用表锁，记录领用人。对于表锁，没有出库和返厂过程。

（2）水表档案管理。水表基本信息包括：水表编号、出厂编号、口径大小、生产厂家、型号及水表起止度、存入位置等各项参数等。水表表径的变更，相应的水表资料跟着相应变化，对于水表档案的建立分为新表入库及旧表返库两部分。

（3）制定换表计划。制定换表计划分为两部分，一部分是换表工单制定，另一部分是换表工单处理。

1）换表工作单登记。表计部门能够登记的工作单主要是营业异常工作单、客户档案变更等。营业异常工作单是一种系统内部使用的差错处理工作单，任一环节的每一个工作人员都有权将工作中发现的各种问题登记到营业差错工作单中，并按不同的错误情况发送到相应的处理部门进行处理。

2）换表工作单处理。工作单处理主要是对各种工作单（水表的领用，新装、验收，运行，销户、变更、故障等）进行处理。

换表需进行登记，打印工作单，根据流程操作；拆表需进行登记，并在拆表时用户不能进行水费计算，收费，可以根据需要进行相应的处理。

（4）周期换表。根据水表的口径和使用周期，制定水表的周期轮换年度计划并可调整计划，列出需更换的水表，生成更换报表和清单，对于到更换期的水表给以自动提示和报警。

水表轮换计划：对于计费水表，年初将全年计划全部做出来，每月换水表时不另行制定计划（但可以根据实际情况添加轮换记录），而是根据年初制定的计划进行换水表，需要换水表时可以选择性地生成轮换工作单。

（5）故障换表关联手机 App。业务部门发起故障换表后，业务人员在手机 App 中可接收处理相应的数据。

（6）用户历史用表查询。可查询用户历史的换表、新装表信息查询。

（7）全过程水表生命周期管理。可以查询水表的入库、出库、校验、新装、维修、换表等记录。

（8）水表检修管理。按照修校流程对水表进行检修管理，并能与检修设备接口，保存检修数据。

（9）统计报表。包括资产分类统计、业务工作统计、水表换表、检修统计和其他相关统计信息。

1）资产分类统计：主要指水表分类月统计。

2）业务工作统计：主要指装表及周期换表的月工作量统计。

3）综合误差的计算和分析：对表的一些综合误差和分析。

4）表的基本参数管理：有一定特权的人可以根据需要对一些表的基本参数信息进行调整，例如辅助计算水量计量误差的模型，参数可由业务人员灵活设置。

5）提供相应的报表统计，灵活的查询功能。

6）其他统计信息：主要包括水表台账查询、水表装拆记录查询、工作单查询。统计部分主要包括水表分类统计、客户水表管理月报表/季报表/年报表、装表（换表）工作量统计等。

（10）表务审批。对所有的重要数据以及需要多部门协同完成的工作都通过审批平台来完成审批和处理，真正意义实现无纸化营销业务管理，如：居民户报装、单位户报装、水价变更、呆账处理、上月止码修改、违约金减免申请、水表周期轮换、用户报修、冲账管理、用水报停、报停恢复、仪表校验、退补水量、用户销户、用户过户等业务都通过工作流来完成修改，拒绝直接修改数据，确保数据的安全和对历史数据的追溯。

5. 营业管理配套系统

（1）自助缴费机。部分有条件的县、市水务公司可配置自助缴费机，自助缴费机的安装位置一般是大型商场入口处或水务公司的营业厅。用户可在自助缴费机上通过微信、支付宝缴纳水务公司，不建议收现金，不方便管理，同时还可以自助申领电子发票、查询水费账单等。

（2）高拍仪。《政务信息资源共享管理暂行办法》（国发〔2016〕51号）中规定人口信息、法人单位信息、自然资源和空间地理信息、电子证照信息等基础信息资源的基础信息项是政务部门履行职责的共同需要，在部门间实现无条件共享。因此，如果所在区县实现了证件信息的资源共享，则对接数据库接口，无须扫描个人证件信息；对于暂未实现政务信息资源共享的区域，则需要使用高拍仪实现文件扫描。高拍仪可电子化存储用户办理业务时需要的身份证、户口本、房产证等信息，提高办理的工作效率，同时实现电子化永久存储。

（3）智能手机。智能手机主要用于抄表、抄收一体（需要配备蓝牙打印机）、稽查、水表巡检、拆装表录入等，手机配置建议 5.5in 以上屏、运行内存 4GB、存储 32GB 的 Android 智能手机。不建议用苹果，因为 App 加入苹果商店，除了每年要交费以外，还要审核，手续比较麻烦，同时手机建议配置目前不低于 10GB 的 4GB 流量。

（4）服务短信。短信应实现用户水费催缴、业务办理短信提醒、内部工作审批时短信提醒等功能，建议使用第三方平台全网通且不需要加入白名单的短信平台，时效性较高，同时建议集团统谈，价格上更有优惠。

4.3.4.2 数字报装系统

对供水企业来说，数字报装系统是其非常关键的组成部分，它是供水企业收集和储存信息的重要部门，所以对其的研究有着非常重要的意义。数字报装是供水企业和用水户之间建立用电关系的主要服务窗口，建立数字报装系统的目的，是为了供水企业在服务用水户的时候，可以不直接接触，用水户不用亲自跑到营业厅，只需要在网上就可以实现数字报装业务的申请和办理，这样一来不但节约了用电户办理业务的时间和流程，也大大地提高了供水企业办理业务的效率，降低了人工成本，提升了供水企业的服务管理水平。

1. 建设目标

建立统一的报装管理系统，数据存于省统一平台，各子（分）公司通过专线直接访问。将供水报装业务流程化管理、无纸化传递，根据实际业务情况将报装步骤设置成各个节点，通过节点配置将工作落实到人、责任到人，真正做到事事到人，有据可查。切实提高工作效率和供水企业的服务能力。

（1）设计原则。奠定在"面向数据"的原则基础上，对报装业务的各个处理单元进行优化与控制；通过实行"面向对象"的方法，完成对基础数据的处理，优化业扩报装业务流程；在整个业务分析过程中，提出了具体的业务规则、业务数据、业务标准以及流程控制等，通过这些概念，明确业务处理与报装类别等不同项目区别，提高系统应用的针对性。

（2）工作流技术。应用国际工作流标准（WFMC）前提下的工作流技术，对用电营业与管理的流程进行控制。

在工作流中，主要结合业务实际需求，制定专门的流程模板，支持流程节点的人员划分，对整个流程实施过程进行监督与控制；在业务办理流程过程中，如果事先设定的流程与实际业务需求不相符，并且流程结构无法根据业务实际需求而实行调整，缺乏明确的流程任务等，都将造成流程执行过程的失误。因此，在工作流平台中，结合组织机构定义、流程模板定义、工作流引擎等，设计针对性的数据模型，提高流程组织的合理性，实现流程的推进、启动、开发、重构；另外，在分析业务过程中，可以将模板、流程、工作项以及节点等概念进行抽象处理，以保障系统的运行效率与质量水平。

2．系统组成与核心功能

（1）网上报装。用户可以在网上营业厅进行报装管理。

（2）微信报装。用户可以在微信上进行报装，提交相关的资料自动与后台的流程系统进行关联。

（3）自定义工作流。工作流就是管理计算机业务处理各项工作的顺序，并把合适的人力资源或 IT 资源分配给这些处理过程，来实现业务处理过程的自动化。也可以概括为：在正确的时间将正确的任务按照正确的顺序分配给正确的人员。工作流系统的任务就是高效地管理业务处理过程中的业务流和控制流。

工作流在营业收费管理信息系统中的应用，主要就是把业务中涉及多个业务和多个处理部门互相串联起来，组成一个有机的整体，按照规范的业务流程和标准协同工作。

（4）关联手机 App。系统提供强大的工单管理功能，用户报装后可关联手机 App，通过此 App 能实现"工单指派""工单领取""工单处理""工单查询"等功能。

1）指派工单。客户中心人员接收到热线电话，形成工单，可指派给相关的片区负责人，片区负责人接收工单后，通过 App 再次指派给相关维修人员，包括自己在内。"未指派"的工单，系统将标红并前排显示，便于查询。

2）领取工单。通过指派工单，维修人员可收到工单，工单中记录了相关信息，维修人员根据工单信息可选择领取工单或者退回，其间都有相关记录。

3）处理工单。领取工单后，即可处理，可将处理情况通过 App 端录入，包括类别、处理结果、现场照片、视频、录音汇报等。

4）工单详情。处理后的工单可查询处理详情。包括工单的基础信息和处理信息。

5）工单统计。通过此模块，可进行工单统计，统计的子项包括："未领取""处理中""已完成"，时间可供选择，可选择当天、近七天、当月等。

6）工单上传。现场人员可能遇到现场没有网络的情况，系统提供工单信息暂存功能，工单暂存后，可之后通过"工单上传"集中将缓存信息上传至服务器端，上传后的信息，客服坐席人员即可接收到，然后回复给相关咨询客户，并做统计与分析。

（5）通过微信和网格查询进度。用户报装后可通过微信及官方网站查询进度情况。

（6）受理限时制。工作流可自定义受理时限，对重要工作进行考核。

（7）电子签章。工作流支持电子签名管理，在流程审核时输入密码，自动匹配相应的签名或电子印章。

（8）高拍仪拍照。在流程处理过程中，支持高拍仪拍照上传电子文件。

（9）附件上传。流程处理过程中，支持各种附件上传。

4.3.4.3 数字客服系统

数字客服是一个全省统一，面向全县用水户，使用统一数据库，集自动语音服务系统和业务代表服务（CRS）系统、来电服务与外拨服务于一体的综合电话服务体系，具有业务处理、客户服务、用水查询、报装报修、投诉建议等功能。呼叫中心能够提供实时人工服务，服务界面友好，更接近传统分行，并可与其他服务渠道实现连接和互动。与传统分行相比，呼叫中心业务成本更低，客户办理业务不受时间、地点的限制。

（1）架构设计。数字客服系统从应用层的角度来分析，应属于营业系统的子系统，其数据与营业系统是一个整体。数字客服系统是水务公司对外服务的必备系统，根据县级水务公司的特点，综合集团管理的要求，数字客服系统的架构设计如下。

数字客服系统与营业管理系统同属于一个数据库，最终可实现从接电话到最终处理的全方位、立体化的监督服务闭环监督管理。

（2）建设目标。数字客服系统建设目标是以服务个人客户、商业客户、企业客户为主，将覆盖全县用水客户，提供信息咨询、欠费查询、缴费查询、投诉受理、服务建议、停水咨询、欠费催缴、报装报修等服务；支持自动语音应答、人工坐席服务、微信公众号、电子邮件、短信等多媒体协同的服务方式，满足各类用水业务、呼叫中心业务和辅助短信服务。

（3）建设原则。系统结构采用开放式结构设计。遵循以下原则进行设计和建设：

1）模块化设计。系统中的功能模块、接口模块等，可以有选择地运用、组合，完成各项业务功能，模块之间应相互独立，单一模块的损坏和更换不影响其他模块的应用。

2）标准化、开放性。系统应采用开放标准组网以及与第三方系统互联，符合各地市水务公司相应的规范标准，支持国际、国家标准化组织制定的标准或业界流行的通信协议和接口，方便实现与其他相关联计算机系统互联。

3）先进性与成熟性。系统平台应采用成熟、先进的技术，保证整个系统在技术上处于领先地位，系统在建成后一段时间内不会因技术落后而大规模调整，并能够通过升级保持系统的先进性，延长其生命周期，同时又要保证先进的技术是稳定的、成熟的。

4）实用性。应依据各地市目前的用户规模、业务运营情况的服务需求，设计系统的规模、软件功能和业务功能。

5）可靠性。应设计为运行稳定可靠的系统，具备大容量、多任务的冲击能力，系统中的核心服务部件应规避单点故障现象的发生，保障系统的稳定运行及业务的正常开展。

6）安全性。系统应具备较强的安全保护措施和故障恢复能力，具备多种安全性保障手段，保证系统中网络、数据的安全、完整性。

7）可扩展性。设计和建设应充分考虑网络、硬件的扩展需要，以及支持未来可能出现的新业务的需要，保证以后可以方便地升级和不断增加新业务、增加容量，以及在同一平台上扩充其他业务功能；在业务量增长以及有其他业务需求的情况下，平台应设计成具有平滑扩容的能力。

8）可维护性。系统提供方便、灵活的维护手段，方便维护人员的维护和管理。

（4）建设模式。数字客服系统有两种建设模式：一种是由总公司统一建设与部署，各分子公司使用，另一种是分子公司自己搭建与部署。

（5）核心功能。

1）电话接听。可以随时调取客服人员与用户的通话录音、回访录音等，可以查看电话接通率、用户满意度查询、处理及时率、维修及时率等。服务人员可以通过软件接听客户的电话，同时自动弹屏，如果用户登记了手机号码，将自动匹配该用户的基本信息、用水信息、历史诉求信息等，用户也可自助语音查询水费、停水信息、自助业务办理等。

2）工单派单。客服人员可以将用户诉求信息通过工单的形式派发给相关的维修或服务人员，同时可以全面监管整个服务过程情况。

3）工单处理。维修或服务人员可以在手机 App 上接工单并处理，同时详细拍照，小视频记录维修前、维修中、维修后的现场情况，确保维修的满意度。

4）维修结果录入。维修人员或服务人员可以在手机上录入本次维修所用的材料、收取用户的维修费用等。

5）服务监督。可以随时调取客服人员与用户的通话录音、回访录音等，可以查看电话接通率、用户满意度查询、处理及时率、维修及时率等。

4.3.4.4　网上营业厅和微信公众号

（1）建设目标。建立统一的网上服务平台，依托微信的公众号给企业提供强大的业务服务与营收管理能力，提高供水服务水平，拓宽服务范围，帮助水投集团实现全新的公众号服务平台，快速推进营业系统智能化管理进程。

（2）建设要求。微信移动营销平台是基于微信公众号二次开发应用的独立平台，分为后台管理和公众号端两大部分，公众号端的信息来源于后台管理的发布和更新，通过营业管理系统配置实时同步到微信。

（3）核心功能。

1）和营业管理智能化平台同步。和营业管理智能化平台一个整体，不需要借助第三方平台及空间，基于 B/S 架构并可独立部署在水务公司服务器标准的微信公众号管理后台，在后台可以更改公众号的菜单、发布新闻、停水公示、水质公告等内容，实时自动同步到微信公众号。

2）营业网点位置。可以在后台直接在百度地图或高德地图上离线选择营业网点的位置，微信公众号自动定位用户的位置并测算最近的营业网点。

3）推送账单和公告。可以在后台推送欠费账单、水费账单、区域停水公告，账单及公告格式可自定义，自行修改。

4）水费缴纳。提供水费缴纳独立功能（非生活缴费），用户可以输入手机号、身份证号、用户编号进行缴费，并自动记录用户，以备下次缴费时直接使用。

5）身份上传。提供身份证、户口本等上传功能，上传管理后台可以进行有效性验证，当证件信息和用户信息一致的时候，可以查询全部用水、缴费信息。

6）在线功能。可以实现在线缴费、查询、报修、在线报装、服务投诉与建议。

7）报装系统对接。可与报装系统对接，当用户报修后，后台需要通过工作流平台来协同完成报修、报装等处理。

4.3.5　综合管理类系统

4.3.5.1　设备管理系统

1. 建设目标

建立统一的设备管理系统，数据存于省统一平台，各子（分）公司通过专线直接访问。平台建立旨在管理好各公司的供水设备、采集设备、计量设备等，通过数据存储、分析、统计、维护将设备全生命管理，从采校验、入库、备案、巡检、更换、维修等环节进行细化管理，从而提高设备的使用寿命及使用年限，降低水务公司的运维成本，保障水务公司的供水安全。

2. 设备管理系统核心功能

（1）在线设备管理。对整个区域的设备在线情况进行全盘监控，能够直观具体地展现当前整体设备的在线情况和离线情况。

（2）设备报警管理。全面记录设备的报警信息，当设备报警时触发相应的应急处理机制，并将此次报警信息进行记录存储。

（3）设备维修。对维修设备提出维修申请，审核通过后即下发工单至手机 App 对设备进行维修处理，在手机 App 中可记录维修用的材料、是否过保、上次维修时间、维修费用等，维修后的设备可通过手机 App 进行复查，确认维修完成后记录至设备档案中。

（4）设备报废。对报废设备提出报废申请，审核通过后即可对设备进行报废处理，并记录至设备档案中。

（5）设备档案。包括设备的基础信息、采购信息、维修信息和报废信息，实现设备的全生命周期档案式管理，通过设备档案能够查看到设备的全部信息。

（6）设备巡检。重要设备可根据巡检周期及上次巡检时间自动生成巡检工单，巡检工单可派发到巡检人员的手机上，巡检人员可通过手机到现场录入设备的状态、是否损坏、是否需要保养等信息并拍照。重要设备可贴上 NFC 标签，巡检人员到达现场后用手机直接扫描 NFC 标签即可自动调出设备信息，避免巡检的遗漏和巡检作弊。

3. 设备仓储管理

（1）采购计划管理。根据设备的实际库存情况，制定一定的设备采购计划，并进行申报审批，经领导审批通过的采购计划方可进行采购。

（2）设备基础信息管理。对所有的设备进行基础信息管理，所有的类型的设备都要记录在案，包括型号、规格、供应商等基础信息。

（3）设备库存管理。对设备的库存情况进行综合管理，包括库存位置、库存数量、入库手续、出库手续，保证设备整个库存生命周期的清晰可见。

（4）库存预警。对需求量大或需求量高的设备设置库存预警值，当该设备的库存数量即将低于预警值时，对管理人员进行预警提示，通过短信、App、PC 三点同时推送提醒，从而保证设备正常的库存状态。

（5）设备使用分析。通过历史设备使用状态以及库存状态的设备进行整体分析，提供相关的分析数据供管理人员参考，进一步提高了管理效率并降低经济浪费。

（6）设备维护、维修管理。记录设备的维护和维修档案，记录设备的维修和维护状态，从而保证设备的正常运行状况，同时严格监管设备的损坏情况，确保正常维护和维修的流程。

（7）设备报废管理。对申请报废的设备进行严格审查，通过流程化的设备报废流程进行检测并审批，经相关专业人员确认后报废后，该设备信息记录报废档案。

4.3.5.2　物资管理系统

1. 系统组成

物资管理系统以工程项目管理为对象；以计划为龙头协同工作，以合同为中心全面记录；以计划为基准，衍生出职能部门配合计划，达到将各项业务以计划形成串联的目的；节约物资消耗，监督和促进生产中合理地利用。

物资管理系统有机地整合计划管理、采购管理、库存管理、供货质量管理、供应商管理，形成了涵盖企业物资管理整个流程的管理系统。

2. 物资管理系统核心功能

（1）计划管理。

1）物资申请计划。计划员编制项目的物资需求计划，结合相应仓库的当前库存，确定计划采购量。

2）物资变更申请计划。根据已制订的物资需求计划，变更申请计划。

3）审核物资申请（变更）计划。审批物资申请计划，签署审批意见。

4）查询物资申请（变更）计划。查询物资申请计划，并能够跟踪申请计划的实际完成情况。

（2）采购管理。主要包括制订物资采购计划、采购申请单、制订采购合同、制订采购订单。可以实现项目部统一的采购也可实现不同作业队的自购计划。

1）制订物资采购计划。采购业务员根据需求量和库存量来进行二次平衡利库，形成采购计划。送审物资采购计划，审批通过后即可以执行。

2）变更采购计划。对已生效的采购计划进行变更处理。

3）审批物资采购计划。各级领导审批采购计划。签署审批意见。

4）查询物资采购计划可以按照采购计划种类、供应商、物资编码、制订单位等条件查询采购计划。对查询的物资能够进行汇总。

5）制订采购合同。制订采购合同（协议）。确定采购的物资、规格型号、图号、计量单位、供应商、采购量、交货时间、交货量、交货地点及方式等明细内容。

6）变更采购合同。对已生效的采购合同进行变更处理。

7）审批采购合同。审批（变更的）采购合同。

8）查询采购合同。按照采购合同的数据项，可以构造各种条件查询采购合同。可以查看合同完成情况。

9）制订采购订单。采购订单是对合同进行分解，分批进行采购。合同可以对应多个订单。供应商按照采购订单供货。向供应商下达订单及送货信息。

10）查询采购订单。可以按照采购订单的数据项，构造各种条件查询采购订单。

（3）库存管理。库存管理提供即时库存、收发存、ABC 分析、超储短缺、周转分析、资金占用、在途库存分析等功能。

1）物料需用和实际消耗对比分析。对各单位在不同月份内物料的需用和实际消耗情况进行对比分析。

2）库存警示统计。统计库存当前存量和该物料的最高储备定额和最低储备定额的关系。

3）重点物料入库波动分析。统计一年内 ABC 类物料在每个月的入库金额和 AB 类物料在 12 月的柱形统计图，显示每月 AB 类入库的波动情况。

4）物料使用方向分析。按照使用方向统计物料的消耗情况。

5）单位不同时间区间物料消耗分析。分析各个单位在统计年份内不同月份的物料消耗情况。

6）库房资金占用对比。可以分析每个结账月内各个库房资金的占用对比情况。

7）物资大类资金占用分析。按照大类显示库存资金的占用情况。

8）物资消耗类比分析。按照历史同期对比，年内各月对比，不同月份对比三种分析对比方法分析物料消耗情况。

9）库存物资类比分析。按照历史同期对比，年内各月对比，不同月份对比三种分析对比方法分析库存物资情况。

（4）供货质量管理。供货质量管理对供货物资的质量进行管理。

（5）供应商管理。供应商管理包括对供应商信息收集、供应商资料维护、合格供应商评估、历史供货综合分析。

1）供应商信息收集。查询供应商档案信息，包括供应商对每种物资的供货价格、历史最低价、历史最高价。

2）供应商资料维护。对供应商进行统一编码和维护。

3）合格供应商评估。对供应商进行评审，确定合格供应商。

4）历史供货综合分析。查询某种物资各个供应商的历史记录。

思　考　题

1. 目前国内的数字水务建设情况的短板在哪？

2. 城乡供水一体化项目供水区域广、分布散，如何实现运行管理需求的目标？

3. 一体化平台的建设主要包括哪些方面？

4. 数字水务一体化平台系统对管网漏损控制方面有哪些积极的作用？

第 5 章　数字水务建设与运行管理

5.1　建设管理

数字水务建设包括规划、设计和施工的完整过程，无论哪个环节都需要有效地管理。管理的内容包括规划和设计方案的编制、审查、招标投标、施工组织、质量管理、监理、验收等。信息化系统建成后，是否能被有效地使用和运行是数字水务建设作用能否充分发挥的重要衡量标准，这需要积极的维护措施、资金投入和技术力量的引进与培养。

5.1.1　建设组织管理

（1）建设目标及参考依据。数字水务建设项目应根据实际情况，在遵循有关国家标准、行业标准的规定的前提下，严要求、高标准。通过对整个建设过程的控制，争取将数字水务项目建成优质工程。详细编制依据见第 2 章概述。

（2）系统研制条件分析。项目承包人按照初步设计、招标文件的具体要求，在签订合同后，需对项目建设实施方案进行深入设计，以最大限度地满足系统的实际需求。系统研制应从下面几点进行分析研究：

1）根据现场的建设条件分析、调整并最终确定项目建设范围、内容及承包人。

2）通过系统管理运行人员和数字水务建设管理办公室的交流沟通，制定数字水务系统的工作流程及库表结构等。

3）分析项目现场、管理中心、调度中心之间的通信状况，确定最终的通信方案。

（3）建设内容。数字水务建设的内容包括：信息采集（水雨情、水质、水压、流量等）、远程控制（水闸、泵站监控、水厂监控）、安防（视频监控）、通信网络、应用软件、调度控制中心建设等。

5.1.2　建设管理措施

5.1.2.1　项目建设管理

（1）项目建设管理组织的确定。数字水务建设是城乡供水一体化配套项目的一部分，应当由投资建设单位，即当地水务公司和相应政府部门抽调人员专职或兼职负责数字水务建设的管理工作，组织成立"××数字水务建设管理办公室"，并确定主要负责人、管理人员、技术人员、财务人员等。在确定技术人员的时候，应结合数字水务系统的日常运行维护工作统筹考虑。

"××数字水务建设管理办公室"主要职责：

1）全面负责项目前期工作。

2）负责项目建设招标要求的审定和项目合同的签订。

3）负责协调项目建设中设计、施工、监理等各方关系。

4）负责项目建设过程中的决策与管理。

5）检查和督促项目实施过程中工作质量和进度。

6）负责项目建设的资金筹措和使用。

（2）前期工作。数字水务建设必须在国家及省级政府部门有关的规划和框架下进行，必须按照部属单位基础设施建设投资计划管理等有关规定，履行相应的立项程序。

数字水务建设的前期工作主要包括数字水务规划、立项阶段的项目建议书、可行性研究和初步设计方案的编制审查。各单位的数字水务项目建议书、可行性研究和初步设计应由福建省水投数字科技有限公司负责初审，并经单位同意后报上级单位审批。根据规划及上级单位批复的内容，"××数字水务建设管理办公室"应及时组织人员编制初步设计方案（初步设计方案应当委托有相关资质并有建设经验的单位负责），并组织专家进行审查，为下一步招投标工作做好准备。

5.1.2.2　招标投标管理

为规范数字水务建设的招投标活动，保证工程质量，发挥投资效益，强化项目监督管理，根据《中华人民共和国招标投标法》和《水利工程建设项目招投标管理规定》（水利部〔2001〕第14号），参照国家发展和改革委等七部委的2013年第30号令《工程建设项目施工招标投标办法》，数字水务建设的招标投标应按照规定执行。

5.1.3　质量进度控制

为了确保项目建设质量，数字水务建设管理办公室应安排专人负责建设过程的质量管理及控制，并建立对承包人提供的设备和施工的质量控制体系。在项目招投标过程中必须要求投标单位具有相应资格，且根据具体情况制定关于本项目的质量控制措施。要求承包人建立有效的质量保证体系、质量保证措施、质量控制过程、设计联络会及设备运输方案，以确保项目建设的质量。数字水务建设管理办公室应负责对整个过程的监督。

（1）质量检验保证体系。项目建设过程中应严格按照ISO9001的质量管理和质量保证标准。承包人应有一套完善的质量保证体系。

（2）质量保证措施。针对具体项目的特点，承包人应制定如下质量保证措施，以确保工程建设成功。

1）承包人应建立工程项目部（其人员结构及职责要在施工组织设计中具体指出），全面负责项目的实施及质量保证。

2）承包人应根据ISO9001的要求，严格按照《过程控制程序》《采购控制程序》《软件开发规定》《最终检验程序》《交付控制程序》《服务控制程序》等质量管理文件实施仪器设备的制造、采购、软件开发、系统联调、检验、运输、现场安装、调试、维护及验收等工作。对仪器的出厂检验，制造厂家应出具报告书，在合同规定时间内提供给业主。

3）为了保证工程进度并能顺利开展合作，合同签订后双方根据需要，在项目实施不同阶段组织设计联络会议，解决合同实施过程中的各项技术问题。

4）按照制定的质量方针，坚持以预防为主，严格控制所有过程的要求，在项目实施过程中实行全面、全过程的质量控制，跟踪监督，杜绝产品和施工质量不合格现象发生。

5）做好技术培训及售后服务工作，保证运行人员掌握系统操作和维护技术，确保建成后的系统能长期稳定运行。

（3）质量控制过程。质量检查与控制是保证数字水务系统建成优质工程的重要控制手段。承包人应按 ISO9001 制定严格的质量控制手段，从设备的采购、集成、调试直至检验均应按照质量保证体系进行。

在项目实施过程中，项目组应建立质量保证体系，设置专门的质量检查机构，配备专职的质量检查人员，并建立完善的质检制度；还应根据质量管理体系的要求进行严格的过程质量控制；从系统总体设计、通信组网、土建、设备采购、软件研制，到设备安装、系统集成、调试、运行的全过程实行分段控制，验收交接，从而确保系统质量符合建设要求。

项目组应严格按合同书中技术条款的规定和监理工程师的质量检查报告，详细做好质量检查记录，编制工程质量报表，随时提交监理工程师审查。

（4）设计联络会。设计联络会是为了数字水务建设管理办公室能集中掌握项目建设情况，协调设计及其他方面的工作，确保项目建设质量的必要环节，根据合同的具体情况，每个项目建设过程中，应至少组织召开两次设计联络会。

（5）设备运输及存储。设备的运输、存储也是确保项目质量和保证工期的重要环节，应从以下几个方面进行监督：

1）运输的仪器必须做到防潮、防虫、防冲击保护，保证仪器的安全。

2）每个设备箱需包括一份详细的装箱清单、使用说明书和一份质检合格证明。

3）设备的外包装上清楚地标明买方订货号、运输识别号、到货地点、工程项目名称、收货人、设备运输及贮存保留要求的通用标记（如使用不能被洗刷掉的涂料标明"精密仪器""小心轻放""防震"等标识）。

4）包装后的产品应能适应于陆运、水（海）运、空运。

5）仪器设备储存在专门的系统设备库房中，对库房的环境要求按照各类仪器的存储标准。

6）设备存储的位置要同安装位置的环境类似，即室内安装的设备应存储于室内，室外安装的设备可存放在露天。

7）当设备需要防止结霜或需要防潮时，承包人应提供干燥手段，并指明周期性更换或干燥的要求。

8）承包人应提供设备存储说明书，包括定期检查和存储维护的要求，以保证设备存储期间不致损坏。这些说明书不应放置于运输设备的包装箱内部，而应单独提交给用户。

（6）工程验收。数字水务建设项目工程验收应当包含安装调试检验、质量保证检验、验收条件检验、验收技术资料准备（施工设计及图纸、安装记录、测试报告、检验报告、各种文档、竣工资料及图纸等）。其中，文档包括：安装手册、测试手册、维护手册、系统操作手册、软件手册等技术文档。

（7）工程监理。委托监理人对合同设备的制造及合同的履行实施全面全过程的监督管理。承包人应接受监理人的监督管理，应明确监理人的责任和权力。过程主要包括设计审查会、设备制造监督和检查、设备装运、工程验收、技术服务、协调、变更与估价等。

水利工程建设项目总投资 200 万元以上且符合下列条件之一的，必须实行建设监理：

1）关系社会公共利益或者公共安全。

2）使用国有资金投资或者国家融资的。

数字水务建设项目的监理，参照原信息产业部《信息系统工程监理暂行规定》（信息部〔2002〕570 号）执行，可以直接委托监理单位承担监理任务，也可以采取招标方式选择监理单位。

5.2 运行管理

5.2.1 运行管理组织机构

（1）水务企业现状。随着我国水务环保行业市场化程度的逐步加大，市场上涌现出许多全国性和区域性的大型水务集团公司，有些集团公司拥有全国各地上百家的污水处理项目。下属污水处理厂地域分布广泛、各厂运营管理水平不一，运营管理人才短缺等问题日益突出，这使得集团公司迫切需要进行集约化管理，实现企业资源的合理配置，通过有效监管提升下属污水处理企业运营管理能力。信息化运营管理模式逐步成为大型水务集团公司提升企业整体运营管理水平、应对逐渐激烈的市场化竞争、获取最大化经济效益的发展方向。

水务数字化运营管理系统崭露头角，加强城市污水处理系统综合运营管理、节能优化调度研究和实用技术开发，对实现工艺运行由经验判断走向定量分析，由依赖个人能力发展为依靠专家团队能力，打造规范化、程序化、专业化、集约化、智能化、精细化运营管理模式具有重要的意义。

（2）厂级的运营管理。污水处理厂级的运营管理以污水处理工艺运行为中心，以污水处理工艺的稳定运行和保持生产设备良好状态，出水水质达标排放为基础，通过建立全厂生产过程控制体系，将污水处理厂及下属泵站的各类在线仪表、设备所反映的生产运行数据进行采集、传输、信息共享，利用计算机技术对这些数据进行筛选、分析，将运行管理人员关注的重点数据直观地展现，然后借助污水处理工艺数学模型和专家系统对这些数据进行深入的数据挖掘和分析，实现污水处理厂工艺运行情况的分析预警、工艺异常处理的优选方案、各工艺运行单元以及全厂运行的优化调度分析方案、与工艺运行密切相关的设备性能分析、全厂运行成本分析等功能，从而辅助厂级管理人员提高工艺运行管理水平和综合运营管理水平。最大限度地降低生产运行各个环节的电耗、药耗，降低系统运行直接费用；最大限度地提高设备的使用效率和寿命，降低设备故障率，从而降低设备维修成本；提高运营管理工作效率，降低运行维护人员数量，节省人工成本；最终实现达标、稳定、高效、低耗的污水处理厂运行目标。

（3）公司级、集团级的运营管理。公司级、集团级运营管理以集约化管理为目标，借助物联网技术实现对下属污水处理厂生产运行的远程集中监管,统一运行调度和工艺运行指导,利用计算机系统对各污水处理厂分析和筛选过的运营数据进行统计汇总和深入的数据分析挖掘,形成指导公司整体运营决策的工艺分析、设备分析、成本分析、风险分析等辅助决策工具,辅助企业决策层应对水务行业的激烈竞争,实现企业发展的战略目标和投资回报率的最大化。

在远程集中监管方面,通过物联网技术建立下属各污水处理厂和泵站的生产运行情况的智能化、实时预警机制,在公司管理人员关注的关键数据或指标发生异常时,通过声、光、电、手机短信等形式,及时通知到相关人员。管理人员无论身处何处,只要能连接网络,即可远程、实时、直观查看关键工艺数据、设备运行状况。

在运行调度和工艺运行指导方面,具有丰富工艺管理经验的专家团队无需亲赴现场,借助视频会议系统,在公司监控大屏上即可远程、实时查看到现场工作画面,辅以各构筑物运行数据、关键工艺数据和设备的运行情况,即可辅助各厂解决各类工艺运行难题。这将有效解决管理人才不足的问题,提高工艺运行问题处理效率。

(4) 水务数字化综合运营管理。水务数字化综合运营管理系统结构如图 5.1 所示,具

图 5.1　水务数字化综合运营
管理系统结构图

有 8 项基本功能:远程监视管理、生产运行管理、设备管理、能耗成本管理、水质化验管理、安全生产管理、运行考核管理、办公管理。形成涵盖水务企业运营管理全流程的信息化管理平台。实现生产控制精细化和节约化、工艺调度实时化和最优化、日常管理系统化和制度化、服务规范化和人性化,帮助企业提升信息化管理水平,获取更大的经济效益。

水务综合运营管理系统采用平台化、模块化设计,在不影响现有自控系统和应用软件稳定运行的情况下,进行灵活方便的功能组合和功能扩展,从而顺应企业管理变革与成长中不断变化的需求,长久保护企业信息化建设投资。

5.2.2　运行管理方式

系统建成后,为保障系统运行稳定、安全、可靠,需要建立运行维护管理的制度与管理办法、确定管理的内容及要求。

5.2.2.1　运行管理原则

系统建设完成后,运行管理的中心任务是保证系统的正常运行,迅速、准确、全面地为水务局各部门提供服务。因此,整个系统运行管理要以数据录入为基础,计算机网络为保障,系统数据库为关键,业务应用系统为核心,建立一系列较为全面的管理体系。其管理的主要内容包括以下部分:

1. 数据录入的管理

各部门提供的基础数据经审核无误后,才能进行录入操作。录入人员必须严格按各部门提供的基础数据资料如实录入,不得擅自调整或修改,防止错漏情况的发生;数据录入

完毕后必须进行数据校验,发现问题要及时查明原因,对错误数据在查明原因的基础上进行修改,对修改后的数据还要进行校验,校验、修改情况要有记录。

2. 计算机网络运行管理

(1) 物理设备的安全及可靠性管理:对内网的所有设备,包括光缆及其附属配件、防火墙、路由器和交换机、服务器等物理设备,进行安全性及可靠性两方面的运行管理,控制网络运行过程中的负载平衡、冲突检测、拥塞防止,网络运行实时监测、分析、预报和故障排除等。

(2) 网络的安全管理:健全网络安全体系,阻止网络内部及外部可能存在的安全隐患。

(3) 数据库的维护管理:包括数据上传、下发、安全备份、恢复、数据的增删、数据库访问权限管理等。

5.2.2.2 远程监视管理

通过将各污水处理厂、泵站的运行数据进行采集、传输、存储,并初步加工处理,使企业各级人员随时掌握生产运行情况。更适用于集团性企业对下属项目公司的远程监管。具体内容如下:

(1) 自动采集、实时存储企业自控系统中的在线仪表、设备的运行数据。

(2) 企业生产运行情况实时图形化展示,可通过网络远程查看。

(3) 历史生产运行数据可随时进行快速查找和查看。

(4) 生产运行数据可通过柱状图、饼图、曲线图等效果进行直观对比。

(5) 自动监测各类生产运行数据,发现异常实时报警。

(6) 报警处理过程及处理结果可进行跟踪和记录。

(7) 历史报警信息可进行查询、汇总及统计分析。

(8) 可编写报警处理预案,为报警处理提供参考,提高处理效率。

5.2.2.3 生产运行管理

将水务企业生产运行过程中需记录的各类信息进行电子化,并实现对这些数据的分类、汇总、计算、导出等操作,减少数据重复填写,提高数据共享程度,极大减轻各级人员工作量,提高工作效率;结合污水处理专家多年的报表管理经验,制定和形成一套充分满足水务企业管理的统计分析及报表,使企业的数据统计分析及报表生成更加规范、高效。各类记录数据都可自动生成、导出 Excel,各级管理人员都可以依据权限随时查看,为指导生产工艺管理提供基础数据支撑。具体内容如下:

(1) 简洁直观的数据填报界面和表现形式,数据填写直观方便。

(2) 完善的报表体系,涵盖生产运行各个方面。

(3) 灵活的报表配置系统,可自由组合各类基础数据集合,形成所需报表。

(4) 数据间的计算关系可灵活配置,轻松应对各类复杂计算公式。

(5) 集成 Office 插件,实现浏览器在线查看报表。

(6) 灵活的权限控制,可精细化到具体数据项的填写、修改、查看。

(7) 通过图形化对比分析,轻松掌握生产运行数据的各类波动情况。

(8) 可导出成 Excel 报表,轻松实现数据上报。

5.2.2.4　设备管理

以设备台账为基础，以工作单的提交、审核、执行为主线，按照故障维修、预防维修、以可靠性为中心的维修和状态检修等几种可能模式，跟踪并管理设备的整个生命周期过程。运用现代信息技术提高设备运行可靠性与使用价值，降低维护成本与维修成本，保障企业生产运行。

（1）完善的设备档案管理，准确掌握设备的各种基本情况。

（2）全面的设备养护管理，通过建立设备的润滑、检修、大中小修计划，系统自动在计划实施时间生成设备养护单，提交给设备维修部门，使设备养护工作条理清晰，提高设备的使用寿命。

（3）高效的设备维修管理，通过对设备维修工单从生成、处理、完成的全流程的规范管理，使设备维修及时准确高效。

（4）醒目的维修信息提醒，使各级设备管理人员准确掌握设备故障及维修情况。

（5）规范的备品备件管理，使备品备件的出库、入库更加规范，备品备件的流向清晰易查。智能的库存监测机制，库存过低或药效过期及时预警。

（6）智能的统计分析功能，使设备的完好率、故障率、维修成本等一目了然。

5.2.2.5　能耗成本管理

智能抽取各类与能耗成本相关的生产运行数据，进行统计汇总，实时生成各类能耗成本指标，使能耗成本的管理快捷、准确、高效。

（1）水耗、电耗、药耗数据快速统计，自动生成。

（2）各类指标图形化直观对比，能耗成本直观展现。

（3）可与财务软件进行成本数据交互调用。

5.2.2.6　水质化验管理

将水质化验管理进行标准化，使化验工作标准、规范、高效。

（1）水质化验数据实现网络填报，提高数据的实时性。

（2）水质化验数据网络化审核，保证数据的准确性。

（3）各类化验报告快速生成、导出、打印，提高工作效率。

（4）各类水质化验数据快速查询和对比，实现图形化展现。

5.2.2.7　安全生产管理

建立完善的安全生产管理体系，实现安全生产和体系化管理。

（1）建立规章制度、岗位职责、操作规范、技术标准等电子化档案。

（2）快速搜索和全文搜索，使档案的查找快捷方便。

（3）建立故障预案和应急预案，为指导安全生产提供保障。

（4）生产运行发生故障或紧急情况时，智能检索预案并进行提醒，提高处理效率。

5.2.2.8　运行考核管理

企业管理人员建立各项目标指标的考核标准及目标，并依照此目标配置相应考核标准项及考核打分方式，系统自动据此标准对考核涉及的各部门人员，数据等进行评分，最终形成评估报告，给各级管理人员提供运行考核数据依据，实现精细化、目标化管理。具体如下：

（1）灵活的考核标准制定方式，可对运行的多个方面进行考核设定。

（2）依据日常运行管理中的各类数据及记录，智能化的考核打分，自动生成考核分数。

（3）考核结果经过审核后，可智能生成各级管理人员所需的考核报告。

（4）减轻企业管理人员工作量，提高企业运营管理综合水平。

企业日常工作中有很多需要申请、审批、执行或公示的文件，将这些工作进行网络化，对工作处理效率、节约办公经费具有重要意义。具体如下：

（1）工作流程自由定义，更符合企业管理实际。

（2）流程执行情况可随时跟踪查询，并可进行催办。

（3）流程中对文件的编辑修改可保留操作痕迹，实现对文件的快速修订。

（4）需下发或公示的文件可在流程结束后自动下发或发布，并可查看收阅情况。

（5）办理完结文件可进行归档和管理，方便日后调阅。

5.2.3 保障措施

保障措施如下：

（1）进一步完善水务公司关键性业务处理需求和具有统一性的工程管理业务规范，实现完整、规范和集成化的事务处理和数据处理，使水务局的管理工作进一步规范化、标准化，理顺各管理层内部及彼此之间的关系。

（2）根据工程进展和水务公司的管理需要，进一步对工程数据的采集、处理提出严格的规范化操作规程，保证原始基础信息的准确性、一致性。

（3）完善标准化信息处理过程，统一数据，按水务局的报表标准格式，建立一个集中、统一和可供不同专业及部门共享的概算、合同、投资、成本、财务等基础数据库。

（4）提高水务公司日常关键性事务处理的规范化程度和各工作组及部门间的信息横向沟通能力，提高水务公司整体管理效率，为决策层提供决策分析所必需的准确及时的信息。

（5）通过系统维护，促进水务公司工程管理人员现代管理观念的更新，培养一批能熟练地操作、使用和维护工程管理系统的人才队伍，提高人员素质，积累工作经验。

（6）进一步提高水务公司工程管理主要业务的计算机信息化和提高管理效益。

（7）为保证系统建成后 7×24h 正常运行，应配备必要的运行维护人员。主要技术工作包括：常态下系统的运行，包括系统操作，信息接报等工作，非常态下，协助领导、专家处置突发事件；系统运行保障，包括公有云网络、公有云资源、公有云业务、公有云数据等的保障、维护、更新。

（8）建立有保障的运行管理机制如下：

1）信息系统管理流程。该流程用于管理软件系统的维护。流程中完整规定系统问题的记录、修复申请、修复批准、修复过程记录。

2）网络设备管理流程。该流程用于管理网络设备的维护。流程中完整规定网络设备登记办法、设备问题的记录、修复申请、修复批准、修复过程记录、设备更新办法。

3）机房管理办法。该办法规定对机房环境、进入机房的管理要求、机房管理人员的行为要求。

　　4）技术文档管理办法。对所有技术文档（包括纸质和电子文档）的存借、更新、销毁、备份进行规定。

　　5）管理人员手册。对参与计算机系统管理人员，包括机房管理人员、网络设备、主机设备、应用系统管理员、数据库管理人员的基本行为进行规定的手册。

　　6）数据维护管理制度。

　　7）运行管理考核。对运行管理过程进行考核，根据考核情况不断改进和完善。

5.3　人员培训

　　此建设管理单位应重视该方面人才的培养，在系统建设过程中安排专人负责，系统建设完成后以该负责人为主组建专门的运行、管理与维护人才队伍。

　　数字水务工程是一个庞大的系统工程，系统的正常运行、日常维护、系统功能的进一步开发和提升都离不开技术能力合格的人员。国内外的经验表明，许多项目失败的直接原因在于忽视了人力资源开发和能力培养或者在这方面重视程度不够。因此，数字水务工程建设之初，就应当对人员培训作为重要的内容进行规划。

　　市场经济条件下各行业对高新技术人才争夺非常激烈，因此，要成功实施数字水务建设，应制定一系列的政策，从生活待遇、激励培养、提拔任用等多方面营造一个宽松的人才发展环境，形成一种吸引住人、留得住人、用得好人的良性机制，鼓励人才队伍结合水务公司的特点，在充分利用信息化系统的基础上，提出新颖的、能够发挥更大效益的技术创新点，确保信息化系统的生命力。同时引进素质较高的年轻人进入该队伍，充实新生力量，为管理的延续性提供保障。

　　从数字水务工程建设和管理的角度，对满足数字水务建设、运行和管理的各种人才状况进行分析和预测，确定人才的培训计划和引进计划，确定培训目的、培训对象、培训方式和培训内容等，建立一套合理的能够满足信息化飞速发展需要的人才管理体系。

5.3.1　培训目的

　　培训工作是贯穿工程实施以及整个工程生命周期中非常重要的工作。做好培训工作，能提高工程实施质量和工作效率，节省成本，最大限度发挥建设项目建成后所产生的作用。

　　培训的最终目的是提高相关工作人员的 IT 技能和业务技能，也可以使相关的领导能够充分认识到信息建设的重要性和紧迫性，信息系统建设的规划、总体设计的思想，真正培养一支高素质的技术维护队伍，维护和使用好本项目应用系统，提高业务人员的业务能力和素质。

5.3.2　培训对象与形式

　　（1）培训对象。人员培训的对象包括各级领导、各类系统的使用人员和负责本项目相关建设、运营和维护的专业人员，具体如下：

1）领导培训：通过对各级领导和管理人员的培训，使之了解本项目的流程、架构及关键点，明确信息系统建设的规划与总体设计思想，开展专业技术队伍的培养工作；

2）使用人员培训：通过对使用人员进行应用系统培训，使他们尽快熟悉掌握系统，并通过信息系统解决业务协同与信息共享，具备利用大数据技术实施数据的清洗、处理、分析、备份、还原、可视化等能力，提高工作效率和工作质量；

3）专业人员培训：通过对专业人员进行有关应用系统的运行、管理等方面进行专门的培训，使之熟悉系统总体方案，能够独立管理系统、完成系统的安装调试、维护工作，保障系统持续、正常、安全、稳定运行。

（2）培训形式。培训的形式主要包括集中培训、一对一培训与现场操作培训，具体如下：

1）集中培训：授课教师采用理论与案例分析、结合实际工作进行分析、模拟项目实践的技能训练等多种方式进行；

2）一对一培训：主要针对中高层管理人员，可进行上门一对一辅导；

3）现场操作培训：在使用现场通过对系统的实际操作掌握系统的实际运行过程和相关技能。

5.3.3 培训模式

（1）合理分析培训需求，制定高效培训计划。在进行人员培训的过程中要制定科学、严谨的人员培训计划。在制定和实施培训计划时必须注意以下几个方面的工作：

1）人员的培训计划应该服务于数字水务工程的建设及发展，不能脱离战略发展规划。

2）人员培训计划必须能将数字水务工程的发展目标与人员个人的发展目标相融合、协调。

3）培训计划必须与数字水务工程的建设计划、其他管理计划在时空上相结合。

4）短期培训的内容应与中长期培训的课程互相弥补，人员的入职培训、在岗培训和脱产培训之间要互相协调。

（2）创新培训方式。传统的培训方式以课堂讲课和实地观摩为主，互动性差，学习的效率、效果均与现代的培训方法差距较大。在人员培训中运用互动、灵活的现代化手段，不但节约了培训资源，而且增强了培训的效果。建设管理部门可通过内部培训和外部培训相结合扩大培训资源的效益，具体如下：

1）内部培训：利用多媒体将常用课程做成 PPT 发送至个人邮箱或放到光盘里分发给培训对象学习；把各类培训的视频放到内部网上，培训对象结合自己的时间、学习需求、兴趣选择学习内容；组织技术骨干、学习能手进行培训和分享。

2）外部培训：注重无领导讨论小组、专家演讲讨论、沙盘演练等互动性强的培训方式，提高培训对象的培训兴趣及效率。

5.3.4 培训内容

对不同使用人员制定相应的培训课程，具体见表5.1。

表 5.1　　　　　　　　　　　　　　培 训 课 程 一 览 表

培 训 内 容	培 训 课 程	培 训 对 象
信息化基础知识	数据库知识	数据维护人员
	地理信息管理基础知识	普通业务人员、中高层管理人员
数字水务基础知识	智能硬件产品基础知识	系统维护人员、数据维护人员
	供水综合调度信息化基础知识	普通业务人员
	管、泵、表和阀门信息化管理	
	供水水力模型基础知识	
	App 终端操作	
	供水管网 GIS 信息化应用	
	数字水务产业基础知识	
云数据中心实地维护知识	云主机、云存储、通信系统及安全系统操作、运行和维护管理	系统维护人员
软硬件支撑环境相关设备、操作和系统运行维护培训	机房系统、安防系统运行维护	系统维护人员
	移动巡检终端运行维护	
	客户热线设备操作和运行维护	
	多媒体会议扩声系统操作	
	调度中心大屏系统运行维护	
	第三方软件安装培训	
数字水务一体化平台运行维护	数字水务一体化相关系统运行环境、系统软件、数据库结构和应用、系统软件维护、系统管理、系统数据管理运行维护	数据维护人员、普通业务人员
	数据库维护、数据库结构、系统接口、系统维护和系统二次开发能力	数据维护人员、系统管理人员
	数字水务一体化平台相关系统业务功能操作	数据维护人员、普通业务人员、中高层管理人员

　　对设备管理人员（使用方的设备管理人员）进行培训的内容主要是信息采集设备、传输设备、软件运行设备的结构原理以及使用操作。

　　对数据维护人员（使用方的系统运维人员）提供数字水务的运维相关培训，主要培训内容包括软硬件支撑环境、数字水务一体化平台的运维（包括机房系统、调度中心大屏系统等），熟悉软件系统使用及配置。运维人员要能够处理日常使用中系统设备的调整配置，能够独立维护系统软件，数据库结构和应用等系统的日常运行，独立判断常见故障并进行处理；能清晰地描述各种故障现象，协助定位故障。

　　对普通业务人员（使用方的普通用户即相关业务部门人员）提供的培训内容主要是数字水务一体化平台相关应用系统，培训目标是使其能够熟练使用系统的各项业务功能。

　　对系统管理人员（使用方的系统管理员）进行培训的内容主要包括系统管理、用户管理、权限管理等功能的培训。

　　对中高层管理人员（使用方管理和领导人员）进行培训的内容主要是供水管网 GIS

管理系统、DMA 漏损控制系统、供水管网水力模型系统、数字水务分析系统的系统操作培训等，培训方式主要是根据项目组间隙时间采取上门一对一辅导。

思 考 题

1. 什么是水厂自动化和信息化？为什么要实现水厂的自动化和信息化？可以通过哪些方式实现水厂的自动化和信息化？

2. 水厂常用的监测与控制系统有哪几种模式？各自有什么特点？

3. 水厂的管理信息系统包含哪些子系统？各自有什么作用？

4. 在水厂的自动化与信息化中，安全保卫系统包含哪几个部分？各自有什么功能？

5. 数字水务系统对城乡供水一体化工程运行管理和水务行业发展有什么重要意义？

6. 数字水务人才应具备哪些核心素养？谈谈你的看法。

第6章 数字水务安全体系

6.1 安全系统设计

6.1.1 安全系统设计目标

数字水务安全系统是使数字网络系统的硬件、软件及其系统中的数据受到保护，不会受到偶然的或者恶意的破坏、更改和泄露的系统。安全系统设计要求系统连续可靠正常地运行，网络服务不中断。

大数据时代下，数字水务安全系统在设计目标的确立上应该始终围绕合理保护数字系统安全稳定运行等目标内容进行统筹规划与合理设计。在规划设计过程中，设计人员可主动利用网络安全策略，实现对数字系统数据信息的全面保护，目的在于防止数据信息资源泄露，增强系统整体的运行安全性与科学性。

与此同时，设计人员应主动运用计算机网络安全技术，增强数据交互之间的安全性与高效性，保障数字水务安全系统得以实现高效稳定运行目标。

6.1.2 安全系统设计原则

（1）安全可靠原则。安全可靠原则基本上可以视为数字水务安全系统设计体系的核心原则。从客观角度上来讲，合理保护系统安全运行功能，在一定程度上可以增强系统安全可靠运行效果。在实践过程中，设计人员可通过利用信息安全产品以及信息安全技术，对安全系统保护方案进行统筹规划与合理构建，以增强系统整体的运行安全性。

（2）一致性原则。所谓的一致性原则主要是指设计人员应该根据数字水务安全系统问题表现，对当前系统结构进行合理构建，并在满足安全需求的前提条件下，制定针对性数据安全保护策略。

（3）易操作原则。数字水务安全系统在设计过程中应该综合衡量应用技术的可操作性，目的在于确保管理人员可按照一定原则要求，对当前系统安全运行情况进行合理掌握。且在系统设计过程中，应综合考虑系统可拓展性以及系统硬件、软件模块功能情况，利用标准化技术手段对当前系统架构形式进行合理设计，以增强系统整体的兼容性效果。

（4）风险平衡分析原则。从客观角度上来讲，数字水务安全系统若想达到绝对安全往往是有较大难度的，只能在原有基础上不断增强安全性。究其原因，主要是因为安全系统运行期间所面临的风险因素较多，运维人员难以对各类风险问题进行全面抵抗。为及时缓解不良因素对安全系统运行过程带来的弊端影响，设计人员可利用定量与定性分析方法，对相应的设计方案内容进行合理制定，以增强安全系统的安全性与科学性。除此之外，系统设计工作应构建多重防护体系，通过不断增强各层保护的协调交互性，确保数字水务信息安全得以有所保障。

6.1.3 安全系统设计内容

　　数字水务安全系统在功能框架设计方面所涉及的核心内容较多，如图6.1所示。因此在规划设计过程中，设计人员应该主动结合各功能框架设计要点，对其所涉及的涉及内容进行统筹规划与合理部署。

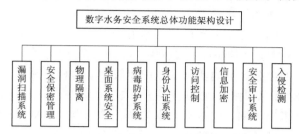

图6.1　数字水务安全系统总体功能架构设计

　　（1）物理隔离设计。所谓的物理隔离设计，主要是针对内网与外网数据隔离架构设计工作而言。在具体设计过程中，设计人员可从物理隔离角度，利用PC隔离方法构建虚拟工作站。通过科学设计独立硬盘数据储存体系以及相关系统，确保安全区以及非安全区环境上可以满足物理隔离条件。在此过程中，设计人员应该建立专用的数据接口以及网线接口，以增强物理隔离效果。与此同时，在主盘以及硬盘之间可利用全控制方式，完成对硬盘通道的全过程控制管理。在此过程中，硬盘数据转换过程可利用继电器控制方式实现内网与外网之间来回切换，保障数字水务安全系统运行的安全性与可靠性。除此之外，设计人员可利用 IDE - ATA 硬盘操作系统，确保可以在不同局域网络环境中安全运行，实现对数据资源的存储与保管。

　　（2）桌面系统安全设计。数据桌面系统安全设计可主动利用云计算数据服务，实现对用水量、水质等标准的海量数据资源的存储管理。与此同时，数据桌面系统安全设计可指导用户完成对数据资源的远程操控与查询管理。一般来说，数字水务安全系统中所涉及的数据信息储存方式，主要以文件方式在硬盘中进行存储管理。而这种方式所呈现出的数据信息很容易被窃取，针对于此，设计人员可利用本地安全管理方式完成对本地数据资源的存储与保护。除此之外，桌面安全保护系统本身具有中央处理器等功能优势，并且可利用加密运行处理器在芯片内部设计密钥以及加密算法，这样一来，可有效阻挡非法数据入侵系统。

　　（3）病毒防护系统设计。服务器病毒防护设计中所涉及的管理模块以及防毒模块，可利用独立安装方式增强系统整体的安全稳定运行效果。与此同时，服务器防毒系统在部署规划方面可以采取单点位置方式进行合理部署。结合实践设计经验来看，深信服终端检测响应平台 EDR 产品可有效支持 Linux 等操作系统平台。在此过程中，建议设计人员可利用单点控制模式实现对 EDR 客户端防毒模块的操控管理。需要注意的是，客户端防毒模块在集中部署方面，可按照系统客户端运行实际情况进行合理部署。其中，利用 EDR 的管理平台对终端进行合规检查，微隔离的访问控制策略统一管理以及对安全事件的一键隔离处置。

　　（4）访问控制设计。访问控制设计可利用 NGAF 防火墙设备以及网络安全准入设备完成对内部安全系统运行的全面保护。一般来说，访问控制设计可重点针对 NGAF 防火墙设备所涉及的网络地址转换以及数据信息过滤等访问控制功能进行统筹规划与合理部署。从实践情况上来看，数字水务安全系统通过合理运用 NGAF 防火墙技术，基本上可以实现对内网的网段划分处理，不仅可以保障网络数据服务器等设备运行质量安全，同时也可以加强对外部攻击的防御处理。需要注意的是，NGAF 防火墙设计必须按照灵活部署原则，支持不同网络环境运行，以期可以对常见网络攻击起到良好的抵御作用。

（5）信息加密设计。本书所研究的数字水务安全系统在信息加密设计方式的选用上，可以采用 SJW07AII 型网络密码机。一般来说，这种类型的网络密码机可在局域网带宽千兆的办公区域内实现安全配置管理。这样一来，不仅可以保障数据信息传输的安全性与科学性，同时也可以防止信息传输过程中存在干扰问题。在加密设计过程中，内网可通过划分多个子网，完成对数据安全传输问题的有效解决。并通过构建独立系统安全通道体系，完成对数据资源的加密以及认证处理。除此之外，利用对称加密算法以及非对称加密算法，可大体上解决以往数据资源传输存在的弊端问题。

（6）入侵检测与防御设计。关于入侵检测与防御设计工作的部署与实施，系统内部子网可按照部门实现网段划分处理。要求各个子网都必须配置一台交换机，以确保系统网络中心可以实现对各子网的统一管理。在具体处理过程中，子网可汇集到主干网络，并通过连接高性能数据服务器，增强数据保护程度。与此同时，利用 IPS 入侵防御系统实现对子网内数据资源的动态监测与管理，对于非法入侵的数据以及访问进行自动防御拦截。其中，可将拦截所得的数据以及访问进行精准记录，并形成安全访问日志，根据等保要求，拦截数据保留 180d 以上。

（7）漏洞扫描。一般来说，数字水务安全系统在运行过程中容易受到不确定因素的影响而出现漏洞问题。如果工作人员不及时排查漏洞问题，就很容易导致计算机网络安全系统运行异常或者存在其他隐患问题。

为进一步加强对系统漏洞问题的排查与管理，设计人员主动利用网络漏洞扫描针对实现内部信息点的快速扫描，并根据扫描反馈结果对当前内部信息点情况进行合理把握。与此同时，漏洞扫描针也可以主动结合 IPS 以及防火墙技术，形成安全策略。并通过配置 IP 地址扫描功能，加强对内部数据的针对性扫描与管理。除此之外，也可以利用 Web 式远程管理模块实现远程漏洞扫描管理过程。

6.2 安全技术设计

6.2.1 安全技术设计的原则

数字水务一体化平台始终以业务为保障目标，数字水务一体化平台要时刻为城乡供水一体化的数据提供安全防护，按照目前对安全技术的发展需求，可将新阶段数字水务一体化平台安全技术设计归结为以下几点：

（1）用户访问数字水务一体化资源时的安全性，包括用户认证、访问控制、资源隔离，以及对数字水务一体化平台内部资源的保护。

（2）数字水务一体化平台自身的安全性，包括网络、主机、应用、数据等各个层面的安全威胁都应该能够防御与监控、审计。

（3）各个层面用户的安全访问与权限管理。

（4）对使用方的安全控制与安全审计。

（5）平台数据之间交换安全的防范。

（6）多样化移动接入的安全防范控制。

由于数字水务应用模式的改变，多样化接入数字水务一体化平台的方式也将是平台安全设计时要考虑的一个重要方面。

6.2.2 安全技术设计类别

在具体的数字水务一体化平台建设安全设计中，应重点注重以下四个技术方面，实现网络边界自主可控，提升整体安全防护能力。

（1）IT架构设计。采用云、边界、端的联动机制，对业务系统进行强有力的保障，同时实现虚拟化环境下的边界安全防护问题，解决东西向流量不可见的风险问题。

（2）虚拟网络层安全设计。在一体化平台上采用软件定义网络（SDN）和网络功能虚拟化（NFV）来提供网络基础架构的可扩展性、敏捷性和可编程性。虚拟网络可视化，能帮助管理人员及时清晰地了解水务一体化环境下的虚拟网络的结构和变化。网络流量审计，能帮助管理员应对SDN架构模式的虚拟网络环境下的南北向流量，东西向流量的各种攻击事件。

（3）虚拟主机层安全设计。

1）Webshell检测（网页后门检测）。Webshell常常被称为匿名用户（入侵者）通过网站端口对网站服务器的某种程度上操作的权限。Webshell虽是一个Web的页面动态脚本，但是它的功能非常强大，可以获得一些管理员不希望获得的权限，比如执行系统命令、删除Web页面、修改主页等。在设计时应注重具备此危害的防范。

2）虚拟机防病毒。通过虚拟化技术实现在单一物理系统中运行多个虚拟机的设计，从而使资源得到更高效的利用。此设计虽可以大幅削减设备的资本支出、降低与电力和冷却相关的能源成本以及节省物理空间。但是虚拟环境下的服务器会和传统物理服务器碰到相同的安全性问题，例如病毒、蠕虫、木马程序和恶意软件的入侵。所以在虚拟环境下的服务器同样需要考虑有效防范。

3）虚拟主机防火墙。在数字水务一体化平台中，业务可以部署在任何机架上的服务器虚拟机中，通过基于主机实现的虚拟防火墙，实现对一体化平台中东西向流量管理。虚拟防火墙可利用数据中心的基础资源进行虚拟化部署。虚拟化防火墙即能防止来自外部的攻击和侦查扫描，提高虚拟服务器的安全性。通过灵活的策略配置，实现对虚拟机全方位的防护。

4）虚拟主机入侵防御系统（IPS）。实现对虚拟机的通信进行检查，对非法的攻击行为进行监控和阻断。通过对已知的未经修补的漏洞进行检测修补，防止被非法用户利用，同时能对Web应用层的SQL注入攻击、XSS攻击以及其他应用攻击提供安全防护能力；针对虚拟机操作系统漏洞的攻击防护：应提供基本病毒防护功能，拦截利用漏洞的病毒攻击感染；深度数据包检测技术，全面拦截利用系统漏洞的攻击；提供虚拟补丁功能，智能规则通过检测包含恶意代码的异常协议数据，针对漏洞攻击行为提供"零日漏洞"攻击防护。漏洞攻击规则可停止已知攻击和恶意软件，使用签名来识别和阻止已知的单个漏洞攻击行为。

（4）移动终端 VPN 安全接入设计。移动终端的多样化接入平台的模式，对接入平台的安全性带来极大的挑战，在这种环境下需要对移动接入的设备进行全方位的安全检测，避免安全事件的发生。同时在数据交互的过程中，更加需要精细的审计过程，按照业务的流程在关键节点上进行审计并配合一定的控制措施，实现移动终端的安全接入。

6.3　安全系统建设

数字水务安全系统包括：视频监控系统、周界报警系统、门禁/巡更系统、防雷系统和突发事件处理系统五部分的内容。

6.3.1　视频监控系统

视频监控系统是水厂安全的重要保障系统。它可以得到被监视控制对象的实时、形象、真实的画面，并可录像保存，还可与周界报警系统联动。实现对各重要部位的有效监控。

6.3.1.1　系统构成

视频监控系统由视频采集、云台控制、信号传输和视频处理四部分组成，见图 6.2 和表 6.1。

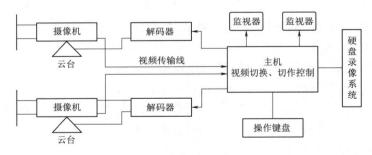

图 6.2　视频监控系统构成图

表 6.1　　　　　　　　　　　　　视频监控系统构成表

序号	功能	部件	具 体 描 述
1	视频采集	摄像机	在光照度变化大的场所应选用自动光圈镜头并配置防护罩，大范围监控区域则应选用带有转动云台和变焦镜头的摄像机
2	云台控制	云台和控制器	摄像机安装在电动云台上，由云台带动摄像机完成上下左右旋转、镜头的调焦、放大、缩小等控制功能，使摄像机监控的角度
3	信号传输	光缆、同轴电缆、网线或无线	完成电源信号传输、视频信号传输和控制信号传输

续表

序号	功能	部　　件	具　体　描　述
4	视频处理	操作主机、解码器、硬盘录像系统、视频矩阵、画面处理器、切换器和分配器	对视频信号的数字化处理，图像信号的显示、存储及远程传输任务，显示部分由几台监视器组成

6.3.1.2　工作原理

摄像机是视频监控系统的眼睛，它们将摄取景物的光信号转变成电信号，通过解码器进行信号转换由传输电缆传到控制室内，摄像部分的好坏及它产生的图像信号质量将影响整个系统的质量。图像信号经过视频分配器，一组输出接入矩阵切换器，控制监视器的视频输出，另一组接入硬盘录像机，送入局域网进行远程操作监控。

云台对摄像机的动作进行控制，由云台带动摄像机完成上下左右旋转、镜头的调焦、放大、缩小等控制功能，使摄像机监控的角度更大。

电源信号的传输、视频信号的传输和控制信号的传输由光缆、同轴电缆、网线或无线系统完成。

视频处理系统由操作主机、解码器、硬盘录像系统、视频矩阵、画面处理器、切换器、分配器组成，完成对视频信号的数字化处理，图像信号的显示、存储及远程传输任务。

6.3.1.3　主流产品

视频监控系统的主流产品见表6.2。

表 6.2　　　　　　　　　　　视频监控系统的主流产品表

名　　称	开　发　商
HIKVISION 系列	杭州海康威视数字技术股份有限公司
大华系列	浙江大华技术股份有限公司
Tiandy 系列	天地伟业技术有限公司
Uniview 系列	浙江宇视科技有限公司
SUNELL 系列	深圳市景阳科技股份有限公司

6.3.1.4　评价标准

对视频监控系统的评价标准见表6.3。

表 6.3　　　　　　　　　　　视频监控系统的评价标准

序号	项目	评价内容	衡　量　标　准
1	系统配置	配置合理	主机的监视界面友好、操作简单；采用光缆作为图像信号传输介质
2	系统安装	安装规范	对水厂的重要部位如大门、沉淀池、加药间、氯库、滤池、泵房、配电间等实行24h全天候监控；安装规范，运行正常，技术资料完整
3	系统性能	功能完善	显示：可以根据管理需要进行预先设定，各监视器可以对任意一台摄像机进行定点显示或4画面、9画面、16画面的显示；各监视器可以对所有摄像机或部分摄像机图像进行自动循环显示，也可同时显示16路硬盘录像机放像信号

序号	项目	评价内容	衡 量 标 准
3	系统性能	功能完善	输入：可达 16 路图像同时输入和对摄像机、云台的解码全控制
			分辨率：每路显示、存储、回放不低于 6.25 帧/s，显示分辨率不低于 768×576 像素，回放分辨率不低于 384×288 像素
			可编程：可以设定各监视器上图像循环切换的内容及时间，自动循环显示时间可在 1～30s 内调整
			存储：采用数字压缩技术实现对图像的显示、存储、回放及远程传输
			日志：历史记录均有时间标记，并能实现多条件检索和回放
			报警：每路视频可单独设置移动侦测检测区域，检测灵敏度可调，报警后会产生声光及输出报警
			联网：可通过局域网、广域网等实现图像的远程浏览
4	安全性	安全可靠	具有密码保护、口令登录，通过对不同级别的用户赋予不同的操作权限，防止非授权人员进行误操作

6.3.2　周界报警系统

周界报警系统是厂区安全的第一道防线，它安装在水厂大门和围墙上，将整个厂区围起来，24h 不间断监控围墙状态，对非正常进入立即报警。

建设和使用周界报警系统时应遵循的规定如下：《报警和电子安全系统》（IEC 60839-5-2：2016），《入侵探测器》（GB 10408—2000），《入侵和紧急报警系统　控制指示设备》（GB 12663—2019），《入侵和紧急报警系统　告警装置技术要求》（GB/T 36546—2018），《安全防范报警设备　安全要求和试验方法》（GB 16796—2022）。

（1）系统功能。建立安全可靠的环境，防范非法翻越围墙，防止非法的入侵和各种破坏活动。

（2）系统构成。周界报警系统由探测器、传输线和报警主机、三部分组成。

探测器是周界报警系统的重点，不同的探测器组成不同的周界报警系统。有三种常用的周界报警探测器，见表 6.4。

表 6.4　　　　　三 种 探 测 器 的 比 较

探测器	工 作 原 理	主 要 性 能
红外对射探测器	每个红外对射报警器由一对发射器和接收器组成，发射器和接收器置两处，发射器发射出 N 束红外光被接收器接收形成一道看不见的警戒线。利用红外线发射，当有人或物体遮挡住相邻两束红外光时，报警器发出报警信号，实现报警功能	有两束光、三束光、四束光、八束光之分，每秒发射 1000 光束
电场感应探测器	当电磁场的传输途径有异物阻断时，电磁场受到干扰就会发出报警	采用 1～40kHz 的低频振荡信号电压

续表

探测器	工 作 原 理	主 要 性 能
脉冲电子围栏	流经合金丝上有脉冲电流,当探测到有非法入侵时,发出声光报警信号并进入预备电击状态,异物触及围栏时,电压,重复频率1次/s,给予脉冲电击,使之退缩离开,且不敢再次触及	采用6000～10000V脉冲电压,重复频率1次/s,脉冲持续时间不超过0.1s

传输线的作用是将探测器的信号快速、安全地传送到报警主机。

报警主机由主机、显示屏及键盘组成。当报警被触发时,显示屏上显示具体报警点,警号发出声光告警,提示值班人员注意。主机上设置模块化的联动输出节点,可根据水厂实地情况配置,用于触发探照灯开启和相应摄像机的开启,并同时进行录像。

6.3.3 门禁/巡更系统

它实际上包括了门禁和巡更两个系统。

门禁系统的基本功能是:对通道进出权限的管理、进出通道方式的管理、进出通道的时段、进出记录查询、实时监控、异常报警等。

门禁系统的识别方式有三种:密码识别、卡片识别和人像识别。它是水厂等部门出入口实现安全防范管理的有效措施。

巡更系统是门禁系统的一个变种,是一种对门禁系统的灵活运用。它是电脑考勤的一种形式,值班人员必须在规定的时间按规定的路线去读取规定的每个巡更信息点才能完成工作考勤。

在无人值守的场所应设置门禁/巡更系统,并做好规范的《水厂巡视记录》。

6.3.4 防雷系统

雷电是一种自然界中极为壮观的声、光、电作用的自然现象,它曾给人们的生活带来了意外的恐惧、惊喜和无穷的遐想。在现代生活中,雷电也给航空、通信、电力、建筑和人身安全造成极大的危害。

雷电产生于对流发展旺盛的积雨云中,积雨云顶部一般较高,可达20km,云的上部常有冰晶。冰晶的淞附、水滴的破碎以及空气对流等过程,使云中产生电荷,云的上部以正电荷为主,下部以负电荷为主,云的上、下部之间形成一个电位差。当两块积雨云相遇或带有电荷的雷云与地面的突起物接近时,在它们之间就会发生激烈的放电,出现强烈的闪光和爆炸的轰鸣声,这就是人们见到和听到的电闪雷鸣。闪电的平均电流是3万A,最大电流可达30万A。闪电的电压可高至1亿～10亿V,一个中等强度雷暴的功率可达1000万W,相当于一座小型核电站的输出功率。

雷电分直击雷、电磁脉冲、球形雷、云闪4种。其中尤以电磁脉冲对信息化系统的影响最为巨大,一旦发生,它所造成的破坏是不可估量的。

对于自动化和信息化来说,几公里以外的高空雷闪或对地雷闪出有可能导致计算机CPU误动或损坏。国外资料介绍,0.03GS的磁场强度可造成计算机误动,2.4GS即可将元器件击穿。因此，出于代价和安全的考虑，防雷是一项必不可少的措施。

防雷与接地系统的设计、建设、使用和管理都必须符合相关标准、规范、规定：《雷电电磁脉冲防护》（IEC 61312），《建筑物防雷》（IEC 61024），《IEEE Recommended Practice for Powering and Grounding Sensitive Electronic Equipment》（IEEESTD1100—2005），《建筑物电子信息系统防雷技术规范》（GB 50343—2012），《建筑物防雷设计规范》（GB 50057—2010）。

雷电防护措施包括外部防雷和内部防雷两部分，如图 6.3 所示。

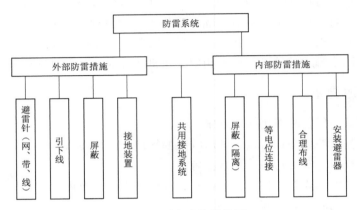

图 6.3 雷电防护措施图

（1）外部防雷。外部防雷主要是直击雷防护。设法使雷电迅速扩散到大地中去，通常采用避雷针、避雷带或避雷网作为避雷装置。

按照国家标准《建筑物防雷设计规范》（GB 50057—2010）的要求，计算机网络系统所在大楼为第二类或第三类防雷建筑物，一般都按要求建设有防雷设施，如大楼屋顶的避雷网（带）、避雷针或混合组成的接闪器等，将强大的雷电流引入大地，形成较好的建筑物防雷设施。直击雷直接击中计算机网络系统的可能性就非常小，因此通常不必再安装防护直击雷的设备。

但对于一些没有条件安置在防雷建筑物内的系统设备，如远程站 RTU、视频监控系统的室外云台等电子设施，则仍需为它们安装防护直击雷的避雷针。

避雷针包括接闪器、引下线和接地系统，它实际上是一个引雷器，它将雷电流引向其尖端后泄入大地，从而避免雷电对设施造成危害。据估计，采用避雷针措施，可以避免85％左右的直击雷，这个方法是相当有效的。

避雷针的针尖一般用镀锌棒或钢管制成。它的保护范围是一个圆锥形的空间，其高度等于避雷针的高度，其底面为半径等于避雷针针高的圆，被保护的设备只要不超出这个保护范围，就能得到有效保护。

（2）内部防雷。内部防雷指对雷电波侵入的防护。雷电波会通过电源线、信号线和金属管道等各种通道侵入信息系统，其防护措施主要有屏蔽和安装避雷器。

1）屏蔽。屏蔽是利用各种金属屏蔽体来阻挡和衰减施加在电子设备上的电磁干扰或过电压能量。具体可分为建筑物屏蔽、设备屏蔽和各种线缆屏蔽。水厂自动化和信息化，主要的屏蔽措施是线缆屏蔽。

采用规范的屏蔽电缆时，屏蔽层接地。这样，雷电流的"趋肤效应"使相当大的一部分电流沿屏蔽层接地端口泄入大地，从而大大消除了电磁脉冲的影响。测量结果表明，电缆屏蔽层一端接地时可将高频干扰电压降低一个数量级，两端接地时可降低两个数量级。

2）避雷器。电脉冲入侵信息系统主要有 3 个途径：交流电源供电线路、设备和仪表的通信线路、地电位反击电压通过接地体入侵。

防止电磁脉冲的有效方法，是采用高效的避雷器，它能保证有效信号无损耗地正常进入设备，同时阻断雷电进入设备的通路，让雷电能量在外部泄放入地，不能再对设备造成危害。

（a）电源避雷器。电源部分遭受雷击的可能性最大，这是因为室外的输电线最容易吸收电磁脉冲，并将其引进来，在整个电网上传输，一般的稳压电源对此都无能为力。

因此，除电力部门的两级防雷外，还需要在中控主机和各 PLC 控制器前安装第三级避雷器，防止过压及浪涌电压对重要设备的侵袭。以滤去对电子设备有害的残余浪涌电压。

（b）信号避雷器。信息系统的信号线有各种信号输入/输出线、天馈线和电脑网络线等。在导线进入室内到达信息系统前，要加接信号避雷器。在室外的 4～20mA 模拟量的设备进线和出线端口安装信号避雷器。传感器在室内且信号线较短可不加防浪涌保护设备，如果信号线较长或传感器在室外，必须在传感器加防雷波浪涌保护模块。

依据《通信系统用 SPD》（IEC 61644）标准，信号防雷器分为 B、C、F 三级，B 级（Baseprotection）是基本保护级（粗保护级），C 级（Combinationprotection）是综合保护级，F 级（Medium&fineprotection）是中等或精细保护级，对于水厂的信号防雷，信号避雷器应达到表 6.5 中的要求。

表 6.5　　　　　　　　　　　　信 号 避 雷 器 的 要 求

类型	标称导通电压（额定工作电压 U_n）	测试波形（1.2/50μs，8/20μs）	标称放电电流下限值/kA
非屏蔽双绞线	≥1.2U_n	混合波	1
屏蔽双绞线	≥1.2U_n	混合波	0.5
同轴电缆	≥1.2U_n	混合波	3

（c）等电位接地。无论是直击雷还是电磁脉冲，最终都要把雷电流引入大地，接地的目的就是为了释放瞬间大电流的雷击能量。接地系统的好坏，对防雷效果有决定性的意义。

等电位接地是用连接导线成等电位连接器将防雷装置、建筑物的金属构架、金属装置、电气装置、电信装置等连接起来，以实现均压等电位，防止防雷空间内的火灾、爆炸、生命危险和设备损坏。

等电位接地也就是工程现场俗称的"接地网"，它能有效地抑制电磁干扰，消除地电位反击电压。

国际上非常重视等电位联结的作用，IEC 标准中指出，等电位的连接是内部防雷装置的一部分，其目的在于减少雷电流所引起的电位差。

以往有些国内规程和规范要求电子设备单独接地（主要是 20 世纪 70 年代的一些规定），此地被称为直流工作地、信号地、逻辑地等，还列出了接地电阻的不同要求，如 1Ω、4Ω、10Ω 等，这其实是很不科学的。

在 IEC 标准和 ITU 标准中，均不提单独接地，美国标准 IEEE STD1100：2005 中更严肃指出："不建议采用任何一种所谓分开的、独立的、绝缘的、专用的、干净的、静止的、信号的、计算机的、电子的或其他这类不正确的大地接地体作为设备接地导体的一个连接点。"

由此看出，分开接地没有实际意义，采用等电位接地是唯一正确的选择。所幸的是，近年来我国新出的规范和标准中，已经没有单独接地的说法了。国家标准《建筑物电子信息系统防雷技术规范》（GB 50343—2012）更是强制规定："需要保护的电子信息系统必须采取等电位连接与接地保护措施。"

等电位接地系统基本要求见表 6.6。

表 6.6　　　　　　　　　　　　　等电位接地系统基本要求表

序号	项目	具 体 内 容
1	接地网	建立全厂的等电位连接系统，电气和电子设备的金属外壳、机柜、机架、金属管、槽、屏蔽线缆外层、信息设备防静电接地、安全保护接地、浪涌保护器接地端等均应以最短的距离与等电位连接网络的接地端子连接
2	接地电阻 R	<1Ω
3	接地体位置	接地体应离机房所在主建筑物 3～5m 设置
4	结构	水平和垂直接地体应埋入地下 0.8m 左右，垂直接地体长 2.5m，每隔 3～5m 设置一个垂直接地体
5	材质	垂直接地体采用 50mm×50mm×50mm 的热镀锌角钢，水平接地体则选 50mm×50mm 的热镀锌扁钢
6	地网焊接	焊接面积应不小于 6 倍接触点，且焊点做防腐蚀、防锈处理
7	与建筑钢筋焊接	各地网应在地面下 0.6～0.8m 处与多根建筑立柱钢筋焊接，并做防腐蚀、防锈处理

6.4 安全运维体系

通过对数字水务运维工作的分析，人、数据、工具、平台、流程，共同构成了数字水务安全运维的基本元素，安全运维体系的设计应充分考虑安全组织机构情况、安全建设水平、安全保障能力等现状，充分结合人、数据、工具、平台、流程实现安全运营，并在安全管理层面根据数字水务运维组织架构、业务特点建立完善的安全运维体系，具体实现机制建议如图 6.4 所示。

6.4.1 安全现状可视化管理

建设安全可视化管理体系是实现安全运维开展的第一步。相关人员通过安全可视化等配套系统的建设，实现从防御层次向"持续检测、快速响应"的进步，打造一站式的"预防、检测、响应、加固"的四维安全体系。

图 6.4　数字水务安全运维体系的实现机制

首先，安全运维管理离不开数据支撑。相关人员基于大数据框架技术，接收检测探针的检测结果、整改反馈、资产盘点等数据信息，对数字水务的安全风险数据进行集中的大规模存储和大数据分析，可以提供整个系统的管理和升级、资产组织机构关联、权限分级管理、检测任务下发、资产风险通报、高危预警通报、漏洞自动化验证、边界安全检测、日志记录以及生成网络安全检测报告、展示风险可视化监测结果等功能。

其次，针对数字水务纵向或横向的边界安全，在设定安全基线标准后，相关人员可以快速对安全策略的合规性进行审计检查，并针对发现的问题快速进行安全预警处置，明确安全管理工作的具体工作方向。

最后，针对发现的安全风险问题，相关部门应该建立责任人制度。对于发现的安全漏洞问题，能够快速提供相应处置措施，并设置安全预警模块，下发最新安全风险预警通知，实现将预警信息通知到具体组织机构及责任人的目的。

6.4.2　日常安全工作清单式管理

依照国家等级保护的相关要求，在"一个中心，三重防御"（安全管理中心和计算环境安全、区域边界安全、通信网络安全）的框架下，相关人员建立相关的安全运维工作清单机制，在将安全管理工作清单化的基础上，围绕所衡量的目标，将工作拆分为具体可执行、可落地、可量化的安全管理工作清单，使得安全管理更加明确和清晰，清单式管理遵循以下几点原则。

（1）安全运维清单内容简单至上。由于冗长而含糊不清的清单无法被人们高效且安全地执行，所以安全管理清单要素的遴选，必须遵守简单、可测、高效三大原则。例如在漏洞整改工作中，相关人员必须在平台提交整改补丁、整改报告等内容，除了日常的漏洞修复、策略加固外，还可以加入安全巡检、安全培训、知识学习等工作清单内容，再通过平台化的形式，将制定的培训和学习内容下发到运维人员手中，并建立起相应的学习成果考核机制。安全管理清单不是大而全的操作手册，而是结合数字水务具体安全管理工作，经过选择后的工具，安全管理清单能抓住安全管理的关键，不仅是基准绩效的保证，更是高绩效的保障。

（2）安全运维清单管理以人为本。清单的力量是有限的，在遭遇网络攻击或者业务宕机的紧急情况下，解决问题的主角毕竟是人而不是清单。因此，相关人员应把应对常见的安全风险的安全应急策略，制定业务恢复流程纳入清单管理。同时，还要考虑具体人员操作能力和技术水平，形成以人为本的清单管理策略，这样在遭遇突发问题时，就能够快速地以清单形成抓手。

（3）安全运维清单管理要持续改善。日常安全管理清单的价值不在于把具体工作罗列出来，而是要结合网络安全形势以及数字水务的信息化发展，进行不断地调整，让它变得更加丰富和富有价值，即使最简单的清单也需要不断改进。简洁和有效永远是矛盾的联合体，只有持续改善，才能让清单始终确保贴合实际，将全局安全管理的目标细分为清单式的内容，提高数字水务全局的安全管理成效。

6.4.3　安全风险闭环管理监督

在安全管理工作形成清单制、通报预警常态化后，接下来就是监督完成闭环管理的过程。在检测、预警、下发、整改建议、整改方案下发到指定单位后，相关人员可设定具体的完成时间，一旦时间设定完成，就能实现全程跟踪并呈现安全风险处理过程的目标，从而形成安全风险的闭环管理流程监督机制。

6.4.4　常态化安全运维保障体系

由于安全产品是静态被动式防御，不法分子突破安全产品的防御只是时间问题。因此，相关人员从顶层构建安全运维保障体系，评估哪些是关键的信息资产、是否存在风险、现有的安全防护措施是否有效、网络安全产品投入效果，对于解决安全工作一劳永逸。

此外，基层运维人员自身力量薄弱。为了将网络安全维持在较高的水平线上，相关人员需要将安全服务纳入整体安全建设当中，通过安全服务结合安全产品，建设具备纵深安全网络，使得整个安全运维保障服务体系围绕评估规划服务、运维保障服务、安全培训服务角度展开，并结合具体需求进行定制化服务设计。具体安全运维保障体系的内容如图 6.5 所示。

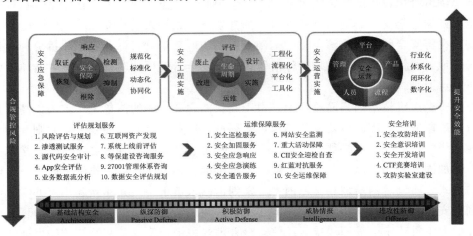

图 6.5　数字水务安全运维保障体系设计

6.5 突发事件处理系统

根据数字水务突发事件应急处理需求，系统应包括 5 项功能，分别为信息应急预案规划管理、信息预案编制管理、信息维护管理、信息安全访问事件分析管理、信息应急资源管理。处理突发事件的主程序流程如图 6.6 所示。

6.5.1 应急预案规划管理

该功能模块采用信息访问安全评估方式，对不同信息访问行为风险进行评估，并生成风险分析报告，按照风险评估结果，判断当前访问行为导致数字水务信息陷入安全威胁的大小。按照安全风险大小和风险类型，归纳预案编制需求，包括安全事件场景、信息安全威胁、应急处理策略。为了尽可能提高系统应急管理功效，系统可增加预案规划管理环节，通过收集大量信息资料，对当前比较常见的一些信息应急预案进行总结，生成不同的预案类型，同时规划处理这些预案的工作人员、处理时间、任务下达顺序等。只有规划明确，才能够保证系统得以有序运行。

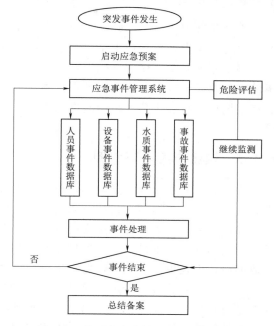

图 6.6 处理突发事件的主程序流程图

6.5.2 信息预案编制管理

信息预案的编制是突发事件应急管理系统运行的关键，针对不同突发事件拟定相应解决策略。系统根据数字水务信息特点，将所有信息拆分为多个模块，各个模块中分布的信息来自不同科室，以科室为单位进行应急管理，赋予科室高层管理人员修复信息权利和预案编制权利。其中，信息修复是针对系统运行发生故障的处理方法，预案编制是数字水务工作人员根据多年工作经验，归纳信息系统运行问题、信息访问安全威胁，同时给出问题处理方法。由于信息系统运行期间遇到的问题和安全威胁存在不可控特性，如果遇到新的信息安全问题，尝试多种方法加以处理后，将该事件编写为预案存入系统数据库。为了提高系统作业效率，设计方案可采用动态更新方式，每间隔 1h 自动更新数据库，从而提高信息预案的时效性。

6.5.3 信息维护管理

系统维护管理是保证系统得以正常运行的功能模块，该模块能够定期对系统运行状况进行检查，对于存在安全隐患或者运行异常的部分，立即采取相应措施加以处理。实际上，系统的维护管理就是遍历系统功能，观察系统的各项功能运行情况，根据系统作业反馈结果，拟定维护处理方案。例如，可设定系统维护周期为 7d，维护时间为 6h，即每周日 24 时至次日 6 时作为系统维护时间段，此时间段内禁止访问系统。

6.5.4　信息安全访问事件与系统运行状态分析

该项功能模块主要起到信息安全识别作用，分别对当前信息访问安全性和系统作业故障状况进行识别，根据识别结果，采取相应管理措施。该项功能模块的运行建立在"信息预案编制管理"功能模块基础上，按照该功能模块中编写的预案内容，判断当前安全访问事件类型及安全性，生成判断结果，为应急资源管理提供参考依据。另外，本功能模块还支持系统运行状态诊断，采用同样的方法，根据"信息预案编制管理"模块作业结果进行诊断。

6.5.5　信息应急资源管理

为了提高数字水务信息安全管理，本系统针对数字水务突发事件，拟定应急资源管理方案。该方案依靠通信平台和互联网平台，向信息安全管理负责人发送安全应急消息。输入事件信息后，系统将自动识别应急事件类型，包括安全威胁事件和系统故障事件，根据事件类型不同，分别采取相应处理方法。其中，两种事件处理思路相同，都是通过调用系统数据库，识别事件的类别，然后采取相应处理方法。

（1）安全威胁应急管理。通过调用系统数据库中的安全威胁预案数据信息，将输入事件信息与之比对，识别该事件属于哪一种预案类型，同时判断符合该类型中的哪种事件场景等条件要求。经过一番遍历后，得到识别结果。按照此结果采取威胁处理方法，而后重新提交应急事件存在与否判断功能模块。

（2）系统故障应急管理。采用同样的方法，调用系统数据库，找到与当前事故相匹配的故障类型，根据数据库提示的处理方法，开启自动修复模式，等待系统功能恢复即可。

经过威胁处理和系统自动修复处理后，判断当前不存在应急事件，则重新开启系统访问窗口；反之，继续寻找事件，根据事件归属情况，采取一定措施加以处理。

思　考　题

1. 数字水务安全建设有哪些基本原则？
2. 为什么数字水务安全风险持续呈现"常态化"现象？
3. 数字水务安全信息管理不足表现在哪些方面？
4. 在安全运维工作中，闭环管理机制的作用是什么？
5. 针对目前数字水务行业安全现状，提出几点新的防护思路。
6. 数字水务网络安全功能是如何实现的？
7. 对于数字水务中的网络审计缺乏，有什么好的解决措施？

第7章 福建省数字水务
建设工程实例

7.1 闽清县数字水务建设

7.1.1 项目概况

7.1.1.1 项目名称

闽清县城乡供水一体化（二期）——数字水务建设工程。

7.1.1.2 项目投资

该城乡供水一体化项目总投资为 23130.68 万元，涉及全县 11 个镇 5 个乡 291 个村（居）委会，受益人口 32 万人。该项目在闽清县城乡供水一体化（一期）工程开展的基础上，开展闽清县数字水务的建设，主要包含物联感知设备、网络通信及云服务、管网物探普查、数字水务一体化平台、机房及指挥调度中心、系统安全等保评测等方面的数字化建设。本工程数字水务建设工程总投资 4503.85 万元，其中物联感知设备 1634.46 万元，网络通信及云服务 720.78，管网物探普查 94.6 万元，数字水务一体化平台 892 万元，机房及指挥调度中心 233.63 万元，项目设计费、项目建设管理费、监理费、培训费等其他费用合计 787.38 万元。

7.1.1.3 供水概述

闽清（古属福州府闽清县）简称"梅"，福建省福州市下辖县，位于福建省东部、闽江中下游，距省会福州 50km，全县总面积 1466km²，总人口 32 万人，辖 11 镇 5 乡 291 个村民委员会。闽清县境内河流为闽江水系的山区性河流，主要河流有梅溪、金沙溪、芝溪、文定溪、安仁溪、古田溪等 16 条，流域总面积 1466.57km²。多年平均水资源总量为 13.24 亿 m³，丰水年为 15.24 亿 m³，平水年为 12.851 亿 m³，偏枯年为 10.89 亿 m³，枯水年为 8.632 亿 m³。闽清水资源分区按流域情况共划分五个区分，分别为梅溪、雄江、桔林、东桥、下祝五个区域。闽清县中心城区及镇区供水水厂规模 1000t/d 以上共有 8 座，含梅城镇塔山水厂与白石坑水厂、坂东镇坂东水厂、池园镇池园水厂、白樟镇东升水厂与镇水厂、塔庄镇水厂、下祝乡水厂。总供水量 4.81 万 m³/d，供水人口约 14.81 万人。其中日供水规模万吨以上的水厂有 3 处，分别为塔山水厂（日供水量 2 万 t），板东水厂（日供水量 2.5 万 t），白石坑水厂（日供水量 1.5 万 t，为塔山水厂的备用水厂）。另有 101 多座日供水量 100～1000t 以下的小型水厂，总供水规模约 2.1 万 m³/d，供水服务人口约 13.19 万人。

7.1.1.4　水源水库现状

1. 水库现状

（1）葫芦门水库。葫芦门水库工程枢纽位于文定溪右支一绥平溪上，控制流域面积 26.1km²，水库总库容为 1020 万 m³；可为闽清县三溪乡和坂东镇约 4500 亩农田提供灌溉；同时为约 10 万村镇居民提供供水水源；还将为现有工业发展及规划的白金工业园发展提供生活和生产用水。

（2）石磨水库。石磨引水工程位于闽清县三溪乡境内的文定溪主源上，通过引水隧洞将文定溪上的水引至葫芦门水库，是葫芦门水库枢纽的配套工程。拦河坝坝址位于文定溪上游溪柄村附近，坝址以上流域面积 19.8km²。

（3）胜利水库。胜利水库位于云龙乡境内，为小（1）型水库，流域面积 3.5km²，多年平均年径流量 308.7 万 m³，总库容 179 万 m³，有效库容 152.2 万 m³，设计灌溉面积 3200 亩❶。在供水保证率 90％年份下：水库可供水量为 404 万 m³，届时灌溉需水 105 万 m³，生活用水 70.8 万 m³。

（4）革命水库。革命水库位于白樟镇境朱洋山内，水库面积约 25000m²，库容约 40 万 m³，建于 1972 年，呈山字形，为土坝坝型，水库正常水位 258.5m。

（5）湄洋水库。湄洋水库均位于池园镇东洋村的湄尾，其中湄洋水库建于 1994 年，集雨面积 10.8km²，大坝为混凝土重力坝，坝中设有三扇启闭控制闸门，水库正常水位 680m，相应库容 153 万 m³，校核水位 680.2m，库容 161 万 m³，水库设计泄洪流量 225m³/s。

（6）岭里水库。岭里水库位于县境南部省璜镇岭里村与和平村交界处，控制流域面积 32km²，总库容 1242 万 m³。以灌溉为主，结合发电、养鱼。灌溉共 32 个村 1.46 万亩耕地。

（7）炉坪水库。炉坪水库位于谷口村，以水力发电为主，兼顾下游防洪及部分农田灌溉的小（1）型水库。总库容 202.02 万 m³，兴利库容 148 万 m³，正常蓄水位 482.7m，死水位 468.2m。

2. 水源地监测感知现状

（1）闽江口水源地。闽江水源主要为闽清中心城区的水源，已建成一座规模为 6.0 万 m³/d 的取水泵站，一根 DN800 原水管至塔山水厂，管长约 550m，另一根 DN600 原水管引至白石坑水厂，管长约 1900m，出水管网处分别安装一套电磁流量计，输水路线如图 7.1 所示。取水泵站设有独立控制中心，配套自动化控制系统，可实时监控泵站运行情况；设有视频监测设备，视频影像接入控制中心监控大屏（见图 7.2）。闽清城区取水泵站现场如图 7.3 所示。

（2）葫芦门水库。葫芦门水库是坂东水厂的水源地，采用重力流供水，取水点位于葫芦门坝址下游约 3km 处，三溪水站附近的 DN700 预留口处接水，管长约 1.3km，管道沿田地及山路敷设至厂址，输水路线如图 7.4 所示。葫芦门水库总库容量为 1020 万 m³，属于中型水库，水库正常蓄水位 236m，死水位 198.2m，多年平均来水量 2220 万 m³，可供水量为 1316 万 m³（支撑供水规模为 3.6 万 m³/d）。

---

❶　1 亩≈666.67m²。

图 7.1 闽江取水口输水示意图

图 7.2 取水泵站自动化控制及视频监控大屏

图 7.3 闽清城区取水泵站现场图

图 7.4 葫芦门水库输水示意图

水库设有独立的控制室，配有一套自动化控制柜，实现闸阀自动化控制，但未配备对应的自动化控制系统。设有多点安防监控设备，视频图像接入控制室屏幕；供水水厂入厂安装水质及流量监控设备。葫芦门水库现场如图 7.5 所示。

图 7.5　葫芦门水库现场图

（3）乡镇中心水厂水源。闽清县乡镇及农村水源地多数为山涧水、小型水库、山塘水，部分乡镇水源地水质不达标或尚无水质检测数据。多数采用重力流方式输水至水厂，未安装自动化控制设备及系统和安防监控、水质监测设备。

（4）农村饮用水水源。农村饮用水大部分取自山涧水、地表水，大部分水源基本满足农村饮用水需求，取水水源经过简易的沉淀过滤进入各自水厂进行处理，水源水质基本符合饮用水安全卫生标准，水源水量基本满足水厂设计的供水规模。

7.1.1.5　水厂现状

闽清县中心城区及镇区供水水厂规模 1000t/d 以上共有 8 座，总供水量 4.81 万 m^3/d，供水人口约 14.81 万人。其中日供水规模万吨以上的水厂有 3 处，分别为塔山水厂（日供水量 2 万 t），板东水厂（日供水量 2.5 万 t），白石坑水厂（日供水量 1.5 万 t，为塔山水厂的备用水厂）。另有 101 座日供水量 100～1000t 以下的小型水厂，总供水规模约 2.1 万 m^3/d，供水服务人口约 13.19 万人。

7.1.1.6　加压泵站现状

目前闽清县设 3 处中途加压泵站，根据塔山水厂供水水压要求，在中心城区往云龙片区之间已设置加压泵站，泵站规模为 5000m^3/d，地面标高 42m，水压提升 80m；上莲乡加压泵站规模 2000m^3/d，扬程 70m，功率 45kW，承担补氯作用；省璜镇加压泵站规模 2000m^3/d，扬程 1000m，功率 90kW，承担补氯作用；泵站已有自动化监控设备。

7.1.1.7　计量表具现状

闽清县城区水表共 3.3 万户，2000 户为四表合一改造，实现远传查表，数据从电力系统平台调取；博士后、华侨城的灯小区安装 2000 多只摄像远传表。其余水表皆为机械水表，安装 RFID 芯片（见图 7.6），可通过芯片与手机 App 进行通信，识别机械水表的设备信息、用户信息、位置信息等，但数据仍需要人工录入 App 中。智能水表安装数量占比低，仅安装 3000 多户。

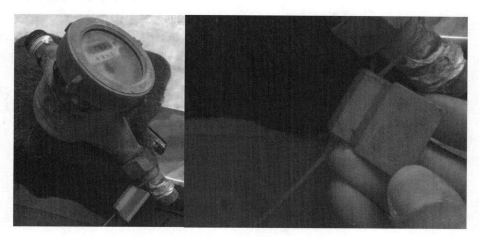

图 7.6　闽清县 RFID 芯片机械水表

7.1.1.8　供水管网现状

（1）管网概况。中心城区塔山水厂及白石坑水厂供水管径 DN600，沿城区管道敷设，主要供水支干管为 DN200～DN400，以 DN300 居多，管材现已逐步改造为钢管和球墨铸铁管；坂东片区由坂东水厂供水，供水出厂管管径为 800mm，敷设 DN700 管道供水管网至白中镇。两片区合计输水管道长约 35km，供水管道长约 227km。农村供水管网，由净水站接出 DN160～DN200 供水管道，接入农村供水管网，农村供水管网材质以 UPVC 为主，另有部分 PE 及镀锌钢管。

根据闽清县城乡一体化规划，闽清全县计划新建 370km 管网。

（2）管网监测感知现状。中心城区及坂东区 DN100 以上的供水管网长约 8km，坂东片区 DN100 以上管网约 15km，住建局已开展管网探测，有相应的地形数据及管网数据，但尚未配套 GIS 信息化系统。

中心城区及坂东片区设立大表监控点位 108 处，其中 68 处用于大用户用水计量，口径 80～200mm，40 处用于管网流量及压力的监测，口径 100～400mm，已配套相应在线监测平台（见图 7.7），可实现设备及用户信息化管理、流量抄收、设备故障报警（见图 7.8）及相应的统计分析等功能。

7.1.1.9　二次供水设施现状

闽清县水务公司目前管辖范围内有 34 套二次供水设施，目前均装有控制设施。但是受环境限制（无信号），设施工况无法传到水司系统中，本期项目需要设计方案考虑配套设施将信号能够传输到统一平台中。供水智能监控系统界面如图 7.9 所示。

7.1.1.10　现状存在问题

（1）多水源、多水厂、山村小型水厂众多，运行负担重，安全生产管理难。目前虽然葫芦门水库已部署监测设备，但监测数据直接传输到环保局，未与水务公司进行数据共享，对于入库出库水量、水库水位等监控，大部分由人工观察或预估，水雨情等数据依赖气象部门提供部分数据，水司无法及时掌握水源的水质及水雨情等情况，难以满足数字化

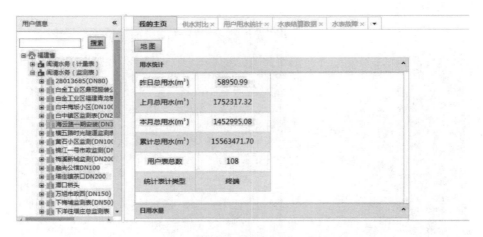

图 7.7　管网在线监测系统平台界面截图

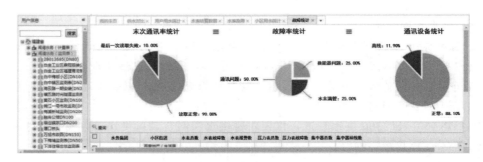

图 7.8　平台设备故障统计界面截图

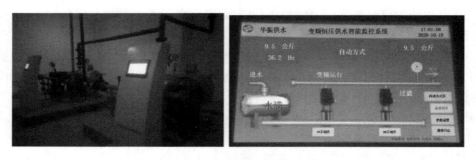

图 7.9　供水智能监控系统界面截图

管理的需要。乡镇及农村水源地未进行水质及方案监测，供水安全无法保障。

（2）水厂信息化程度不一，大型水厂虽自动化程度高，但无法实现数据远传。塔山水厂、坂东水厂、白石坑水厂信息化程度较高，水厂内部监控设备、水泵风机等机电设备可接入水厂中控室，但未安装数据远传设备，未与水务公司总部实现通信，信息化割裂。101 座小型水厂管理落后，基本未实现信息化，与水务总部管理脱节，难以统一化管理。

（3）管网基础信息不全，未实现高效迭代化管理。目前闽清县城区已完成管网探测，但仍缺少必要的管网 GIS 系统，管网数据维护更新的手段有限，随着供水管网旧管改造、县区面积扩大，供水管网也越来越庞大复杂，将会受到各种因素影响，使很多管线资料不清。为及时了解管网的设备地理分布，需实现对管网的可视化管理；掌握管网压力流量状态，实现管网连通分析、爆管抢修等阀门启闭方案；快速掌握管网爆管、缺水、缺压等信息，实现巡检维修的辅助支撑；建立管网的地理信息系统。

（4）数据孤岛存在，信息难以融合共享。目前闽清县各水厂数据相对独立，尚未建立统一的数据标准、统一的存储方式，使得无法为其他的业务部门提供统一的数据服务，阻碍了相关部门业务水平的进一步提高。现有的管理方式，不利于管网运营的统一调度。还需要将加压泵站的位置信息，管网空间信息进行采集与梳理，形成各泵站群的管网拓扑关系，通过管网关系进行合理的管理划分。

（5）系统支撑水平不足，缺少业务应用能力。目前缺少高效的管网数据管理和维护更新能力，更缺少业务应用叠加能力，未能形成基于 GIS 一张图来实现水厂、泵站、管网的统一监控和运营调度。在已有的软硬件设施基础上，进一步补充建设供水信息化支撑软硬件系统，并建立数字水务管控平台，与已有系统进行整合，充分利用现有的数据资源，完成数据中心建设。

（6）信息系统未统一管理，业务应用融合不足。缺乏统一平台，且信息化应用水平不高，各子系统建设缺少统一规划。目前信息化系统建设只有部分业务环节有建设，且缺少统一管控，子系统独立建设，导致"信息孤岛"，数据分析依靠人工，各环节数据割裂，对于突发性问题和关联性问题分析比较困难。一次业务流程操作需要登录多个系统，没有进行跨系统的数据融合和业务融合，影响业务操作效率。

（7）急需引入新一代技术助力水务快速发展。我国水务企业管理已经真正开展了信息化系统的建设。目前，闽清水务的信息化建设迫切需要物联网、云计算、大数据和移动互联网等智能技术的广泛应用。

7.1.2　设计和实施

7.1.2.1　建设内容

开展规划闽清县整体供水分区规划，形成中心城区供水分区、坂东供水分区以及其余乡镇农村构成的 6 个独立的供水分区。城乡一体化改造工程涉及各个供水分区的取水工程、输水工程布置、水源地及供水厂址的选择、水厂净水工艺选择、配水方案等工程。总体目标计划实现全县自来水普及率 95%，千吨万人规模水厂覆盖人口比例达到 80% 以上，供水水质全面达标，水源保护区划定率 100%。

基于闽清县城乡供水一体化的目标和内容，数字水务建设范围为闽清县全县范围。主要包含物联感知设备、网络通信及云服务、管网物探普查、数字水务一体化平台、机房及指挥调度中心等方面的数字化建设（见表 7.1）。该工程总投资估算 4503.85 万元，其中物联感知设备 1634.46 万元，网络通信及云服务 720.78 万元，管网物探普查 94.6 万元，数字水务一体化平台 892 万元，机房及指挥调度中心 233.63 万元，项目设计费、项目建设管理费、监理费、培训费、项目招标费、项目性能和安全测试、试运行、项目运维费用等其他费用合计 787.38 万元。

表 7.1　　　　　　　　　　　　　　　　数字水务项目建设内容

序号	项目名称	建　设　内　容
1	物联感知设备	流量、压力、水质、液位及远传采集 RTU 等在线监测设备及厂站数据采集、视频监控及无线路由器、智能水表改造等
2	网络通信及云服务	厂站及管网接通网络的通信费用
3	管网物探普查	管网物探普查、新建管网数据采集
4	数字水务一体化平台	基础支撑平台、业务应用平台、第三方软件平台
5	机房及指挥调度中心	调度室设计及装修、调度大屏、调度中心机房系统、调度中心安防监控系统、台席、扩声设备、移动巡检终端等

数字水务建设内容可按基础设施、数字水务一体化平台及保障环境分为三大类：

（1）基础设施。

1）物联感知建设：结合闽清县城乡供水一体化总体工程中的供水管道延伸工程、新建及扩建供水工程、水厂改扩建工程、农村供水安全工程改造、入户管建设工程等项目，从水源地、水厂、管网、用水户等全方位部署智慧化监测设备，包括流量计、压力计、水质计、液位计、远传采集 RTU 等在线监测设备，及厂站 PLC 数据采集、视频监控、无线路由器、智能水表改造等。

2）通信与云服务建设：包括实现数字水务全面互联的网络通信建设及云基础设施建设。

3）机房及指挥中心建设：按照大楼整体布局和数字水务信息化的整体要求，建立机房和指挥调度中心，包括指挥调度中心划分、设计、装修，及指挥调度大屏系统等。

4）管网物探普查：水务公司权属范围所有供水管线及附属设备物探普查，主要内容包括管线探查、外业测量、附属设施普查和内业成果整理建库等。

（2）数字水务一体化平台。

1）业务应用平台：包括生产管理系统、实验室管理系统、供水管网 GIS 管理系统、DMA 漏损控制管理系统、供水管网水利模型、数字水务分析系统、营业管理系统、数字报装系统、数字客服系统、设备管理系统、物资管理系统、网上营业厅、微信公众号等业务应用系统。

2）基础支撑平台：包括企业服务总线、分布式内存存储网络、分布式消息队列、工作流引擎、数据交换共享、统一平台门户、水务大数据平台、统一工单管理等基础支撑系统。

3）第三方软件系统：包括数据库系统、地理信息系统等业务数据及空间数据管理软件。

（3）保障环境。

1）安全体系：包括物理安全、网络安全、主机安全、应用安全、数据安全及备份安全。

2）建设和运行管理：制定建设期和运维期的管理机制，保障建设质量和运行。

7.1.2.2　物联感知建设

该工程数字水务物联感知建设主要包括了水源地、水厂、泵站管网、管网末梢的监测，真正实现了从"源头"到"龙头"的一体化数字水务管控。

（1）流量及压力监测。

1）水源地。闽江水源主要为闽清中心城区的水源，通过取水泵站出水原水管为 2 根，出水管网处已安装电磁流量计，本次不再安装设备，后续将数据采集上传至平台即可。

葫芦门水库是坂东水厂的水源地，因已有入厂流量监控设备，本次不再安装葫芦门水库流量、压力计设备，后续将数据采集上传至平台即可。

2）城区水厂。城区水厂供水量为 10000t/d 以上（共 3 座，在建 1 座），已建成城镇水厂为塔山水厂、坂东水厂、白石坑水厂（备用水厂），在建的东桥水厂，已配备较为完善的监测设备，水厂已安装进出水口流量、压力监测，监测设备数据已实现接入调度室 PLC 中，此次不再安装水厂流量、压力计设备，后续将 PLC 数据采集上传至平台即可。

3）乡镇水厂。乡镇水厂供水量基本处于 1000～10000t/d，该类型水厂供水规模相对较小，供水区域为集镇及周边乡村，覆盖区域较为分散，乡镇水厂自动化程度相对较低，结合该项目的情况，根据闽清水司实际需求，此次对 7 座乡镇水厂出水口管道安装流量、压力计监测，通过对乡镇各水厂出水口分别安装流量监测设备，实现在线监测与预警。

4）村级水厂。村级水厂基本处于 1000t/d 以下（100～1000t/d 的共 101 座），结合本项目的情况，由于村级水厂数量较多，分布较广，本次增加水质监测设备，暂不安装流量、压力计设备。

经过技术、经济综合比较，流量计采用高精度的管道式电磁流量计。

（2）水质监测。

1）水源地。通过建立水源地在线水质监测设备，有效提升水质安全管理，确保城镇供水安全。结合项目情况及水司实际需求，在水源地配备水质监测设备，设备包含 pH、浊度、温度、COD、电导率五项水质常规参数，见表 7.2。

表 7.2   水 源 地 设 备 清 单

水源地名称	设备名称	数量	水质监测参数	备注
闽江水源地	水质监测设备	1	pH、浊度、温度、COD、电导率	
	RTU 远传设备	1		
葫芦门水库	水质监测设备	1	pH、浊度、温度、COD、电导率	
	RTU 远传设备	1		

2）城区水厂。经现场调研，闽清城区水厂水处理工艺流程较完善，已配备相应的监测设备、机电设备、电气控制设备，结合项目现状情况，本次不再对城区水厂建设水质监测，后续将 PLC 数据接入至平台即可。

3）乡镇水厂。乡镇水厂供水量基本处于 1000～10000t/d，对 7 座乡镇水厂进厂水水质监测配备浊度、pH 两项参数检测；出厂水水质监测配备浊度、余氯两项监测。此外，闽清县共计 16 个乡镇，对 16 个乡镇管网末梢安装水质监测设备，实现余氯、浊度两项参数检测。

4）村级水厂。闽清县村级水厂供水量基本处于 1000t/d 以下，共计 101 座村级水厂，目前农村饮水主要依靠农村安全饮水工程及各村自行设置的简易供水设施，难以开展有效的统一化管理，本次对村级水厂出口加装水质监测设备。

（3）安防监控。

1）水源地。结合闽江水源地取水泵站现状情况，为加强水源地安防建设，保障供水安全有序运行，对闽江水源地取水泵站增加 5 个视频监控点位，主要监控取水泵站、控制柜、操作间、控制柜、泵房等重要生产地点，通过专网将数据上传至调度中心。具体实施清单见表 7.3。

表 7.3　　　　　　　　　　　　　水源地视频安防清单

水源地名称	设备类型	单位	数量
闽江水源地	枪机	个	4
	球机	个	1
	硬盘录像机（16T）	个	1
	光纤收发器	对	2
	光纤	m	500
	尾纤	m	50
	网线	m	500
	8 口视频交换机	个	1
	防浪涌保护器	个	1
	防雷接地系统	套	1
	立杆基础及防水箱	套	5

2）乡镇水厂。根据闽清乡镇水厂现状情况，结合水司实际需求，为 7 个乡镇增加视频安防监控，每个乡镇布置 5 个视频监控点位，主要监控厂区门口、净水设备、清水池、加药间、泵房等重要生产地点，通过专网将数据上传至调度中心。

（4）加压泵站及二次供水设备数据采集建设。

1）加压泵站数据采集。根据各个水厂出厂压力以及供水压力要求，部分区域无法重力直供，需设置加压泵站。闽清县已设置或计划新建加压泵站共 11 座（见表 7.4），自动化程度较高，本次改造仅对加压泵站运行工况数据进行采集上传，根据实际情况进行远传采集。已规划相关数据采集设备及网络需求。

表 7.4　　　　　　　　　　　　闽清县加压泵站数据擦剂建设规划

序号	设备名称	数量	单位	数量
1	远传采集设备（RTU）	远传 RTU	套	11
2	供电配件	太阳能供电配件	套	11

2）二次供水设备数据采集。根据对闽清县二次供水设施调研了解，二供设备基本布置在小区地下室中，存在无信号的情况，已配备完整的监测设备及电气控制设备，部署了变频恒压供水智能监控系统本次设计实施方案：由于仅对二供设施进行数据传输，综合经济效益考虑采用成本相对较低，信号传输稳定的物联网关设备，由于二供设施处于地下室中，必须考虑信号问题，根据实地情况可通过延长数据线的方法，使设备能够访问运营商

通信网络。

（5）管网监测建设。结合城区管网现状，目前城区已部署 40 处压力监测点及 72 处流量采集点，本次城区管网监测将利用原有监测点，针对城区支状管网进行监测，通过平台对接方式进行数据采集。

（6）智能水表改造建设。闽清县现有水表 3.3 万户，已安装智能水表 0.3 万多户，待改造约 3 万户，依据闽清县城乡供水一体化（一期）6 乡镇可行性研究规划（见表 7.5），一期规划实施旧表改造约 2 万户，故本次闽清县城乡供水一体化（二期）计划改造水表约 1 万户。

表 7.5   闽清县城乡供水一体化（二期）智能水表建设规划

项目	监测点	监测项目	数量	单位	总计
智能水表改造	试点改造	NB-IoT、LoRa 智能水表	10000	户	10000

1）集中小区改造。单一 LoRa 采集器最多可连接 4 只水表，LoRa 集中器可连接 250 个采集器，一个集中器可抄收 1000 只水表，一个小区配备 1～2 个集中器即可，集中器安装于小区中间楼栋的低楼层，配备一张通信卡实现整个小区水表的数据上传。

2）镇区独栋建筑改造。每户安装独立的 LoRa 智能远传水表，LoRa 智能网关可连接 1000 个智能水表终端，一个网关可同时抄收 1000 块水表，一个镇区配备 1～2 个网关即可，集中器安装于镇区中心位置的高点，网关配备一张通信卡实现覆盖范围内的水表的数据上传。

7.1.2.3 通信及云服务建设

（1）通信及云服务需求。评估说明：

1）项目最大接入 3.5 万户远传水表，数据采集频率 1 次/d，共 24 条/min。

2）项目支持 150 个压力、流量和水质等水厂、泵站和管网传感器的接入，数据采集频率须达到 1 次/5min，共 30 条/min。

3）项目支持 200 个视频图像数据接入，采集频率须达到 1 次/h，共 4 条/min。

4）项目支持水厂约 12 个工艺流程数据的采集，采集频率 1 次/s，共 336 条/min。

5）平台访问的总用户数，预估 35000 人，平均每秒最高访问人数预计 500 人，每分钟并发量预计 30000 次/min。

6）平台与外部系统数据共享交互服务预计最高 50 次/min。

（2）云服务资源配置。具体见表 7.6。

表 7.6   云 服 务 资 源 配 置

序号	项目名称	技术参数	单位	数量	备 注
1	外部接入虚拟服务器	4core CPU，32G 内存，500G 硬盘	项	1	服务器支持 8 万以上的 tpmC
2	物联中心虚拟服务器	4core CPU，16G 内存，1T 硬盘	项	1	服务器支持 6 万以上 tpmC
3	存储中心虚拟服务器	8core CPU，64G 内存，1T 硬盘	项	2	每台服务器支持 30 万以上 tpmC，含提供数据库集群服务

续表

序号	项目名称	技术参数	单位	数量	备　注
4	计算中心虚拟服务器	4core CPU，32G 内存，2T 硬盘	项	1	服务器支持 10 万以上 tpmC
5	服务中心虚拟服务器	8core CPU，64G 内存，2T 硬盘	项	2	每台服务器支持 40 万以上 tpmC
6	应用中心虚拟服务器	8core CPU，64G 内存，1T 硬盘	项	2	每台服务器支持 35 万以上 tpmC
7	运维中心虚拟服务器	8core CPU，32G 内存，1T 硬盘	项	1	每台服务器支持 30 万以上 tpmC
8	云储存	30T	项	1	提供所有业务数据的统一存储
9	云备份	30T	项	1	提供所有业务数据的统一备份
10	互联网出口	100M 互联网出口	项	1	外部接入服务器用

（3）网络通信资源配置。具体见表 7.7。

表 7.7　　　　　　　　　　　　网络通信资源配置

序号	项目名称	技术参数	单位	数量	备　注
1	VPN-主干调度中心	100M	条/年	1	至调度中心线路
2	VPN-云服务中心	100M	条/年	1	至云服务中心汇聚线路
3	VPN-政务外网（水利局）	20M	条/年	1	接入水利政务外网
4	VPN-省水投VPN专线	20M	条/年	1	省水投 VPN 专线，至福州跨地
5	VPN-城区水厂	10M	条/年	4	4 个城区水厂的 VPN 专线
6	VPN-乡镇	10M	条/年	7	5 个乡镇水厂的 VPN 专线
7	VPN-加压泵站	10M	条/年	11	
8	VPN-二供泵房	10M	条/年	34	
9	SSL-VPN	200 用户数	户/年	200	巡检和 App 的接入
10	APN 专线	APN 专线套餐 100M	套/年	1	物联网传感器、村级水厂和 4G 视频数据接入

7.1.2.4　管网物探

（1）物探范围。按照《福建省水投城乡供水一体化数字水务建设标准指南》相关要求和指导，本项目管网范围主要包括闽清县水务公司权属范围县城及周边乡镇地区所有已建 DN100 以上供水主管网供水管网，并通过专业成图软件进行管网资产管理。主要涉及地下管线探测、地下管线点测量、管线图编绘、建立地下管线数据库以及后台应用等环节。

根据调研，闽清县已建 DN100 以上供水管网长度约 200km，其中部分供水管网材质以铸铁管、UPVC 为主，另有部分 PE 及镀锌钢管，因不同材质管网物探技术手段不同，本项目按照各 100km 数量计算费用；闽清县城乡供水一体化规划，各乡镇总计新建管网 370km。

（2）数据处理与数据库建立。

1）外业采集。针对全站仪、RTK 等探测设备的测量模式和接口方式，提供对探测数据的直接获取，实现内外业一体化操作，从根本上改变了原有的管网探测入库模式。现场成图：通过手持机或平板直接与探测设备相连，实时获取探测到的坐标信息。将内业工作和外业工作紧密结合在一起，现场成图，实时校核，实现探测结果可视化。

2）外业成果数据入库。外业成果数据包括供水管网探测的成果数据及今后管网更新数据。智恒科技拥有一体化成图工具，将经过数据检查合格的管线批量快速地导入到管网临时库中，程序会自动检索并替换重复的更新数据。系统能够根据管点间的连接关系及其属性数据，自动生成管线和管点图形，且在对应的字段填入属性数据。

3）地形图数据处理入库。充分考虑数字水务地理信息平台需要的地形数据，基础地形数据主要包含基础地形图、道路中心线等矢量数据和遥感影像等栅格数据。地形图数据主要作用是为管网的管理分析提供地形参考。

4）管线和地形数据建库范围。供水管线建库：根据供水管网探测的成果数据进行数据建库入库，并能与测绘主管部门地形数据无缝衔接。结合连城管网实际情况本期将一二级管网入库并调试完成。

地形数据建库：提供与测绘主管部门的地形数据进行对接，充分考虑数字水务地理信息平台需要的地形数据，列出系统地形数据需求并协助甲方与测绘主管部门就地形数据作相关对接，主要包括基础地形图（地名、建筑、绿地、道路面、水系、等高线等）、道路中心线等矢量数据和遥感影像等栅格数据。

7.1.2.5 机房及指挥中心建设

（1）调度指挥中心总体概述。机房及指挥调度中心设于闽清县梅城镇西大路 520 号，福建省水利投资集团（闽清）水务有限公司办公楼 5 楼。利用原有的办公地点，建设 $65m^2$ 的调度中心。

（2）中央控制系统建设。

1）音频信号控制：通过控制多媒体系统的音频处理器设备来进行音频信号的切换输出、音量大小的调节控制以及音色的调节处理，以满足日常扩声需求。

2）拼接处理器控制：对拼接处理器提供细节和智能两种控制模式，细节模式下操作人员可以任意选择一路图像信号输出到大屏幕；智能模式下定义常见的几种信号输出路径，可以快速地将所需的多路信号同时输出到不同的显示终端。

3）设备电源控制：通过控制电源时序器、继电器，实现各系统设备的自动电源控制，管理人员通过系统开启/关闭系统按钮即可顺序开启/关闭所有设备的电源；并保证设备充分的预热、散热时间和开启顺序。

4）灯光控制管理，通过控制继电器实现会场灯光开关管理。

5）系统场景管理，可以根据具体的需求自定义编辑生成系统管理场景，适应指挥中心不同使用场景的需求。

6）视频会议系统：视频会议系统用于应对突发事件和应急响应，现需要在指挥调度中心配置 1 套视频会议系统与生产现场、上级部门实现音频视频互通、会商，实现多方交互式视频会议和生产数据、资料同步传输，与原有视频会议无缝连接功能，支持在网络中的任何电脑通过软件方式进行应急视频会商。

（3）调度中心机房系统建设。

1）服务器机柜：设计 42U 机柜数量 3 个，1 个网络综合布线柜、1 个音视频设备柜。

2）配电系统：由市电配电柜引出一路到 UPS 供电，采用单路总输入，后端采用 UPS 进行保障。

3）UPS 电源：按单机柜功率为 4kW 设计，则负载总负荷 P 为 $P=3×4=12(kW)$。UPS 容量 $=12÷0.9×0.8=16.6(kVA)$，本次配备一套 20kVA 的 UPS 电源。

4）空调：制冷空调部分采用 2 台 12kW 的空调进行制冷，提供负载充足的制冷量，满足机房设计要求。

5）综合布线：机房配套了综合布线系统，将机房内程控交换机系统、计算机网络系统统一布线，统一管理。

6）防雷接地：机房采用 $3×40mm$ 接地铜排做一套接地网，设备采用 ZR-BVR6mm² 接地线连接接地体，机柜、UPS、空调等设备采用 ZR-BVR35mm² 接地线连接接地体，再通过 ZR-BVR50mm² 的铜芯线连接至地网，接入大楼综合接地体，电阻小于 1 欧姆。

7.1.2.6　数字水务一体化平台

（1）设计思路。闽清县城乡供水一体化建设是遵循水利"十三五"规划的基础上，以提升城乡供水保障能力，实现从水源地、水厂、输水管网、各级水池到用户用水全程的自动化监测、控制、计量、缴费，达到城乡饮水"两保一优"为目标，有效提升城乡供水的集中供水率、自来水普及率、水质达标率、供水保证率和管理水平，切实保障全县饮水安全。

在具体建设实施上，将分为"建分区，汇数据，提感知，展应用"四大步骤，具体如下：

1）建分区：依托管网分区计量的分区化管理是闽清水务公司开展精细化管理的重要途径。从管网分区与小区 DMA 建设两头同步考虑，开展管网分区与 DMA 分区规划实施，并建立管网分区计量管理考核体系，实现绩效考核指标按分区建立与量化。

2）汇数据：以多级 DMA 结构汇集数据，DMA 分区建立后，将形成逻辑上的独立计量区域，以 DMA 分区为单位汇集和承载水厂、生产、管网、营销、服务等生产经营等业务数据，形成以多级 DMA 为结构的企业生产数据中心。

3）提感知：增设小型水厂水质监控，优化管网监测布点，提升管网运行感知能力；跟踪 DMA 区域的进水量、用水量、管网分布情况、用户分布情况，实现水厂到龙头的供需水量可计量、可分派，为支撑生产运营应用提供数据基础。

4）发展应用：拓展业务应用，满足生产经营的数据化运营需求。融合厂内生产数据，实现厂内调度的信息化支撑；完善在线监测系统，实现水质、流量等数据直观展现；建立调度指挥中心，满足管网巡检、抢维修、管网探漏等集中化管控需求；完善营销服务一体化系统，开放共享营销数据；升级客户服务感知能力，实现客户服务与生产、营销延伸和融合。

（2）总体框架。闽清县数字水务一体化平台建议基于微服务技术架构进行总体设计，结合行业应用特点，系统前端建议采用 B/S 系统架构，并支持插件开发。总体构架如图 7.10 所示。

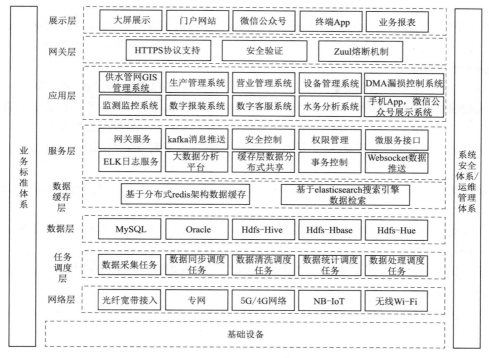

图 7.10 数字水务一体化平台总体构架图

1）展示层。展示层主要采用客户端浏览器访问：①页面采用 vue，echarts，three.js，c4d 等富客户端技术，支持响应式布局，自动适配。②实现动静分离。静态资源部署在专门服务器集群。Web 动态内容由应用服务器返回。③采用适当的页面缓存，合并 HTTP 请求，使用页面压缩等技术。④采用前后端分离技术实现超低耦合，前后端分离后，前端和后端可分开部署，增强系统的安全性；根据前端的不同应用点击频次，可动态部署后端服务的个数。

2）网关层。所有访问后端的链接由网关层统一传递，支持 HTTPS 协议，支持安全验证，支持接口熔断技术，熔断器的作用就是当出现远程调用失败的时候，提供一种机制来保证程序的正常运行而不会卡死在，确保调用流程的顺利执行。

3）应用层。处理系统主要业务逻辑的环节。①应用层进行业务分割。分为供水管网 GIS 管理系统、生产管理系统、实验室管理系统、营业管理系统、设备管理系统、DMA 漏损控制系统数字报装系统、数字客服系统、水务分析系统、手机 App、微信公众号、网上营业厅等，采用分布式部署。②分别部署维护动态内容和静态页面模板，组合后最终显示。③实现无状态的应用服务，便于通过负载均衡实现应用服务器集群，以应对大量用户同时访问的高并发负载压力。④数字水务平台应用层系统将与福建省水投集团财务管理系统、OA 系统实现数据关联，提供集团管控、考评等业务有关数据支撑。

4）服务层。提供基础服务，供应用层调用，完成系统业务。包含应用层划分的系统提供的服务和第三方服务；利用消息队列机制，实现业务与业务，业务与服务之间的异步消息发送与低耦合的业务关系；提供高性能、低耦合、易复用、易管理的微服务体系，将系统拆分物联网平台、大数据分析平台、数据分析、数据计算、数据推送等子系统。

5）数据缓存层。数据缓存层提供快速查询响应的数据缓存。检索过程中根据业务将部分数据放在缓存里，减少了对数据库的读操作，数据库的压力降低，加快响应速度，降低数据库的负载。

6）数据层。提供数据、文件的持久化存储访问与管理服务。采用 MySQL、Oracle 关系数据库；基于 CDH 的大数据存储系统、Hive、Hbase 等技术；按拆分的业务进行分库，实现数据库的读写分离，采用分布式文件系统，以获得高可用性及高速访问。

7）任务调度层。处理非实时后台任务，主要是任务调度，统计分析和大数据分析任务。

定时统计分析，定制报表数据统计；提供数据仓库分析与挖掘服务以及其他定时任务。

8）网络层和感知层根据现场的实际情况，采用光纤宽带、专网、5G/4G 网络、Wi-Fi、NB-IOT 等网络设施实现远传水表，流量计等数据实时采集。

（3）技术架构。系统技术架构主要以云计算、大数据、物联网、微服务技术为基础，规划为"三层六中心"的技术体系架构。具体技术架构如图 7.11 所示。

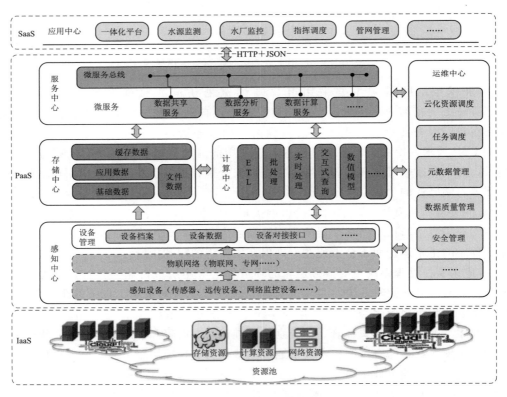

图 7.11　数字水务技术架构图

1）IaaS 层基于资源池能力，提供存储、计算和网络等资源的统一管控，实现按需分配和弹性计算，水务平台上层各个中心模块所需的资源主要由资源池统一提供。

2）PaaS 层感知中心负责接收传感器、水务远传设备、智能建筑设备、网络监控设备等硬件感知设备通过网络传输到平台的数据，同时提供设备的远程指令控制能力，并对各种硬件感知设备进行全生命周期的监控和管理。

3）PaaS 层存储中心支撑系统的所有数据存储，包括接口数据、明细数据、汇总数据和应用信息数据等。

4）PaaS 层计算中心承载整个系统的主要运算能力，将计算能力进行组件化封装，并将数据计算与数据存储分离，可有效提升计算组件的复用能力、开放能力和管理效率。

5）PaaS 层服务中心作为数据对外开放的枢纽，平台和其他外部系统统一通过服务中心来获取数据。服务中心采用服务总线和微服务技术，方便集成各种数据服务，支撑 SDK、WS、Restful，MQTT、HTTP 等各种数据交换方式。

6）PaaS 层运维中心支撑系统的安全管控和可视化的运维管理，包括云化资源调度、任务调度、元数据管理、数据质量管理和安全管理等功能，提升平台的 IT 治理能力。

7）SaaS 层应用中心主要以存储中心和计算中心为基础，基于服务中心获取平台数据实现各种应用系统，包括分析套件和业务应用两个层面的内容。

（4）网络架构。闽清县数字水务一体化平台采用云服务网络架构，具体的网络拓扑结构如图 7.12 所示。

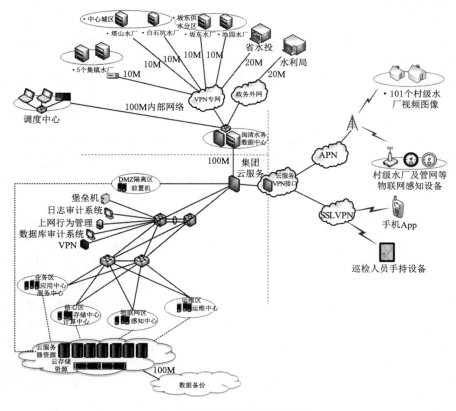

图 7.12 云服务网络架构图

防火墙采用 HA 主备方式，网络交换机采用 VRRP 网络协议，保证网络接入的可靠性。

防火墙分五个区域：DMZ 隔离区、业务区、核心区、物联网区和运维区。

DMZ 隔离区对外提供服务，包括网上营业厅、微信公众号等公众用户对水费、停水公告、水务宣传等功能的访问服务，同时在 DMZ 安全区域与内部其他区域之间通过防火墙进行网络隔离，保障内部网络安全；业务区部署应用中心和服务中心集群，提供管网管理、分区计量、调度等主要业务功能服务；核心区域包括存储中心、计算中心的服务器，提供结构化和非结构化数据存储服务，以及 etl 和模型计算等服务；物联网区域部署感知中心服务器，提供设备数据采集、设备管理、设备控制、设备故障监控等物联网服务；运维区部署运维中心服务器，提供 docker 集群管理、统一任务调度、安全管理等功能。

7.1.3　运行管理

7.1.3.1　建设管理

（1）项目组织架构。闽清县数字水务建设涉及闽清县政府、水利局及水务公司等多个层面，涉及管理改造、业务优化、信息化技术等，为加强项目建设的组织、协调和管理，借鉴领先的水司经验，成立由水司副总以上担任组长的项目建设专项领导小组，下设项目实施组，在专项小组的指导下，统一协调和管理水司各部门及承建单位，对接各乡镇水管站及村委会等相关单位。

（2）建设管理措施。闽清县城乡供水一体化平台建设主要的工作阶段与成果实施过程包括项目启动、项目准备、需求分析与现场检查、施工方案设计、设备采供安装调试、数字水务信息化系统开发和单元测试、系统集成、平台整体测试、试运行和工程验收管理等。

7.1.3.2　运行管理

（1）运行管理机构。根据信息系统建设的规模，结合智慧水务管理机构划分的情况，闽清县水司应组建专业的信息中心，负责信息化项目的运行管理工作。信息中心不少于10 人，其中计算机专业人员不少于一半，由副总以上分管信息中心。项目组织架构如图7.13 所示。

系统建设完成后，运行管理的中心任务是保证系统的正常运行，迅速、准确、全面地为水务局各部门提供服务。因此，整个系统运行管理要以数据录入为基础，计算机网络为保障，系统数据库为关键，业务应用系统为核心，建立一系列较为全面的管理体系。项目实施管理流程如图 7.14 所示。

（2）运行管理内容。系统建设完成后，运行管理的中心任务是保证系统的正常运行，迅速、准确、全面地为水务局各部门提供服务系统运行管理的主要内容包括以下

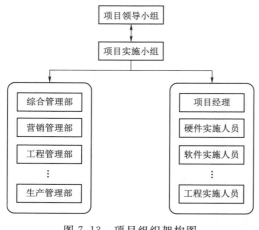
图 7.13　项目组织架构图

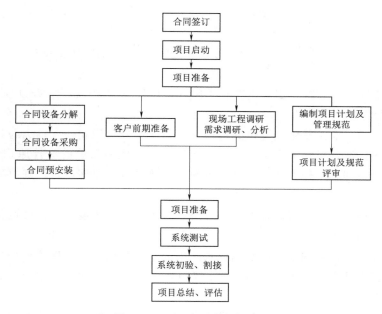

图 7.14 项目实施管理流程图

部分：

1）数据录入的管理各部门提供的基础数据经审核无误后，才能进行录入操作。录入人员必须严格按各部门提供的基础数据资料如实录入，防止错漏情况的发生；数据录入完毕后必须进行数据校验，发现问题要及时查明原因，进行校验，校验、修改情况要有记录。

2）对内网的所有设备，包括光缆及其附属配件、防火墙、路由器和交换机、服务器等物理设备，进行安全性及可靠性两方面的运行管理，控制网络运行过程中的负载平衡、冲突检测、拥塞防止，网络运行实时监视、分析、预报和故障排除等；健全网络安全体系，阻止网络内部及外部可能存在的安全隐患。

（3）运行维护。系统建成投入使用后，为保障整个项目的正常运行，所涉及的软硬件维护成本将是持续性的支出费用。具体体现在以下几个方面：

1）云平台使用费：采购云服务资源，支付云服务的使用费，该费用由水务企业或通过政府购买服务等形式按不同的收费周期支付。

2）硬件维护成本：物联网采集终端（含压力传感器、水质监测仪等）及其相关附属设备的维修、维护、更换的费用。该部分费用应计入固定资产投入，由水务企业支付。

3）软件维护成本：软件使用及维护费用，按一定的期限支付相应的年使用费或年维护费。该费用额度依据签署的商务合同，通常按软件交易金额的 5%～15% 收取，或依据各软件的相关 license 数量收取。智慧水务项目，本质上属于信息化建设范畴，所涉及的软硬件维护成本将是持续性的支出费用。具体体现在以下几个方面：

（a）网络通信服务费用：本项目建设费用中已考虑 5 年通信费用，不在此重复考虑。

（b）物联感知设备运维费用：本次相关内容建设投资的 1% 左右，约 17 万元。

（c）智慧水务一体化平台系统运维费用：本次相关内容建设投资的 8％左右，约 72 万元。

（d）云服务托管费用：本项目建设费用中已考虑 5 年托管服务费用，不在此重复考虑。

（e）调度指挥中心运维费用：本次相关内容建设投资的 10％，约 23 万元。

7.1.3.3　技术培训

承建单位公司向业主提供全方位的培训，协助业主公司建立一支熟练高效应用及维护队伍。通过培训，使各级相关人员对系统有充分了解，熟悉系统的设计原理和工作方式，掌握系统的设计原理和工作方式。在系统出现较小故障时，能够进行正确故障诊断甚至排除故障。

（1）设备管理人员：了解系统原理，理解系统中信息采集设备、传输设备、软件运行设备结构的组成和作用等。

（2）数据维护人员：理解基础数据在系统中的来源和用途，操作菜单进行数据维护。

（3）系统管理人员：能够为各业务各部门提供咨询和培训，并能对系统进行日常维护。

（4）普通业务人员：对系统的基本概念和原理有一定了解；会正确使用菜单上的功能进行数据输入；熟悉数据输入的具体注意事项和规定；熟练地操作计算机。

（5）中高级管理人员：中级管理人员需懂得系统运行原理，会操作菜单查询业务流程状态，熟悉工作规范，通过管理系统的统计查询功能帮助决定是否批准业务申请；高级管理人员需根据权限查询、统计处理情况，通过分析功能，对重大业务进行决策。

7.2　连城县数字水务建设

7.2.1　项目背景

7.2.1.1　政策背景

2019 年 2 月，福建省水利厅发布《开展城乡供水一体化试点规划编制工作的通知》，其中提出要以城乡供水一体化为引领，打破行政区划壁垒和城乡供水分化的格局，建立从源头到龙头的饮水安全保障体系，以全面提高供水质量与管理水平，实现城乡供水跨越式发展。当前我国治水的主要矛盾已经发生深刻变化：从人民群众对除水害兴水利的需求与水利工程能力不足的矛盾，转变为人民群众对水资源水生态水环境的需求与水利行业监管能力不足的矛盾。其中，前一矛盾尚未根本解决并将长期存在，而后这一矛盾已上升为主要矛盾和矛盾的主要方面。下一步水利工作的重心将转到"水利工程补短板、水利行业强监管"上来，这是一个时期水利改革发展的总基调。

"水利工程补短板"中指出供水工程，要大力推进城乡供水一体化、农村供水规模化标准化建设，尤其要把保障农村饮水安全作为脱贫攻坚的底线任务，全面解决建档立卡贫困人口饮水安全问题，加快解决饮水型氟超标问题，进一步提高农村地区集中供水率、自来水普及率、供水保证率和水质达标率。确保按期完成大型和重点中型灌区配套改造任务。深入开展南水北调东中线二期和西线一期等重大项目前期论证，加快推进水系连通工程建设，提高水资源供给和配置能力。"水利工程补短板"中指出水利信息化工程，要聚焦洪水、干旱、水工程安全运行、水工程建设、水资源开发利用、城乡供水、节水、江河湖泊、水土流失、水利监督等水利信息化业务需求，加强水文监测站网、水资源监控管理系统、水库大坝安全监测监督平台、山洪灾害监测预警系统、水利信息网络安全建设。2019 年 4 月，福建省水利厅、发展和改革委员会、财政厅、住房和城乡建设厅联合出台了《关于推进城乡供水一体化建设试点的意见》，提出以坚持"目标导向、因地制宜、建管并重、两手发力"等为抓手，以满足农村居民对美好生活向往的需要为目标，联手加快城乡供水一体化试点建设，构建以规模化供水工程为主、简易自来水设施为辅的农村供水体系，农村供水水质符合国家《生活饮用水卫生标准》（GB 5749—2022），水量满足要求，农村规模化供水工程水源保护区划定率达到 100%，农村规模化供水工程供水保证率达到 97%以上，农村简易自来水设施供水保证率达到 95%以上，自来水普及率达到 95%以上。城乡供水一体化的建设，将有利于加强水源点保护，加大净水设施投资力度，有效改善水资源卫生安全条件，确保农村群众的健康安全，将有利于统一管理、统一维护，规范水价，确保农村群众利益，提升水务管理信息化水平，实现全域供水、运营管理、生态环境一体化。连城县城乡供水一体化项目是以面对未来的社会经济发展用水需求，考虑现状水源工程工况下的规划水平年缺水状况，根据城乡一体化协调发展的原则，打破传统的城市与农村分割的水资源管理体制，按照"先生活、后生产，先节水、后调水"的原则，以城镇供水管网向农村延伸、建设规模化水厂为主，简易自来水设施为辅，达到"全域供水一体化、水务产业一体化、建设管理一体化"，实现城市和农村供水"同网、同质、同价、同服务"的目标，提高连城县水资源保障社会经济发展的能力。

7.2.1.2　项目需求

连城县县域山丘环境、人口分散，综合了福建省丘陵地带的典型区域特征，在城乡一体化供水模式方面具备一定的代表性，也因此被列为福建省城乡供水一体化第一批试点县进行推进建设。连城县本地已有专业化的水务运营公司——连城县水务公司，其主要负责城区供水，目前凭借良好的管理、扎实细致的工作开展，在企业经营、产销差管控方面已取得良好成效。连城县城乡供水一体化项目同步开展农饮水基础工程和数字水务建设，形成城乡供水同步发展的新格局，全县供水将采用多种供水方式、多种净水工艺以及不同管网布局等，使供水服务能力不断加强，供水工程运行管护机制更加健全，工程产权更加明晰，并基本建立合理的水价和收费机制。本项目将建立支撑城乡供水一体化所需的数字水务平台，通过运用智能化管理手段，构建连城县供水系统管理调度"一张图"综合管理平台，实现对中小型供水设施的有效监管，充分发挥城区积淀的专业化水务管理经验，并快速将其复制和推广至乡镇及村级供水，以探索出符合城乡供水一体化供水特征的日常巡检、设备维护、管网检修、营业抄表、收费缴费等一系列业务流程及管理模式，从而保障全县的供水，实现"从源头到龙头""从多水厂联合调度到多层级供水调度""从集中供水管理到分散独立供水管理"的科学调度，提高饮水效率。

7.2.1.3　可行性研究结论

从政策符合性来看，本项目符合国家和省、市、县对连城县数字水务发展建设的指导纲领和相关政策法规，本项目的建设对连城水务发展可以起到促进作用。从技术角度看，本项目建设方案、技术方案符合国家的相关标准规范、信息安全标准，在技术上是成熟的、先进的。本项目以连城县水务信息化建设现状为基础，完善基础设施与支撑体系，建设数字应用，实现资源共享、节约投资、提高全县水务信息化建设水平和运维效率。本项目建设目标明确，建设内容清晰，投资估算合理，技术可靠、风险可控，建设方案科学可行、易于扩展、经济实用、高效安全。综上所述，连城县数字水务项目的建设不管是从政策法规方面还是从技术角度来看，都是切实可行的。其建设具备良好的基础条件，方案在政策、技术、经济、安全与保密、运行管理等方面具有可行性。

7.2.1.4 项目概况

（1）现状分析。

1）连城县概况。连城县简称"莲"，位于福建省西部，北纬 $25°13'\sim25°26'$，东经 $116°32'\sim117°10'$，地处福建省西部山区，属龙岩市管辖，是全国著名的革命老区，是客家文化的重要发祥地之一。全县土地总面积 $2579km^2$，辖 17 个乡镇，245 个行政村（社区），2018 年末全县户籍人口 34.84 万人（其中常住人口约 24.31 人），至 2023 年全县人口 34.49 万人，至 2030 年全县人口 40.12 万人。位于闽、粤、赣三省的接合点，县境东邻永安市、新罗区，南接上杭，西接长汀，北倚清流。全县 7 个镇、10 个乡：莲峰镇、北团镇、姑田镇、朋口镇、莒溪镇、新泉镇、庙前镇、揭乐乡、塘前乡、隔川乡、四堡乡、罗坊乡、林坊乡、文亨乡、曲溪乡、赖源乡、宣和乡，既是福建建设海峡西岸经济区纵深连片发展重点区域，又是内地连接沿海的重要交通枢纽；拥有"中国优秀旅游县""中国红心地瓜干之乡""中国连城白鸭之乡""全国武术之乡""中国客家美食名城"等荣誉称号。2019 年度福建省县域经济发展"十佳"县（市）。连城矿产资源丰富，已探明矿种 33 种，主要有：①煤：储量 2800 多万 t，分布在揭乐、北团、罗坊、庙前、莒溪、赖源等乡镇。②金属矿：稀土矿储量 11.7 万 t，主要分布在四堡乡和宣和乡；铁矿储量 110 万 t，分布在莒溪、庙前、文亨、北团等乡镇；铅锌矿储量 6.9 万 t，主要分布在庙前镇；钨矿、锰矿储量分别为 2089 万 t 和 24 万 t，主要分布在庙前镇。水利资源丰富，年径流量 2.58 亿 m^3，地下水总量 7.41 亿 m^3，其中地热水储量 2585 亿 m^3。

2）连城县供水工程概述。根据《福建省城乡供水一体化建设试点规划导则（暂行）》（2019 年 3 月），连城县所属分区为Ⅰ区，具体规划城乡自来水普及率不低于 95%，供水水质达标；1000t/d 以上水厂的供水服务人口比例达到 80% 以上、水源保护区划定率 100%。按照城乡统筹和一体化供水发展要求，重点推进"大水源、大水厂、大管网"总体思路，以解决城乡供水不足、不安全的目标，对连城县城乡一体化进行布局。本次规划将连城县划分为四个大的供水片区和偏远农村地区。连城县供水分区见表 7.8。

表 7.8　　　　　　　　　连城县供水分区一览表

序号	供水分区	包含范围	所属流域
1	中心城区及周边乡镇连片区	中心城区（莲峰镇）、北部新城、西部新城、工业园区、林坊镇、文亨镇、隔川乡、揭乐乡、塘前乡	闽江、汀江

序号	供水分区		包 含 范 围	所属流域
2	北部集镇连片区		北团镇、罗坊乡	闽江
3	南部集镇连片区		朋口镇、莒溪镇、新泉镇、庙前镇、宣和乡	汀江
4	集镇供水区	四堡供水分区	四堡镇	闽江
		曲溪供水分区	曲溪乡	闽江
		姑田供水分区	姑田镇	闽江
5	偏远农村地区		连城县其余未被上述设施覆盖的地区均归属农村地区	

（2）需求分析。

1）集中管理的需求。

（a）数据采集自下而上，同步共享。城乡供水一体化项目供水区域广，分布散，需要通过信息化手段，实现连点成线，连线成面，实现区块整合。以乡镇办事处为最小管理单位，划分区块，对城乡供水一体化项目进行严格化管理。将采集到的水质数据、水流量、水压力、供水量、用水量数据、营收数据等通过传输网络上传至数字平台，以实现水务公司对各乡镇情况的全局把控。此外，通过预留对外接口，实现数据共享，使得各级部门对工程运行状况实时掌握，集中管理。

（b）企业管理自上而下，责任到人。能够通过视频会议、服务热线、办公系统等科技手段，将乡镇办事处、水厂、水务公司连成一片，形成一个整体，打破层级壁垒、打破部门壁垒，以实现信息同步，实现集中管理，企业管理自上而下统一管理，将饮水安全、保障责任落实到人。需建设统一的管理平台，对城乡供水一体化项目的业务数据的全面整合，实现对生产、人、财、物、事的全面监管。

2）数据整合集中整理。本次建设系统数据必须无缝接入已建系统，实现统一集中管理，以避免信息孤岛和数据碎片问题，杜绝零敲碎打式建设。

3）安全需求。城乡供水一体化项目涉及区域广，连城属于山区，水厂泵站交通不便并且分散，仅仅依靠人力巡检，效率低下，操作性差，无法形成有效监管。因此，需通过信息化建立从输水、水厂、管网、泵站、水池到用户端的信息采集和远程监视体系，从输水到水龙头的安全监测保障体系，提升对突发事件的应急处置能力，通过科技手段，减少人力和时间的投入，从而提高效率。

4）指挥调度的需求。在"城乡供水一体化项目"中，通过建立集中水务调度中心、视频会议、办公系统，实现运行状况、水质状况、供水情况、用水情况、营收情况实时监视，使得对于突发情况，能够及时有效地下达指令，并获得全网响应，各部门紧密协同配合，以大幅度减少故障时间、降低沟通成本。

5）发展需求。针对水厂的职能及水务公司管理工作进行业务功能分析，主要涉及业务工作如下：

（a）工程运行及调度管理。统一调度水厂及输水管网、泵站，合理调蓄水量，为城区、乡镇管网的供水、管理、维修养护、客户服务、应急指挥等提供保障。

（b）信息全面感知和预警。全面获取工程安全、视频、水量、水压等各方面监测信息，实现突发事件在线监测与预警，提升应急响应能力，有效降低灾害风险。

（c）生产管理。统一管理水厂、泵站、管网及其配套设施的日常运行和维修养护、检测观测等工作，确保水厂及管网工程安全运行。

（d）上下级联动。增强水务公司、水厂及泵站管理人员之间的上传下达时效性和便捷性，实现应急调度预案、公文、通知公告等的及时互通。

（e）规范化、协同办公。通过信息化及移动通信技术，实现水行政业务的规范化、流程化、无纸化办公，同时提供基于多种终端的信息化服务，全面提升行政监管能力，从而解决传统水务日常业务管理存在的办公手段单一、落后等问题，进一步提高行政办公水平和办事效率。

6）业务流程分析。使水务管理工作正规化、规范化、制度化，形成一系列规范运作和有效的工作程序，其中包含工程运行监控、指挥调度、信息发布等业务：

①工程运行监控。收集水厂、泵站、管网的日常运行监测信息，包括泵站水厂运行信息、泵站启闭状况、流量、水质及水压、视频监控等信息。

②指挥调度。及时应对突发事件，在全面掌握供水系统信息的基础上，水务公司向水厂及泵站下达调度指令，使运行管理人员能及时接收、执行上级的调度指令，并按照要求及时上报，确保供水系统安全运行。同时使工程检查、维修、运行等必要数据得到同步记录。

③信息发布。主要通过信息化手段加强信息工作的管理和监督，保障用户获取有效信息，提高工作的透明度，充分发挥信息对民生和社会经济活动的服务作用。

（3）必要性分析。从落实国家战略、政策响应的需要、进一步提升连城水务管理和服务水平需要、"数字城市"整体工程建设的需要等四个方面详细阐述连城县数字水务建设的必要性。

1）落实国家战略、政策响应的需要。深入贯彻落实习近平总书记关于实施乡村振兴战略的重要论述和党的十九大会议精神，按照党中央、国务院关于坚决打赢脱贫攻坚战和实现乡村振兴战略的有关要求，并且在 2019 年福建省水利厅、发展和改革委员会、财政厅以及住房和城乡建设厅联合出台了《关于推进城乡供水一体化建设试点的意见》，提出以坚持"目标导向、因地制宜、建管并重、两手发力"等为抓手，以满足农村居民对美好生活向往的需要为目标，连城县作为第一批试点区域，必须联手加快城乡供水一体化试点建设，以保障城乡供水安全、改善农村生产和生活条件、促进城乡统筹发展和社会和谐稳定为目标，打破城乡界限实现水资源的统一管理和配置，实现规划全覆盖，统一部署、分期实施，着力构建"从源头到龙头"的城乡供水安全工程体系、规模化管理体系，健全工程长效运行管理体制，持续提升农村饮水安全保障水平。

2）提升连城水务管理和服务水平需要。随着连城县经济建设的发展，工农业用水急剧增加，城市人口不断增多，人民生活改善，用水量增大，连城县水务公司作为城市水务系统管理的水行政主管部门，存在基础设施建设不全、监测体系不完善、信息化建设参差不齐、业务管控及流程不清晰、标准体系建设不完善等问题，无法满足城市水务发展需求。

通过数字水务项目建设，将形成水务信息化保障体系。进一步完善水务信息化建设的技术标准、建设策略和管理体制，加强安全体系建设，进一步完善水务信息化保障环境。同时通过数字水务项目建设将形成平台化的一站式服务窗口，基于数字服务平台，可以随时随地查询与供水相关的各种公共信息，同时还可通过无线终端预约相关服务，提高办事效率，进一步提升公司的服务能力和水平。

3)"数字城市"整体工程建设的需要。在《国家新型城镇化规划（2015—2020年)》和《国家智慧城市（区、镇）试点指标体系（试行)》及《关于促进智慧城市健康发展的指导意见》中，明确指出数字水务的建设要加强城镇水源地保护与建设和供水设施改造与建设，确保城镇供水安全；利用信息技术手段对从水源地监测到龙头水管理的整个供水过程实现实时监测管理，制定合理的信息公示制度，保障居民用水安全，建设全过程数字水务系统的监控体系。数字水务建设将以新技术应用带动水务信息化技术水平的全面提升，以重点应用系统带动信息化建设效益的发挥，为水务管理的精细化、数字化提供信息化技术支撑。

同时，借助数字城市基础设施建设，特别是网络设施的完善和升级，也可以为数字水务提供高带宽、全覆盖的通信服务，在进一步促进水务信息采集传输的同时，也提高了公共资源的共享程度，拓宽了信息资源的共享渠道。

综上所述，连城数字水务建设是连城县城乡供水一体化生存发展的重要基础保障，是保障国家乡村振兴战略的重要基础条件；是实现城乡供水一体化的前提条件，是实现供水安全，水资源宏观调控和规模化效益的重要措施；是改善供水格局、水质达标的必要内容；是发展当地经济，提高当地居民生活卫生及健康水平的基础保障。因此，本项目的建设已经非常必要和迫切。

7.2.2 设计和实施

7.2.2.1 建设分界说明

该项目归属连城县城乡供水一体化工程总承包项目，根据项目类型，总承包项目可分为工程建设、数字水务建设工程（即本项目）两组项目，在"智慧化监测设施"的部署及建设方面，两组项目已明确了两边的分工界限，避免了重复建设及投入。两组项目以工程建设优先统筹为原则，该项目建设分工界限如下：数字水务一体化平台建设（数字水务软件部分）均归属数字水务建设项目（本项目）。

7.2.2.2 生产管理系统

(1) 架构设计。生产调度系统是供水安全的核心系统，通过对泵房、水厂、高位水池等设备的实时采集和分析，为县公司的生产调度提供数据支撑及数据预警。

生产管理系统架构设计如图7.15所示。各县公司的产生设备数据通过OPC或DTU实时将数据传输到省级物联网数据中心，传输方式一般为专线或4G，如果水厂本地有控制中心且有组态软件，则通过OPC进行数据传输，小型水厂如果没有控制中心，则通过DTU进行数据传输，县公司通过专线访问省级平台使用生产调度系统。

(2) 建设目标。通过建立供水生产管理系统，从供水安全考虑，通过对各项数据的采集和分析，为生产调度提供数据支撑及数据预警，建设的目标如下：

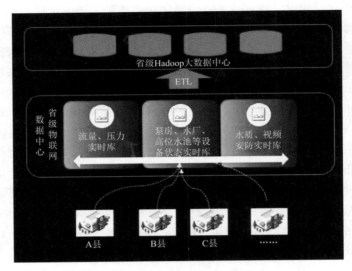

图 7.15   生产管理系统架构设计

1）具有从取水、净水、供水、输配水信息到用电信息采集、发送、整理、统计、形成报表、曲线的功能。

2）监视净水工艺过程及取水和供水的水质。

3）以管网中的水压为目标，参考最高和最低水压点，指挥水厂选择合理的机泵搭配，达到控制目标水压，保障供水。

4）按机泵选择先高效后低效、先近后远等原则，平衡各水厂供水量，在保证水质和压力的前提下，力求降低能耗，实现相对经济运行。

5）监视全管网运行状态，发现及时处理，遇爆漏协助抢修，遇火灾加压协助灭火。

6）积累各种运行数据，为调度预测、管网改造提供参考数据。

（3）核心功能。

1）水源地管理水雨情数据监测：通过整合已建水库信息化数据，对水库当前水位、库容、可用水量、最低水位（死水位）、警戒水位、报警水位信息数据展现，同时具备预警报警功能及预警报警信息输出（未建信息监测的水库可自建或不启用此项功能）。视频监控系统：可接入已建的水库、取水点视频数据进行查看（未建视频监测的可自建或不启用此功能）。

2）输水管理。

（a）输水泵站信息自动化监控：水池液位监测展现（最低液位、警戒液位、报警液位），高位水池与输水泵站的联调联控监测展现。

（b）输水泵站视频安防系统：将视频接入平台中集中查看，当设备报警时，可与摄像头进行联动查看。

（c）输水高位水池信息化监测：高位水池液位监测展现（最低液位、警戒液位、报警液位），高位水池与输水泵站的联调联控监测展现。

（d）输水水池视频安防系统：将视频接入平台中集中查看，当设备报警时，可与摄像头进行联动查看。

（e）输水管网信息化监测：管网压力、流量监测点的数据接入展现、预警、报警。

（f）输水控制点信息化监控：控制点（电动阀门）状态监测（开启、关闭、故障）展现，并可实现远程调度控制。

3）集成式净水厂管理。

（a）净水厂能耗监测：净水厂总能耗及相关各生产工艺的能耗（耗电量、电压、电流等）监测展现。

（b）进厂水流量监测：进厂水流量监测展现。

（c）进厂水质监测：进厂水水质监测展现、预警、报警，水质监测内容主要包括pH、温度、浊度、电导率（可选）、溶解氧（可选）。

（d）净水系统数据对接：集成式（一体式）净水系统的生产运行状态及相关运行数据监测展现。

（e）出厂水流量监测：出厂水流量监测展现。

（f）出厂水水质监测：出厂水水质监测展现、预警、报警，水质监测内容主要包括pH、温度、浊度、余氯、电导率（可选）、溶解氧（可选）。

（g）净水厂视频安防系统：将视频接入平台中集中查看，当设备报警时，可与摄像头进行联动查看。

4）配水管理。

（a）送水（提升）泵站信息自动化监控：泵站能耗监测展现（耗电量、电压、电流等）、各水机运行状态（启停、故障）监测展现、各水机出口压力展现、泵站总出口压力监测展现、泵站总出口流量监测展现。

（b）送水（提升）泵站视频安防系统：将视频接入平台中集中查看，当设备报警时，可与摄像头进行联动查看。

（c）配水高位水池信息化监测：水池液位监测展现（最低液位、警戒液位、报警液位），高位水池与送水（提升）泵站的联调联控监测展现。

（d）配水高位水池视频安防系统：将视频接入平台中集中查看，当设备报警时，可与摄像头进行联动查看。

（e）配水控制点信息化监控：控制点（电动阀门）状态监测（开启、关闭、故障）展现，并可实现远程调度控制。

5）综合生产运行总分析。

（a）生产运行总览：通过图形化方式综合展现各站点的工艺模式，通过列表模式、表格模式展现数据项。

（b）输配水管网压力关联分析：关联分析输配水压力监测点压力值，实时监测展现管网运行状态，能够较为准确地判断管网漏损、爆管、管网通断等非正常状态及评估预判可能存在的管网故障，通过多种方式予以预警、报警。

（c）水质管理：实现综合性的水质监控、水质日报、水质月报、水质年报、事件处理、总部决策，了解全范围的水质概况。

（d）调度管理：调度计划、调度事件、调度日志、调度值班管理、调度报表。

(e) 统计查询：设备管理、设施管理、其他管理、总部决策、统计查询。

(f) 报表分析：多维度的各水厂生产运维报表分析。

(g) 能耗管理：提供水厂的能耗报表并与对应生产进行对比统计。

(h) 指标管理：单位电耗、供水单耗、净水剂单耗、单位氯耗。

(i) 异常监测：设定相关指标和标准依据，并对异常数据进行存储，作为可用的历史数据进行分析。

6）数字生产调度。

(a) 站点信息管理：管理水务生产环节中的各类站点的基础信息，例如：水库、水厂、泵站、管网等站点的位置、联系人、联系电话、规模等。

(b) 站点设备管理：对各站点的在线采集设备信息进行管理，例如：设备在线状态、厂家、型号等。

(c) 报警管理：对各站点中的各类设备进行警戒值设定，若采集的数据超出警戒值，则进行报警提示，并对指定负责人进行报警短信通知。

(d) 设备采集管理：对各站点的各类设备进行数据采集设定，设定采集范围及采集频率。

(e) 调度值班管理：根据各站点情况，安排相应的工作人员进行值班，制定值班表，并对值班情况进行统计及考核。

(f) 查询分析：对当前各站点的运营状况进行查询分析，提供多维度的查询条件对运行情况进行查询。

(g) 指令管理：根据实际情况，总调度台对各站点进行指令下发，指令具有一定的时效限制，各站点工作人员必须在规定时间内完成指令工作并进行反馈，超时将记录考核。

(h) 统计报表：对各站点的工作生产状况进行汇总统计，多维度统计结果，让管理人员能够更加直观地查看整体及部分的统计结果，便于后续的工作安排和调度。

(i) 调度图层：多图层展现生产各个环节的数据信息，通过图像和数据结合的方式进行展现，各个图层进行平滑切换，图层数据动态更新，确保监管的实时性。

(j) 实时监控：通过图表和数据列的方式实时接收生产各个环节站点上报的数据信息，从数据层面分析当前的生产运行情况。

(k) 定时任务：设定定时采集任务，对非实时性的站点设备进行定时采集。

7）配水管网在线监测管理。

(a) 管网监测设备管理：对管网上安装的监测设备进行管理，例如：设备厂家，安装时间，在线状态，型号等基础信息。

(b) 管网状态监测：对整个地区的管网运行状态进行实时监测，包括管网水质、流量、管网压力等数据的实时采集管网监测设备上报监测数据。

(c) 监测数据分析：对管网实时的监测数据进行分析，例如采集的流量和压力数据，通过数据分析当前管网的健康状态；

(d) 管网预警：设定管网的预警值，通过监测设备采集的流量压力等数据，对管网健康状态进行分析，如接近设定预警值，则进行预警提示，并通过短信等消息方式发送给相关责任人员。

（e）管网综合查询：提供多种查询条件的管网综合查询，通过二维地图方式和多图层数据展现方式对管网布局及数据进行直观展示，并通过不同颜色清晰地区分管网状态。

（f）管网设置视频监控系统，实时监测管网生产状态。

8）泵站及高位水池在线监测管理。

（a）泵站及高位水池设备管理：对泵站安装的设备及高位水池的监测进行管理，例如：设备厂家、安装时间、在线状态、型号等基础信息。

（b）设备状态监测：对泵站设备运行状态进行实时监测，实时采集泵站设备运行状态及高位水池监测设备上报监测数据。

（c）监测数据分析：对泵站设备及高位水池实时监测数据进行分析，例如采集的流量、压力、水位、加压泵运行频率及状态等数据，通过数据分析当前泵站及高位水池的运行状态正常与否。

（d）泵站设备预警：设定管网的预警值，通过监测设备反馈的运行状态等数据，对设备健康状态进行分析，如加压泵运行电流，运行压力超过设备设定值后产生报警数据，并通过短信等消息方式发送给相关责任人员。

（e）高位水池预警：高位水池设定预警水位值，在高位水池超过或低于预警水位值后，将产生高位水池预警，高位水池的预警能够通过联调联控系统对加压泵站进行启停控制，同时将报警数据传送至数据平台，分析报警产生的原因并处理产生的问题。

（f）泵站及高位水池综合查询：提供多种查询条件的管网综合查询，可以按照需求对泵站设备运行信息及高位水池的检测信息进行分时、分段数据查询并打印相关报表。

（g）泵站及高位水池设置视频监控系统，实时监测泵站及高位水池生产状态。

9）蓄水池在线监测管理。

（a）蓄水池监测设备管理：对蓄水池安装的监测设备进行管理，如设备厂家、安装时间、在线状态、型号等基础信息。

（b）蓄水池水位监测：对蓄水池水位实时监测，实时采集水位信息上报监测数据平台。

（c）监测数据分析：对蓄水池实时的监测数据进行分析，例如：通过对采集的流量和水位数据对下游用户的用水量进行分析。

（d）蓄水池水位预警：设定蓄水池水位预警值，当水位超过预警值时进行预警提示，并通过短信等消息方式发送给相关责任人员。

（e）历史数据综合查询：提供多种查询条件的管网综合查询，可以对蓄水池的水位及流量计的瞬时流量、累计流量进行分时、分段查询。

（f）蓄水池设置视频监控系统，实时监测蓄水池生产状态。

10）数字水质监测管理。

（a）检测设备管理：管理各区域的水质监测设备的基础信息，如安装地点、厂家、型号、监测类型等相关基础信息。

（b）实时水质：实时采集各区域的水质监测设备的监测数据，并绘制实时的水质曲线和水质报表。

（c）水质报警：设定各区域的水质监测指标，并与实时采集的水质监测数据进行对比，如超过监测指标，则进行水质异常报警，并通过短信等消息提醒的方式发送给相关责任人员。

（d）水质分析：通过历史水质采集数据，进行综合对比分析，提供管理人员相关的水质辅助管理信息，例如在一定时间情况下，水质易发生异常，通过何种方式可应急处理等。

7.2.2.3　设备管理系统

（1）建设目标。建立统一的设备管理系统，数据存于省统一平台，各子（分）公司通过专线直接访问。平台建立旨在管理好各公司的供水设备、采集设备、计量设备等，通过数据存储、分析、统计、维护将设备全生命管理，从采校验、入库、备案、巡检、更换、维修等环节进行细化管理，从而提高设备的使用寿命及使用年限，降低水务公司的运维成本，保障水务公司的供水安全。

（2）设备管理系统核心功能。

1）在线设备管理：对整个区域的设备在线情况进行全盘监控，能够直观具体地展现当前整体设备的在线情况和离线情况。

2）设备报警管理：全面记录设备的报警信息，当设备报警时触发相应的应急处理机制，并将此次报警信息进行记录存储。

3）设备维修：对维修设备提出维修申请，审核通过后即下发工单至手机 App 对设备进行维修处理，在手机 App 中可记录维修用的材料、是否过保、上次维修时间、维修费用等，维修后的设备可通过手机 App 进行复查，确认维修完成后记录至设备档案中。

4）设备报废：对报废设备提出报废申请，审核通过后即可对设备进行报废处理，并记录至设备档案中。

5）设备档案：包括设备的基础信息、采购信息、维修信息和报废信息，实现设备的全生命周期档案式管理，通过设备档案能够查看到设备的全部信息。

6）设备巡检：重要设备可根据巡检周期及上次巡检时间自动生成巡检工单，巡检工单可派发到巡检人员的手机上，巡检人员可通过手机到现场录入设备的状态、是否损坏、是否需要保养等信息并拍照。重要设备可贴上 NFC 标签，巡检人员到达现场后用手机直接扫描 NFC 标签即可自动调出设备信息，避免巡检的遗漏和巡检作弊。

（3）设备仓储管理。

1）采购计划管理：根据设备的实际库存情况，制定一定的设备采购计划，并进行申报审批，经领导审批通过的采购计划方可进行采购。

2）设备基础信息管理：对所有的设备进行基础信息管理，所有的类型的设备都要记录在案，包括型号、规格、供应商等基础信息。

3）设备库存管理：对设备的库存情况进行综合管理，包括库存位置、库存数量、入库手续、出库手续，保证设备整个库存生命周期的清晰可见。

4）库存预警：对需求量大或需求量高的设备设置库存预警值，当该设备的库存数量即将低于预警值时，对管理人员进行预警提示，通过短信、App、PC 三点同时推送提醒，从而保证设备正常的库存状态。

5）设备使用分析：通过历史设备使用状态以及库存状态的设备进行整体分析，提供相关的分析数据供管理人员参考，进一步提高了管理效率并降低经济浪费。

6）设备维护、维修管理：记录设备的维护和维修档案，记录设备的维修和维护状态，从而保证设备的正常运行状况，同时严格监管设备的损坏情况，确保正常维护和维修的流程。

7）设备报废管理：对申请报废的设备进行严格审查，通过流程化的设备报废流程进行检测并审批，经相关专业人员确认后报废后，该设备信息记录报废档案。

7.2.2.4　GIS 管理系统

GIS 系统是数字水务建设的核心平台，也是水务公司日常经营中最不可缺少的平台之一，对后期的管网运维、查漏、生产调度能起到直接的指导作用，根据县级水务公司的特点，综合集团管理的要求，GIS 系统构架如图 7.16 所示。

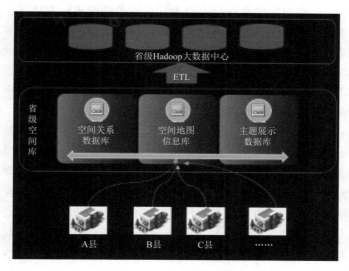

图 7.16　GIS 系统构架图

GIS 分为空间关系数据库、空间信息库及主题展示数据库、其空间关系数据库及主题展示数据库采用开源的 PostgreSQL 数据库，考虑到稳定性及速度，GIS 的基础平台建议采用 ArcGIS10.5 及以上版本（考虑到是大型水务集团，因此建议购买正版授权的版本）。如果要考虑正版软件购置成本，也可选用开源的技术，但开源的技术由于没有完整的开发体系，需要多技术整合，后期的运维及稳定性不如 ArcGIS。

（1）GIS 系统现状。连城县暂未建立供水管网地理信息系统，但 2019 年住建局做过一次整个城市的地下管线普查，供水也在其中，但属性信息不够完善，无法达到三维建模的要求，县地形图未购买，也未购买正版的 ArcGIS，后期项目建设过程中，需要建立管网地理信息系统以及购买地图及正版软件，因此费用还需预留，在实际建设中，根据需要及原厂家配合程度而议，尽量利旧，同时补充建设。

（2）GIS 系统核心功能。

1）管网数据编辑：管线、管网设备等通过平台进行编辑入库到 GIS 系统。

2）数据导入：物探的管点、管线的 Excel 数据、图片数据通过 Excel 导入到平台中。

3）数据修改：对已经入库到 GIS 系统的数据进行修正。

4）空间查询：可以通过组合查询各种管网资产信息及空间信息。

5）测距、自由查询：可以测量所选管线的长度、自由在平台中选择查询空间信息。

6）分析：火灾分析、关阀分析、断面分析、净距分析、连通分析、生命周期分析。

7）移动 GIS：管网巡检、维修抢修管理、关阀分析、考勤打卡、巡护线路、工作任务、巡线上报等。

8）三维应用：三维应用涉及航拍、数据建模等，可以挑一个或几个有代表性的县或市，做部分的三维展示，供上级领导来参考时使用。

9）导出打印：可以任意选定区域打印或导出成 CAD、PDF。

（3）系统整体设计。系统的建设以"数字水务"为指导思想，从供水企业供水管理现状和业务需求出发，严格按照国家、行业地方标准规范的要求，对供水信息化框架进行总体设计，保证信息化框架的开放性和拓展性，体现信息化建设的整体性和协调性。在总体框架的指导下，综合考虑供水业务的管理需求，统一规划供水管理信息化建设，保障建设中的资源集约、信息共享和应用协同。数字水务的实现，能以更加精细、动态、智能的方式进行水务的管理、服务、决策工作，能以更加精细和动态的方式管理水务系统的整个生产、管理和服务流程，协助水务管理达到"智慧"状态。

本系统将采用先进成熟的技术，充分满足当前各种信息服务和管理的需求，同时为将来系统的扩充留有充分余地；充分考虑与其他系统之间的联系；统一规划，全面设计；便于维护，便于管理；在保证实现系统需求的前提下，提高系统的性能/价格比；建立标准的代码体系。系统架构采用 C/S、B/S 相结合的模式、移动应用采用嵌入式智能手机。

供水管网地理信息系统是整个水务公司信息化系统中最重要的基础平台之一，为水务公司所有的业务应用系统（巡检、维修、抄表、调度、监测、办公 OA、设备管理系统、产销差综合管理等）提供可视化的空间信息服务。本项目根据前期现场沟通，结合供水企业具体的需求及现状，初定本项目建设的目标如下：

第一阶段，通过对现有管网历史资料（竣工图纸、设计图、CAD 文件等）的梳理，将已有的图纸和电子资料按照标准的格式统一录入管网 GIS 数据库。

第二阶段，通过《供水管网数据管理 GIS 系统》软件，建立方便快捷的管网数据生产维护更新流程。实现对新的探测数据、竣工资料等资料都能方便高效地进行数据的录入，保证后期管网数据的准确性和入库的及时性。

第三阶段，随着 GIS 系统业务功能应用的逐步完善，将为整个水务公司的其他业务系统（巡检、维修、检漏、调度、营业、报装、模型、监测等）提供准确的管网空间信息化服务，辅助后期数字水务产销差项目的建设。

（4）手机端建设。随着智能移动终端应用的推广，采用智能移动终端替代专用设备的显示以及数据传送的部分功能，成为研究的热点和趋势。本系统是兼容 Android 智能移动终端和 iOS 操作系统的手机端软件。系统旨在利用移动终端在数据存储、远程传输、监控等方面的优势，实现专业数据采集器的部分功能，由此，无需专用 PC，由个人所持智能移动终端便可实现现场数据查询和远程数据传送。降低产品自身的价格的同时，也能减少 PC 机的固定投资成本。整套系统需实现工业数据监控设备的功能，故主要包括两大部分：数据采集器实现对工业设备中相关数据的采集，并传送至移动终端；移动终端实现数据的显示、存储、回放、远程发送等功能。

1）图形操作。实现在移动手机端对业务范围内的地图进行操作，包括全景、放大、缩小、漫游、定比缩放、图例等功能。

2）空间测量。移动端系统在地图页面提供坐标、长度、角度、面积等测量功能。

3）快捷定位。通过多种工具方便用户进行空间位置的定位，包括道路、路口、地标等空间位置的定位。

4）空间查询。提供从图形到属性的查询功能，包括单点、拉框、拉圆、多边形查询等。可以对管段、阀门等图形对象进行查询，与 GIS 图形绑定的台账信息是随作业包从 WOMS（工单管理系统）中下载获取。

5）属性查询。提供从属性到图形的查询功能，包括逻辑查询、专题查询等。可按照关键词对管段、阀门等设备进行属性查询，并可进行空间定位着色。

6）数据监控。数据监控模块主要实现对监测数据在手机移动端进行实时展示，可以对不同的监测数据进行分类显示。为了直观展示监测数据，在数据展示界面主要采用和 GIS 数据相结合的形式进行，使用者可以方便直观地看到每种监测数据的实际位置信息。

以二次供水水质监测为例，二次供水水质监测的数据类型主要包括：浊度、余氯等。

7）动态标注。可以自定义任意图形对象动态标注的信息，如配变，可以依据属性表中不同的任一数据域，来分别或同时在图上进行动态显示名称、编号、容量等，并可以设置动态标注的字体、大小、颜色等。

8）疏密协同。在显示过程中系统可依据显示范围，自动地对图形进行疏密协调显示，使画面简洁明了。

9）标签设定。用户可以对自己关心的区域设定区域标签，这样就可以实现画面的快速切换，方便户外工作时的迅速定位。

10）周边查询。结合手持设备的 GPS 定位功能，可以搜寻当前位置一定缓冲区范围内的管网设施信息，便于快捷有效地对故障信息作出反应，提高巡检和巡检的工作效率。

系统提供对巡检人员的位置进行实时定位功能，一方面便于巡检人员查看所处地方周围的管线及设备信息，另一方面管理者也考核巡检人员的巡检路线，巡检人员只能进入允许的区域，若擅自进入非允许区域，系统将自动识别并在监控中心进行报警提示。

11）巡检路径规划。系统为每位巡检人员分发一个定位标签，标签内存着唯一的 ID 号作为职工的唯一标识。管理者可以在后台 BS 系统上向每位巡检人员派发巡检工单，每个工单包含巡检的具体路径、必须巡检到的设备、计划开始时间、计划结束时间等内容。

12）管理巡检任务。

（a）巡检任务：查看巡检线路、该巡检线路上包含的巡检地点、在地图上浏览巡检线路和巡检地点，确认任务后可以领取当前任务。

（b）巡检作业：巡检地点识别、检查内容录入和综合描述，检查内容包括文字录入和照片、录像等数据采集。

（c）巡检记录：巡检人员对于自己已经完成的巡检工作的查询、可以查看当前检查完成的巡检任务填写的情况。

（d）数据同步：数据上行和数据下行，对于传输失败的数据可以再次传输。

（e）浏览地图：在百度地图中标注出当前巡检员需要巡检点的位置，根据巡检记录随时查看巡检点是否已经巡检完成，并且可以规划到任何地点线路以及统计出当前检点总数、里程、巡检用时等信息。同时支持地图离线包下载，可以离线使用地图。

（f）采集巡检点：在采集巡检点中，巡检人员可以随时采集新的巡检点坐标，用于增加巡检点；如果以前巡检点位置发生改变也可以修改以前巡检点坐标，做到随时更新。

13）巡检轨迹回放。系统可对巡检人员的历史巡检记录进行轨迹回放，检查巡检人员的巡检路线是否在规划范围内。系统并以天为单位进行记录，用户可以按时间段进行查询和历史回放巡检路线展示。

14）报表统计分析。针对人员统计其巡检计划执行情况；针对线路统计其巡检计划执行情况、统计汇总沿线故障或事件、按照巡检组织结构统计巡检计划执行情况、历史巡查记录等。系统可以根据用户需要输出这些报表，供分析总结使用。

（5）可对接系统。

1）GIS 与营业 MIS 系统对接。实现供水管网地理信息系统与营业 MIS 系统的互联集成，能在供水管网地理信息系统内查询水表用户信息、水费信息；在爆管分析时根据停水范围，搜索停水用户的联系方式，便于发送停水通知单；并能根据区域流量计与总表数据，核算分区产销差。通过与营业系统的数据接口，一方面系统可通过使用营业抄收编码数据，对编码区域内的用户数、用水量进行查询。主要功能包括：营业抄收编码数据实时/定时更新、历史数据查询、根据编码区域统计用户数、根据编码区域自动计算用水量。另一方面系统还可根据用户号对用户位置在地图上进行分布展示；同时查询统计选定区域内的用户数量及与用户相关联的信息。主要功能包括：实体表/虚拟表分布展示、用水量查询、区域用水量查询、区域用户查询、历史数据查询、自定义计算用水量、复核水表水量。

2）GIS 与数字报装系统对接实现供水管网地理信息系统与数字报装系统集成，能在供水管网地理信息系统内查看审批、执行、立档、结算等详细信息。通过与工程报装业务系统建立数据交换接口，供水管网 GIS 系统可以为查勘、方案、设计、施工等各个工作环节提供强大的图形数据服务，工作人员可以在流程工作的各个环节直接调用 GIS 数据服务。

3）GIS 与客服热线系统对接实现供水管网地理信息系统与客服热线系统集成，能在供水管网地理信息系统内查询用户咨询、投诉、服务、报告等数据；管网巡查管理系统能根据客服热线数据进行派工、处理、审核与归档。通过与热线系统的数据交换，系统可以实时获取热线系统中的各类别工作单数据，包括现场小修、管网维修、表务问题、水质问题等，进而在管网运行管理系统内进行工作任务的派发、监控、上报、消单等工作流程控制，并将处理结果回复热线系统。

4）GIS 与 SCADA 调度系统对接实现供水管网地理信息系统与 SCADA 调度系统的互联集成，能在供水管网地理信息系统内实时各在线监测点位置，实时压力、流量、水质等数据，支持数据的同比与环比分析，以及数据曲线展示；支持超限数据的报警提示。利用 GIS 系统和 SCADA 系统的数据接口，系统可获取管网运行的实时数据，掌握管网运行的动态变化，包括水管压力、余氯、浊度等信息。GIS 系统可以依据由 SCADA 系统收到的实时数据，进行数据的动态标示，直接将其显示在 GIS 系统的相关图形符号旁，并动态更新。

GIS 系统可以依据由 SCADA 系统收到的历史数据，进行数据的查询与显示，直接以曲线图的形式显示历史数据的变化趋势。

系统既可查询单个 SCADA 监测点的历史数据，也可对多个监测点同时查询，进行对比分析。对不同的 SCADA 监测点分别生成数值曲线，并在同一窗口中叠加显示，从而直观地反映出在同一时间段内，不同监测点所获得的数据以及数据间的差异。

5）GIS 与设备管理系统的对接在本项目 GIS 系统建设过程中，会建立与水务公司现有设备管理系统的对接，通过空间关联方式（建立设备管理系统的编码和 GIS 系统中的图形要素编码进行关联），将设备管理系统的设备信息落到地图上的具体管网设备空间对象上，并在 GIS 的业务综合展示平台上增加设备资产管理功能模块，用户便可以方便地通过地图查看具体设备的相关信息，增强可视化展示效果。

7.2.3 运行管理

7.2.3.1 运行管理组织机构

项目建成后具体的维护工作，由连城水务公司组建相应的数字水务中心运维部来承担具体的运维工作，专业化要求高的数字水务系统可采用托管服务。

7.2.3.2 运行管理经费及来源

连城水务公司数字水务建设项目，本质上属于信息化建设范畴，系统建成投入使用后，为保障整个项目的正常运行，所涉及的软硬件维护成本将是持续性的支出费用，需要进行项目运维的费用分析，具体体现在以下几个方面。

（1）云平台使用费。由于是自购硬件，硬件这块无须再投入运维费用，只需支付托管费用，但由于预算中已经列了 5 年的托管费，因此这一块在 5 年内不用再考虑运维费用。

（2）硬件维护成本。数字水务建设中所涉及的硬件，主要集中在物联网采集终端（含压力传感器、水质监测仪等）及其相关附属设备的维修、维护、更换的费用。该部分费用应计入固定资产投入，走设备使用折旧、维修维护流程。由水务企业支付。

（3）软件维护成本。数字水务建设所涉及的软件使用及维护费用，按照软件行业惯例，项目验收投入使用后，一年内是免费服务的，一年后需按一定的期限支付相应的年使用费或年维护费，该费用额度依据签署的商务合同为准，目前是按 3～5 个点预估，年 30 万元的运维费，已经做进预算中，5 年内无须再支付相应的运维费用。

项目运营费用大致分解如下：

硬件运维费用：每年需投入运行维护及耗材费用为本次相关内容建设投资的 2%～5%，年约 40 万元，免费质保一年，预算中已含 4 年，这块费用 5 年内无需再支出。网络通信及云服务运维费用：目前建设期已包含五年的费用，这块无需费用支出。数字水务一体化平台运维费用：预计两年的建设期，一年的免费维护费期，预算中已经包含了 2 年的维护费用，因此五年内无需再投入运维费用。机房及调度指挥中心运维费用：已包含在整体的硬件及软件的运维费用中，无须单独支出。由于数字水务一体化平台运维要求专业化水平较高的信息化维护人员进行支撑，建议采用外包托管方式进行维护，该维护费用列入预算中。

（4）运行维护费概算。具体见表 7.9。

表 7.9 运行维护费用概算

序号	模块名称	功 能 描 述	单年费用/万元	年数	费用/万元
1	软件年维护费估算	平台验收后提供 1 年的免费运维，1 年后收费运维（2 年建设，1 年免费维护，2 年运费，5 年内无需再投入运维费）	30	2	60
2	硬件年维护费估算	硬件质保期为 1 年，1 年后需投入的运维费用（含设备的网络通信费、水质设备药剂、维修维保费等费用，不含水表的运维费用，因为行规水表都至少质保 6 年，通信费 6 年）	40	4	160
		小　计			220

7.2.3.3　运行维护管理措施

系统建成后，为保障系统运行稳定、安全、可靠，需要建立运行维护管理的制度与管理办法，确定管理的内容及要求。

（1）运行管理原则。系统建设完成后，运行管理的中心任务是保证系统的正常运行，迅速、准确、全面地为水务局各部门提供服务。因此，整个系统运行管理要以数据录入为基础，计算机网络为保障，系统数据库为关键，业务应用系统为核心，建立一系列较为全面的管理体系。其管理的主要内容包括以下部分：

1）数据录入管理。各部门提供的基础数据经审核无误后，才能进行录入操作。录入人员必须严格按各部门提供的基础数据资料如实录入，不得擅自调整或修改，防止错漏情况的发生；数据录入完毕后必须进行数据校验，发现问题要及时查明原因，对错误数据在查明原因的基础上进行修改，对修改后的数据还要进行校验，校验、修改情况要有记录。

2）计算机网络运行管理。

（a）物理设备的安全及可靠性管理：对内网的所有设备，包括光缆及其附属配件、防火墙、路由器和交换机、服务器等物理设备，进行安全性及可靠性两方面的运行管理，控制网络运行过程中的负载平衡、冲突检测、拥塞防止，网络运行实时监视、分析、预报和故障排除等。

（b）网络的安全管理：健全网络安全体系，阻止网络内部及外部可能存在的安全隐患。

3）数据库的维护管理包括数据上传、下发、安全备份、恢复、数据的增删、数据库访问权限管理等。

（2）运行管理内容。

1）进一步完善水务公司关键性业务处理需求和具有统一性的工程管理业务规范，实现完整、规范和集成化的事务处理和数据处理，使水务局的管理工作进一步规范化、标准化，理顺各管理层内部及彼此之间的关系。

2）根据工程进展和水务公司的管理需要，进一步对工程数据的采集、处理提出严格的规范化操作规程，保证原始基础信息的准确性、一致性。

3）完善标准化信息处理过程，统一数据，按水务局的报表标准格式，建立一个集中、统一和可供不同专业及部门共享的概算、合同、投资、成本、财务等基础数据库。

4）提高水务公司日常关键性事务处理的规范化程度和各工作组及部门间的信息横向沟通能力，提高水务公司整体管理效率，为决策层提供决策分析所必需的准确及时的信息。

5）通过系统维护，促进水务公司工程管理人员现代管理观念的更新，培养一批能熟练地操作、使用和维护工程管理系统的人才队伍，提高人员素质，积累工作经验。

6）进一步提高水务公司工程管理主要业务的计算机信息化和提高管理效益。

（3）运行管理机制。

1）信息系统管理流程该流程用于管理软件系统的维护。流程中完整规定系统问题的记录、修复申请、修复批准、修复过程记录。

2）网络设备管理流程该流程用于管理网络设备的维护。流程中完整规定网络设备登记办法，设备问题的记录、修复申请、修复批准、修复过程记录，设备更新办法。

3）机房管理办法该办法规定对机房环境、进入机房的管理要求、机房管理人员的行为要求。

4）技术文档管理办法对所有技术文档（包括纸质和电子文档）的存借、更新、销毁、备份进行规定。

5）管理人员手册对参与计算机系统管理人员，包括机房管理人员、网络设备、主机设备、应用系统管理员、数据库管理人员的基本行为进行规定的手册。

6）数据维护管理制度

7）运行管理考核对运行管理过程进行考核，根据考核情况不断改进和完善。

7.2.3.4　运行维护机构

项目建成后具体的维护工作，由连城水务公司组建相应的数字水务中心运维部来承担具体的运维工作，专业化要求高的数字水务系统可采用托管服务。

7.2.3.5　技术力量和人员配置

为保证系统建成后 $7 \times 24h$ 正常运行，应配备必要的运行维护人员。主要技术工作包括：常态下，系统运行，包括系统操作，信息接报等工作；非常态下，协助领导、专家处置突发事件；系统运行保障，包括公有云网络、公有云资源、公有云业务、公有云数据等的保障、维护、更新。

7.2.3.6　人员培训方案

培训工作是贯穿工程实施以及整个工程生命周期中非常重要的工作。做好培训工作，能提高工程实施质量和工作效率，节省成本，最大限度发挥建设项目建成后所产生的作用。

（1）培训目的。通过对系统管理人员和应用操作人员的培训，保障系统能持续、正常、安全、稳定运行；通过培训，使系统管理人员熟悉系统总体方案，能独立管理系统，能够独立完成系统的安装调试、维护工作，能熟练将数据备份，并能将必要的数据进行还原等能力；通过培训，使系统操作人员能熟练地操作和使用相应功能；培训的最终目的是提高相关工作人员的 IT 技能和业务技能，真正培养一支高素质的技术维护队伍，维护和使用好本项目应用系统，提高业务人员的业务能力和素质。

（2）培训对象。人员培训的范围包括对负责本项目相关建设、运营和维护的专业人员、各类系统的使用人员和各级领导。领导培训：通过对各级领导和管理人员的培训，使他们了解本项目的流程、架构及关键点。使用人员培训：通过对使用人员进行应用系统培训，使他们尽快熟悉掌握系统，并通过信息系统解决业务协同与信息共享，提高工作效率和工作质量。专业人员培训：需完成对相关人员在有关应用系统的运行、管理等方面进行专门的培训。

（3）培训方式。培训的方式包括：集中培训：授课教师采用理论与案例分析、结合实际工作进行分析、模拟项目实践的技能训练等多种方式进行；现场操作培训：在使用现场通过对系统的实际操作掌握系统的实际运行过程和相关技能。

（4）培训内容。针对培训人员体系确定培训内容分为四类：

1）业务知识类培训：通过培训，使受培训人员能够了解本项目建设的意义和建设功能需求。

2）标准规范类培训：通过培训，使受培训人员能了解本项目建设需要遵循的标准规范体系，使之能适应系统建设的需求。

3）硬件设施类培训：通过现场安装的硬件设施的培训，使受培训人员能了解本项目硬件设施的功能特性，使得能满足运维的基本要求。

4）应用系统培训：通过应用系统培训，使受培训人员能更了解数字水务涉及的应用系统，使之能满足业务运营的要求。

7.3　长汀县数字水务建设

7.3.1　项目背景

7.3.1.1　长汀县数字水务现状分析

长汀县尚未建立区域城乡供水信息化系统，供水信息目前主要依靠人工采集、手动录入的方式，水厂管理措施薄弱，自动化水平较低，水费计收困难，缺少有效的技术手段对供水情况实现全面准确的监测。长汀县城乡供水一体化工程涉及 18 个乡镇，8 个供水分片，管理范围点多面广，用水户众多。人工记录，层层上报的模式，极大地制约了用水信息的传递，决策者无法第一时间掌握用水情况，不利于用水决策和统一调度。急需通过信息化系统建设提高工程的管理水平，帮助决策者及时掌握用水情况，为用水决策提供数据支持，满足水利部"水利工程补短板、水利行业强监管"的要求。

7.3.1.2　建设需求

本项目将建立支撑城乡供水一体化所需的数字水务平台，通过运用智能化管理手段，构建长汀县供水系统管理调度"一张图"综合管理平台，实现对中小型供水设施的有效监管，充分发挥城区积淀的专业化水务管理经验，并快速将其复制和推广至乡镇及村级供水，以探索出符合城乡供水一体化供水特征的日常巡检、设备维护、管网检修、营业抄表、收费缴费等一系列业务流程及管理模式，从而保障全县的供水，实现"从源头到龙头""从多水厂联合调度到多层级供水调度""从集中供水管理到分散独立供水管理"的科学调度，提高饮水效率。

7.3.1.3 建设目标

本项目通过新建、扩建、升级改造软件系统和硬件设备，整合长汀县水务公司已有的应用系统和信息资源，结合长汀县多个供水层级模式特征，实现从水源、输配水、净水、供水、用水收费等的运行监控，到管网巡检、设备维修、远传抄表、计费缴费、客户服务、经营管理等业务的开展，再到水源污染、管网爆管、管网末梢水质污染等应急调度的管理与快速决策，建立起覆盖长汀全县的数字监测监控体系，使水源水质更安全、生产更加智能、供水运营更加高效、管理更加精细、决策更加科学、服务更加个性，最终实现城乡供水一体化工作的智慧化。

7.3.1.4 建设任务

（1）建设范围。运用物联网、大数据等新一代信息技术，建设与完善覆盖本次工程的输水工程、净水工程、配水工程、入户工程，并将相关数据接入水投集团统一的数字水务平台。

（2）建设内容。

1）数字水务一体化平台。数字水务一体化平台，包含生产管理系统、设备管理系统、物资管理系统、GIS管理系统、DMA漏损控制和管网监测（SCADA）系统、供水管网水力模型、营业管理系统、数字报装系统、数字客服系统、基于大数据神经网络的数字水务分析系统、手机移动App、网上营业厅、微信公众号、基础支撑平台等。

2）物联网感知建设。物联网感知建设，包括18个厂区流量监测及安全监测设备、水质安全监测、17个供水片区管网分区计量建设、1套管网测漏设备、40套管网爆管、漏点在线监测设备、76720智能水表、18套水厂自控设备、1套营收系统配套硬件等。

3）管网物探普查。管网物探主要实施县城管网和日供水能力5000m³以上乡镇管网，物探覆盖范围为DN100以上供水主管网，新建管网不进行物探，由施工单位补齐埋深、材质、坐标等数据，GIS系统实施时导入平台中，物探只针对老旧管网。

4）网络传输及云计算资源数据存储。包括网络层建设及云平台建设等。

5）机房及调度中心建设。包括机房设备、大屏显示系统、调度中心装修等。

6）系统安全建设。包括系统安全软硬件设施的建设。

7.3.2 设计和实施

7.3.2.1 设计思路

遵循水利"十三五"规划，提升城乡供水保障能力，实现从水源地、水厂、输水管网、各级水池到用户用水全程的自动化监测、控制、计量、缴费，达到城乡饮水"两保一优"，有效提升城乡供水的集中供水率、自来水普及率、水质达标率、供水保证率和管理水平，切实保障全县饮水安全。同时完善水务信息化基础设施，提升水务信息化监管能力，促进水务资源信息共享，增加公众服务透明度，增强饮水安全保障能力，全县实现

"互联网＋城乡"供水管理服务模式从水源到用户全覆盖，为受益群众生活生产环境创造有利条件。城乡工程根据其自身的特点，土建工程与信息化建设齐头并进。

本项目为城乡供水一体化项目信息化建设项目，在信息系统建设也遵循规划，信息基础设施建设和业务应用模块的建设及监督管理均符合数字水务框架要求。在设计过程中，系统框架考虑预留接口并支持可扩展，为将来数字水务扩展做好准备；同时，按照数字水务要求，充分整合网络基础设施、业务系统和信息资源，促进资源的共建、共享、共用；推动城乡饮水安全信息化协调发展。助力城乡供水一体化和城镇化供水保障工程建设，按照新型城镇化建设的部署，保障城镇化进程中的城乡供水安全。建设既要立足当前，又要顾及长远，具备超前意识，分阶段、分层次设定目标分步实施。

7.3.2.2　总体构架

传统单体/SOA 技术架构和微服务技术架构的关键技术点和收益对比分别见表 7.10 和表 7.11。

表 7.10　传统单体/SOA 架构和微服务技术架构对比（关键技术点）

维度	单体/SOA 架构	微服务架构
粒度	大：服务由多个子系统组成，粒度大	细：一个系统被拆分为多个服务，粒度细
服务总线	需要：企业服务总线，集中式的服务架构	无需：无集中式总线，微服务之间松耦合、高内聚
集成方式	复杂：只能通过 ESB/WS/SOAP 集成	简单：支持通过 HTTP/REST/JSON 简单集成
独立部署	不支持：单体架构系统，相互依赖，部署复杂	支持：微服务能够独立开发、测试、部署、上线
技术多样性	不支持：单一技术平台或解决方案	支持：不同业务特征选择合适的技术方案
维度	单体/SOA 架构	微服务架构

表 7.11　传统单体/SOA 架构和微服务技术架构对比（收益）

单体/SOA 架构	微服务架构
开发效率低，政策落地慢	快速迭代、灰度发布
系统性能弱，用户体验差	弹性伸缩、线性扩容
项目周期长，厂商相互等	并行开发、小步快跑
业务难打通，厂商扯皮烦	接口开放、运维方便
需求难落地，厂商难替换	零件化、标准化
标准不统一，系统难管理	标准管控、服务契约
交付质量差，系统不稳定	开发流水线、代码检查
无法全面监管	业务互通、运营分析

由于 SOA 架构存在上述诸多不足，在系统技术路线分析中，针对新兴的微服务、容器技术与平台结合水务行业的特点进行分析，本项目将采用新型微服务技术架构方式进行建设。微服务架构带来的收益包括但不限于：

1）更快的部署速度。

2）更高的资源利用率。

3）更灵活地选择技术栈。

4）更好的故障隔离性。

5）更容易实现业务复杂性分解。

6）学习成本低。

7）沟通效率高。

8）更好的用户体验。

9）更好的创新能力。

7.3.2.3 系统构架

基于微服务的总体架构设计，结合数字水务行业应用特点，数字水务系统建议主要采用 B/S 系统架构，并支持插件开发，做到运行流畅、稳定、安全、便捷。

（1）展示层。指用户服务器到达系统应用服务器之前经历的环节。主要采用客户端浏览器访问。

1）页面采用 vue、echarts、three.js、c4d 等客户端技术，支持响应式布局，自动适配。

2）实现动静分离，静态资源部署在专门的服务器集群，Web 动态内容通过应用服务器返回。

3）采用适当的页面缓存，合并 HTTP 请求，使用页面压缩等技术。

4）采用前后端分离技术实现超低耦合，前后端分离后，前端和后端可分开部署，增强系统的安全性；根据前端的不同应用点击频次，可动态部署后端服务的个数。

（2）网关层。所有访问后端的链接由网关层统一传递，支持 HTTPS 协议，支持安全验证，支持接口熔断技术，由于在微服务的模式下，很多的接口调用中同一个操作会由多个不同的微服务来共同完成，所以微服务与微服务之间进行大量的相互调用，由于在分布式环境中可能会出现某个微服务节点故障的情况，所以会发生调用失败，而熔断器的作用就是当出现远程调用失败的时候提供一种机制来保证程序的正常运行，避免在某一次调用中卡死，以确保调用流程的顺利执行。

（3）应用层。应用层为处理系统主要业务逻辑的环节：

1）进行业务分割。分为生产管理系统、设备管理系统、物资管理系统、GIS 管理系统、DMA 漏损控制和管网监测（SCADA）系统、供水管网水力模型、营业管理系统、数字报装系统、数字客服系统、手机移动 App、网上营业厅、微信公众号等，分布式部署，充分应用服务器资源，提高系统的性能。

2）分别部署维护动态内容和静态页面模板，组合后最终显示。

3）实现无状态的应用服务，便于通过负载均衡实现应用服务器集群，以应对大量用户同时访问的高并发负载压力。

4）与福建省水投集团财务管理系统、OA 系统、运营管理系统、综合决策系统等相关系统实现数据关联。

（4）服务层。服务层提供基础服务，供应用层调用，完成系统业务：

1）包含应用层划分的系统提供的服务和第三方服务。

2）利用消息队列机制，实现业务与业务，业务与服务之间的异步消息发送与低耦合的业务关系。

3）提供高性能、低耦合、易复用、易管理的微服务体系，将系统拆分物联网平台，大数据分析平台，数据分析，数据计算，数据推送等子系统。

4）提供大规模热点数据的缓存服务器集群。

5）提供各系统之间的安全验证机制，权限管理。

6）支持接口统一处理的网关机制，支持 HTTPS 协议，登录验证，Hystrix 熔断机制。

7）支持 ELK 日志服务体系，采用 Elasticsearch、Logstash、Kibana 实现系统日志界面化实时查看和实时统计功能。

8）支持 Websocket 数据实时推送机制。

9）支持大数据分析结果高效呈现。

（5）数据缓存层。数据缓存层提供快速查询响应的数据缓存：

1）减少了对数据库的读操作，数据库的压力降低。

2）加快响应速度。从系统的层面说，CPU 的速度远远高于磁盘 I/O 的速度，若要提高响应速度，必须减少磁盘 IO 的操作。但是因很多信息存在数据库当中，每次查询数据库便是一次 IO 操作，而使用缓存可以有效地避免这种情况。因此，检索过程中根据业务将部分数据放入缓存，可降低数据库的负载。

（6）数据层。数据层提供数据、文件的持久化存储访问与管理服务：

1）采用 MySQL、Oracle 关系数据库、基于 CDH 的大数据存储系统、Hive、Hbase 等。

2）按拆分的业务进行分库。

3）实现数据库的读写分离。

4）采用分布式文件系统，以获得高可用性及高速访问。

（7）任务调度层。任务调度层处理非实时的后台任务，主要是任务调度，统计分析和大数据分析任务：

1）定时统计分析，定制报表数据统计。

2）提供数据仓库分析与挖掘服务。

3）其他系统闲时的定时任务。

（8）网络层和设备层。根据现场光纤宽带、专网、5G/4G 网络、Wi‐Fi、NB‐IoT 等网络情况实现实时远传水表，流量计等数据采集。

长汀县数字水务系统总体架构如图 7.17 所示。

7.3.2.4　功能应用体系

根据水投集团总体部署，通过云的方式部署后端软件应用。通过物联感知网络采集和接收水源地、输水工程、水厂、配水工程、用户水表等相关的物联网监测数据，配合适量的供水管网物探，为数字水务平台提供数据支撑。建立县级调度中心，为长汀水务公司日常管理和指挥决策提供窗口，以县为单位划分相应云资源为各县部署应用平台。应用平台包含："生产管理系统、设备管理系统、物资管理系统、GIS 管理系统、DMA 漏损控制、管网监测（SCADA 系统）、营业管理系统、数字报装系统、数字客服系统、手机 App 系

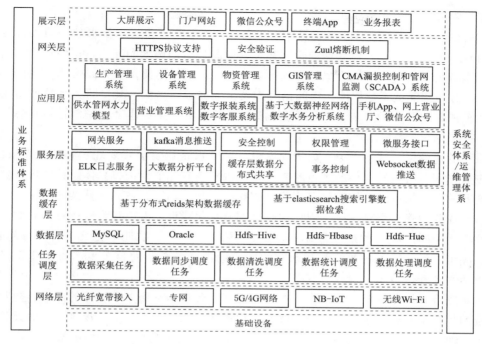

图 7.17 数字水务系统总体架构图

统、网上营业厅和微信公众号、厂区安全与水质安全"等多个大模块。

建设统一的省级大数据集中管控平台、片区业务应用集中管理平台、物联网集中采集平台，降低各县级数字应用所需的机房及硬件建设费用（统一由集团建设，各县租用）、业务应用系统部署费用、网络信息安全建设费用、维护升级费用。

采用统一标准的建设模式。实现全省生产、经营各环节标准化运行数据的集中采集、存储、管理，建立全方位、垂直化、集中化的监管体系，确保饮水安全和工程运行长期稳定。

省级大数据管控平台将对海量数据进行挖掘分析，形成的数据应用成果可快速方便地共享于各县级数字应用。

7.3.2.5 数字水务一体化平台建设

（1）生产管理系统。生产调度系统是供水安全的核心系统，通过对泵房、水厂、高位水池等设备的实时采集和分析，为县公司的生产调度提供数据支撑及数据预警。

各县公司的产生设备数据通过 OPC 或 DTU 实时将数据传输到省级物联网数据中心，如图 7.15 所示，传输方式一般为专线或 4G，如果水厂本地有控制中心且有组态软件，则通过 OPC 进行数据传输，小型水厂如果没有控制中心，则通过 DTU 进行数据传输，县公司通过专线访问省级平台使用生产调度系统。

（2）设备管理系统。建立统一的设备管理系统，数据存于省统一平台，各子（分）公司通过专线直接访问。平台建立旨在管理好各公司的供水设备、采集设备、计量设备等，通过数据存储、分析、统计、维护将设备全生命管理，从采校验、入库、备案、巡检、更换、维修等环节进行细化管理，从而提高设备的使用寿命及使用年限，降低水务公司的运维成本，保障水务公司的供水安全。

（3）GIS 管理系统。GIS 系统是数字水务建设的核心平台，也是水务公司日常经营中最不可缺少的平台之一，对后期的管网运维、查漏、生产调度能起到直接的指导作用，根据县级水务公司的特点，综合集团管理的要求，GIS 系统的架构设计如图 7.16 所示。

GIS 分为空间关系数据库、空间信息库及主题展示数据库，其空间关系数据库及主题展示数据库采用开源的 PostgreSQL 数据库，考虑到稳定性及速度，GIS 的基础平台建议采用 ArcGis 10.5 及以上版本。

系统的建设以"数字水务"为指导思想，从供水企业供水管理现状和业务需求出发，严格按照国家、行业地方标准规范的要求，对供水信息化框架进行总体设计，保证信息化框架的开放性和拓展性，体现信息化建设的整体性和协调性。在总体框架的指导下，综合考虑供水业务的管理需求，统一规划供水管理信息化建设，保障建设中的资源集约、信息共享和应用协同。数字水务的实现，能以更加精细、动态、智能的方式进行水务的管理、服务、决策工作，能以更加精细和动态的方式管理水务系统的整个生产、管理和服务流程，协助水务管理达到"智慧"状态。

本系统将采用先进成熟的技术，充分满足当前各种信息服务和管理的需求，同时为将来系统的扩充留有充分余地；充分考虑与其他系统之间的联系；统一规划，全面设计；便于维护，便于管理；在保证实现系统需求的前提下，提高系统的性能/价格比；建立标准的代码体系。系统开发平台基于 ArcGIS10.2 版本，其中以 ArcEngine 为数据管理开发平台、ArcGIS Server 为服务发布和管理平台、ArcGIS SDE 为空间数据引擎、Oracle11g 为数据库管理软件采用基于 .net 框架的 C♯ 语言为开发工具，系统架构采用 C/S、B/S 相结合的模式、移动应用采用嵌入式智能手机。

（4）DMA 漏损控制和管网监测（SCADA）系统。管网漏损是水务公司漏损的主要来源，因此漏损分析在整个数字水务建设中对后期水务公司的运维起到至关重要的作用，控漏平台主要是通过远程采集流量和压力数据，通过对压力和流量的数据分析，及时发现爆管和漏损，为水务公司的维修和查漏工作提供依据。

对各县公司的流量、压力数据进行实时采集，采集的频率根据供电方式而定，如果是市政供电，RTU 上传的数据频率建议 2min 一次，如果是太阳能供电，上传的频率建议 5min 一次，如果是电池供电，RTU 每 10min 采集一次存在设备端，然后每 4h 向打包向后台上传一次数据，每次 24 条，一天上传 6 次，如果流量和压力有突变，应立即上传数据到后台。

（5）基于大数据神经网络数字水务分析系统。随着城乡供水一体化项目的全面推行，当数据积累到一定的阶段后，数字水务将全面向高度智能化水务管理进阶，同时未来水务公司的工作将以数字水务平台为依托及指导，将由传统的被动转向主动转变，因此，基于大数据神经网络的生产大数据分析平台将是数字水务未来建设的一个主要方向。

1）水源地大数据神经网络分析子系统。通过采集水源地的水质、视频、水情、工情等数据，当数据量达到一定的级别，可建立水源地大数据神经网络平台，对水质、视频、水情、工情等数据进行预测及分析，从而为水源安全保驾护航。

2）供水生产大数据神经网络分析子系统。通过采集取水泵房、配水管网、净水厂、高位水池、输水泵站的各类数据，当数据量达到一定的级别，可建立供水生产大数据神经网络平台，对生产的电耗、药耗、进出水水质、流量、压力、设备状态等进行分析和预测，第一时间解决生产过程中的各种隐患和能耗问题，从而保证供水生产的安全及降低生产成本。

3）供水管网大数据神经网络分析子系统。通过采集管网监测点的流量、压力、水听器、噪声记录仪、水质在线监测等数据，同时结合供水管网地理信息系统（GIS），建立供水管网大数据神经网络平台，能及时地发现供水管网的爆管、漏损等信息，同时通过算法可对爆管的位置进行范围定位，为水司工作人员的抢修、检漏工作提供直观有效的指导方向。

4）营业管理大数据神经网络分析子系统。通过对营业的应收、欠费、实收、客户档案、智能水表、缴费渠道等数据进行采集，建立营业大数据神经网络平台，通过分析，第一时间发现营业管理的各类问题，及时整改，直接为水务公司创收。

5）设备管理大数据神经网络分析子系统。通过对设备数据的状态数据、维修数据、检修数据进行采集，建立水司全资产生命周期的大数据神经网络平台，为设备的整个运维、检修、更换等提供数据支撑，指导水司工作人员的业务工作顺利进行。

6）全业务综合大数据神经网络分析子系统。建立水源、供水生产、营业、管网、设备、污水、财务等综合的大数据神经网络平台，可以对水务公司进行从水源到排水口横向、纵向的整体分析及预测，解决水务公司的各类经营瓶颈，从而为水务公司的整个运营提供决策支持。

（6）手机移动App。在管理需要的基础上，结合智能手机的各种智能化功能。企业通过App进行服务、工作，将手机App成为新的管理手法，也成为企业新的推动力。手机App研发的功能需要贴近业务，界面设计友好。

手机App能全面展示信息，可以随时翻看，而且较长时段内，信息不会丢失。信息展示方式更新颖，支持视频、GPS地图等多种模式。

1）生产营收：通过手机App可以直观地查看到当前水务系统中完整的生产营收数据，其中包括：水生产数据，营收数据，产销差，抄表情况，各营业点的营收情况等。

2）视频监控：通过手机App查看各站点及各管理点的视频监控情况，实时接收视频流，保证监管的实时性。

3）综合办公：App与综合办公管理数据同步，通过手机App即可实现流程审批，业务申请等操作，实现移动办公全方位使用。

4）工单管理：工作人员可通过该模块进行工单接单，工单执行，工单帮助，和工单反馈功能，提供鹰眼轨迹定位管理，轨迹实时同步到管理端，实现工单生命周期的全面管理。

5）在线设备：通过App可以实时查看当前各站点的在线设备以及设备采集的数据情况，监管更加细化，管理更加方便快捷。

6）个人中心：主要包括消息中心，个人信息及密码修改，App实时推送的消息和提醒都可以在消息中心进行查看，同时可根据用户的自身需要修改个人信息和登录密码。

7.3.2.6　物联感知建设

（1）水源地监测。在水源地水质安全监测中，水质监测设备包含温度、pH、COD、电导率、浊度五项水质常规参数与水位监测参数（表7.12）。每个水源监测点一套水质监测设备与一套水位监测设备。

表7.12　　　　监测参数统计

水源地名称	水质监测参数	水质监测参数
×××水源	液位计	温度
		pH
		COD
		电导率
		浊度

（2）厂区流量监测。通过对长汀县各新建水厂进水口与出水口分别安装流量监测设备，实现在线监测与预警。

（3）厂区安全监测设备。

1）建设原则。按照以下两个原则配置视频监控设备：一是根据实际情况装枪机和球机，保证工厂重要生产地点和安防点基本没有死角；二是根据公安机关相关要求存储周期不低于90d，通信传输方式由运营商提供。

2）安装数量统计。长汀县泵房、水厂视频安防配置清单是根据国安要求，监控无死角，视频按90d存储进行配置，根据水厂规模及各自工艺特征，具体见表7.13。

表7.13　　　　　　　　水　厂　视　频　安　防

水厂名称	设 备 类 型	单 位	数 量
荣丰水厂	枪机	个	24
	球机	个	4
	硬盘录像机（32T）	个	3
	光纤收发器	对	3
	光纤	m	2000
	尾纤	m	100
	网线	m	2000
	16口视频交换机	个	2
	防浪涌保护器	个	2
	防雷接地系统	套	2
	立杆基础及防水箱	套	2

（4）水质安全监测。

1）水厂进出厂水质。水质安全监测中，一般进厂水水质监测配备浊度、pH两项参数检测；出厂水水质监测配备浊度、余氯两项监测。

2）管网水质。管网水质在线监测设备是指多参数水质在线分析仪。设备主要技术特点为：①仪器故障自动报警功能和异常值自动报警功能；②定期自动清洗和自动校正功能；③远程时间设置功能；④远程校正和远程清洗功能；⑤双向数据传输功能；⑥水质连续采样和管道自动清洗过滤系统功能；⑦在监视器上显示测量参数和设备运行状态；⑧显示报警画面；⑨停电保护及来电自动恢复功能；⑩数据自动采集及自动传输功能。

（5）管网测漏设备。管网测漏包括数字滤波检漏仪、智能管线定位仪、数字相关仪等。

（6）管网爆管、漏点在线监测设备。管网在线监测设备主要为水听器与智能型漏损噪声记录仪。功能要求如下：

1）最先进的传感器和成熟的算法：使用全球领先的传感器，灵敏度可达到1660mV/g（160Hz，0.5g），漏损状态通过成熟的算法进行运算。

2）预定位功能：必须具有"预相关"功能，用来远程"相关"确定漏点的大致位置，便于检漏人员的跟进。

3）频谱分析功能：必须具有Aqualog功能，远程查看记录仪噪声细节直方图，清晰识别噪声的一致性。

4）远程听音功能：必须传输监测点的噪声数据，方便检漏人员在办公室"听音"识别漏点。

5）兼容性要求：可以通过服务器软件或者其他第三方程序查看监测结果。

6）远程管理：所有的设备参数均可以通过远程进行配置，避免去现场的工作，节省了时间、交通等各种成本。

7）全防水设计：产品具备IP68等级防护能力，长期浸泡在水中，能够正常工作。

8）安装便捷：传感器底部具有高强度磁铁，表面磁场强度大于3500cm·g·s，能够紧密吸附在管壁、阀门等金属管件上，可以长时间固定安装，亦可移动式巡检。

根据长汀县整体供水规模，参考同等规模水务公司一般配置，管网爆管、漏点在线监测设备配置见表7.14。

表7.14　　　　　　　　　管网爆管、漏点在线监测设备配置

名称	内　　容	单位	数量	备　　注
水听器	用于主管网的爆管、漏损监测及爆管点、漏点精确定位	套	10	4G或NB传输，太阳能或市电供电
噪声记录仪	用于支线管网、小区管网的漏损监测及漏点精确定位	套	50	NB传输，电池供电或太阳能供电

（7）智能水表。县区整体存在多种多样的水表安装环境，不宜固定地采用单一的智能水表技术选型，应充分结合建筑特点、基表安装环境、网络条件，采用"一地一案"方式实施改造。

1）城区集中式高层小区。针对县城新建的集中小区，小区整体楼层高、居民密度大、户数多，水表集中安装于楼层水表箱或楼栋水表间中，城区地势相对平坦，网络信号覆盖程度高。建议采用集中式抄收的智能抄表产品，以最少的智能化设备使用量、最低的通信资费量，实现小区的水表数据的集中抄收，减少数据抄收成本、有效降低设备安装及维护费用。

2）乡镇独栋建筑。乡镇建筑往往为一户一表的独栋建筑，楼栋相对集中、部分分散、覆盖面积较广，水表多数独立安装于楼栋外的入户管线处。因水表安装位置分散的特点，该种场景不适用于分体自组网集中抄表设备，应选用覆盖范围更广、带载数量更多的窄带物联网型产品，将通信网关对镇区整个区域范围内进行覆盖，实现镇区5km内的智能水表的集中抄收。

3）农村分散住宅。农村分散建筑分散，覆盖面积广，地形地势复杂，水表安装分布不规则，安装环境复杂，无法适用组网型抄表方案，应优先采用 NB - IoT 型窄带物联网产品，各个智能水表终端配备独立的通讯模块，利用 NB - IoT 广覆盖、大连接、低功耗的通信优势，实现各智能水表终端的数据上传。

（8）水厂自控设备。

1）核心功能：①流程图监控功能；②完整的脚本编辑功能；③实时趋势监视功能；④全面报警功能；⑤历史数据管理功能；⑥报表展示功能。

2）功能特性：①可视化操作界面，真彩显示图形、支持渐进色、丰富的图库、动画连接；②无与伦比的动力和灵活性，拥有全面的脚本与图形动画功能；③可以对画面中的一部分进行保存，以便以后进行分析或打印；④变量导入导出功能，变量可以导出到 Excel 表格中，方便地对变量名称等属性进行修改，然后再导入新工程中，实现了变量的二次利用，节省了开发时间；⑤强大的分布式报警、事件处理，支持实时、历史数据的分布式保存；⑥强大的脚本语言处理，能够帮助实现复杂的逻辑操作与决策处理；⑦全新的 WebServer 架构，全面支持画面发布、实时数据发布、历史数据发布以及数据库数据的发布；⑧丰富的设备支持库，支持常见的 PLC 设备、智能仪表、智能模块。

7.3.2.7　管网物探普查

（1）物探概述。管网物探主要实施县城管网和日供水能力 5000m³ 以上乡镇管网，物探覆盖范围为 DN100 以上供水主管网，新建管网不进行物探，由施工单位补齐埋深、材质、坐标等数据，GIS 系统实施时导入平台中，物探只针对老旧管网。

管网探测：管线探测、高程、经纬度、材质、埋深、地理位置（对比参照物，如街道、明显建筑物等），并成详图。

县级或乡镇以上主管网应完成管网测绘成图工作，并通过专业成图软件进行管网资产管理。主要涉及地下管线探测、地下管线点测量、管线图编绘、建立地下管线数据库以及后台应用等环节。

首先是根据委托方提供的现有管线资料，在实地探明所有现状地下管线管道，其中金属管线主要采用电磁法原理，非金属主要采用探地雷达原理，并辅助以现场调查、钎探法以及局部开挖等方法完成，并在实地标识管线特征点，编号并记录其属性。

其次是用常规测量方法，先用 GPS 卫星定位系统，在首级控制点的基础上，布设 E 级 GPS 点，再用全站仪布设图根线并测量各管线特征点的三维坐标。

再次是根据探查流程提供的管线属性信息和测量流程提供的管线空间信息，用地下管线智能成图系统，生成带属性专业管线图，建立地下管线数据库。

最后是在日常工作中，可以利用管线成图软件对本工程完成的管线管道信息进行查询、维护、统计、分析等，满足应用。

（2）物探方案。

1）管网物探数据检查入库。地下管线是城市基础设施的重要组成部分，是城市赖以生存和发展的基础。掌握和摸清城市地下管线的现状，是城市自身管理、发展的需要。随着国民经济迅速发展和城市化的快速推进，日常经济建设和城市管理活动对地下管线的依赖性也越来越强。为适应城市建设和管理现代化的发展需要，近几年来越来越多的城市相继进行了城市地下管线物探普查工作与信息管理系统的建设，并建立了地下管线的动态管理与更新机制。

供水管网作为城市的重要基础设施之一，它一方面关系着城市居民生活及城市工业的发展，担负着巨大的社会责任；另一方面又由于它深埋于地下，具有不透明性、管线纵横交错、结构复杂、信息量及查询量大、保存期长、要求不间断运行使用等特点，管理极为复杂。很多供水管网的建设历经了改革前后的变化，尤其是改革开放以后，随着城市建设的日新月异，供水管网的改造、扩建也不断深入，由于历史的各种原因，导致管网资料不统一，不齐全，对管网的管理还依然存在手工管理、图纸管理的办法。随着信息时代的逐渐到来，管网资料的数据更新、规范及计算机管理已成为迫在眉睫的事情。

管网物探普查，也主要是基于以上考虑，一方面，通过实地调查、探测，全面准确地掌握所有供水管网的各种情况，获取翔实的第一手资料，并通过探测建立起供水管网的各种属性数据库，为实现供水管网的信息化管理打下坚实的基础。另一方面，通过普查现状为今后的设计图、竣工图提供一个规范的模式，从而提高整个供水管网管理的效能，为管网运营企业长远的发展建立起规范、科学的管理途径。

2）物探工作内容要求。

（a）物探任务。在已有管网资料的基础上，采用地球物理方法查明城市供水管道、附属设施（阀门、消防栓、井室、水表、测压点、水质点等）及其特征点（排泥、排气、弯头、三通、四通、变径、变坡、变材等）探测和供水设施的属性资料录入地理信息系统两部分工作内容。地下供水管线（包括金属类管线和非金属类管线）的平面位置、走向、埋深、地面标高、管径、管材等，对各特征点（供水管道上的三通、四通、堵头、变径点、测压点、测流点等）及附属物（阀门、水表、消防栓、水厂、泵站等）进行定位测量，标明其坐标。并对野外物探普查成果进行室内计算处理，最终建立供水管网图形及属性数据库。

（b）物探范围。物探公司在开始探测前，工程部会根据具体水务公司的实际情况，水务公司规划、建设和管理的需要，制定出切实可行的方案，划定相对固定的探测范围及探测的取舍标准。

（c）物探项目。物探普查的类别主要有以下几类（见表7.15）：

表 7.15　　　　　　　　　　　　物 探 普 查 的 类 别

管线	地面建（构）筑物	管 线 点	
		特征点	附属物
供水管网	泵站、水厂等	三通、四通、堵头、变径点、测压点、测流点等	阀门、水表、消防栓、水厂、泵站等

a）管线点：为测绘供水管线图将供水管线特征点及其附属设施中心点投影到地面上而设置的测点，管线点可分为明显点和隐蔽管线点。明显管线点是指供水管线几何投影中心位置在实地明显可直接定位的管线点，如各种井、阀门、消防栓等。隐蔽管线点是指因供水管线隐蔽需采用管线仪器探测定位和定深的管线点，如埋设在地下的各种管线的分支点、交叉点、变径点等。

b）供水管线：供水管线存在一定的复杂性，一般分成两大类，金属管线和非金属管线。金属类管线包括铸铁管、球墨铸铁管、钢管等；非金属类管道包括 PE 管、预应力混凝土管、玻璃钢等。供水管线物探普查主要查明管线的平面位置、走向、埋深、地面标高、管径、管材等作为属性库的信息。

c）供水构筑物：泵站、水厂等建筑物位置进行实地的测量，精确其实地位置。

d）供水管线点：附着在供水管线上，对供水管线的流向起着一定的控制、限制、引导等作用，例如阀门、堵头、变径、三通、四通、测压点等点位。

7.3.2.8　信息系统安全建设

按照《信息安全等级保护管理办法》（公通字〔2007〕43 号），信息系统的安全保护等级分为五级，定级工作主要按照《信息安全技术网络安全等级保护定级指南》（GB/T 22240—2020）的标准执行电网企业的系统定级。

一般把信息系统安全分为业务信息安全和系统服务安全两部分，并对两部分分别定级，最后取定级的较高者为定级对象的安全保护等级。如办公自动化系统业务信息安全等级为二级，系统服务安全等级也是二级，那么办公自动化系统的定级就是二级；而营销系统业务信息安全等级为二级，系统服务安全等级为一级，那么营销系统定级就是二级。通常水务企业的信息系统定在四级以下，主要集中在一级、二级和三级。

定级是等级保护的第一阶段工作，对后续阶段工作影响很大，如果定级不准——过高会浪费人力、物力、财力，而过低则会存在安全隐患同时使后续工作失去意义，可见定级工作的重要性。依据《信息安全等级保护管理办法》《信息系统安全等级保护定级指南》对本系统的安全属性进行分析，参考以往数字水务建设的信息系统项目定级情况来看，各系统的安全等级定级一般为第二级或第三级，结合本系统区域属性及业务特征、安全需求，建议按信息系统安全等级保护至少第二级的要求进行系统安全建设。

（1）安全技术方案。根据信息安全等级保护至少二级的要求，对本项目进行整体安全设计。本项目推荐云服务租赁方式搭建，云服务要求至少二级等保的安全防护要求，能够为部署在云平台上的信息系统提供完备的物理安全、网络安全、主机安防、本项目应用软件开发和数据资源中心建设过程中，需针对应用层的安全在软件功能上开发统一身份认证、权限管理和日志审计等功能，针对数据层安全在数据库设计中实现数据传输和存储安全保障。

（2）安全管理方案。本项目的安全体系管理层面设计主要是依据《信息系统安全等级保护基本要求》中的管理要求而设计。分别从以下方面进行设计：

1）安全管理制度。①应制定信息安全工作的总体方针和安全策略，说明机构安全工作的总体目标、范围、原则和安全框架等；②应对安全管理活动中的各类管理内容建立安全管理制度；③应对要求管理人员或操作人员执行的日常管理操作建立操作规程；④应形成由安全策略、管理制度、操作规程等构成的全面的信息安全管理制度体系。

2）安全管理机构。

（a）岗位设置。应设立信息安全管理工作的职能部门，设立安全主管、安全管理各个方面的负责人岗位，并定义各负责人的职责；应设立系统管理员、网络管理员、安全管理员等岗位，并定义各个工作岗位的职责；应成立指导和管理信息安全工作的委员会或领导小组，其最高领导由单位主管领导委派或授权；应制定文件明确安全管理机构各个部门和岗位的职责、分工和技能要求。

（b）人员配备。应配备一定数量的系统管理员、网络管理员、安全管理员等；应配备专职安全管理员，不可兼任；关键事务岗位应配备多人共同管理。

（c）授权和审批。应根据各个部门和岗位的职责明确授权审批事项、审批部门和批准人等；应针对系统变更、重要操作、物理访问和系统接入等事项建立审批程序，按照审批程序执行审批过程，对重要活动建立逐级审批制度；应定期审查审批事项，及时更新需授权和审批的项目、审批部门和审批人等信息；应记录审批过程并保存审批文档。

（d）审核和检查。安全管理员应负责定期进行安全检查，检查内容包括系统日常运行、系统漏洞和数据备份等情况；应由内部人员或上级单位定期进行全面安全检查，检查内容包括现有安全技术措施的有效性、安全配置与安全策略的一致性、安全管理制度的执行情况等；应制定安全检查表格实施安全检查，汇总安全检查数据，形成安全检查报告，并对安全检查结果进行通报；应制定安全审核和安全检查制度规范安全审核和安全检查工作，定期按照程序进行安全审核和安全检查活动。

7.3.3 运行管理

7.3.3.1 运行管理组织

项目建成后具体的维护工作，由长汀水务公司组建相应的数字水务中心运维部来承担具体的运维工作，专业化要求高的数字水务系统可采用托管服务。

7.3.3.2 运行维护管理措施

系统建成后，为保障系统运行稳定、安全、可靠，需要建立运行维护管理的制度与管理办法，确定管理的内容及要求。

（1）运行管理原则。系统建设完成后，运行管理的中心任务是保证系统的正常运行，迅速、准确、全面地为水务局各部门提供服务。因此，整个系统运行管理要以数据录入为基础，计算机网络为保障，系统数据库为关键，业务应用系统为核心，建立一系列较为全面的管理体系。其管理的主要内容包括以下部分：

1）数据录入的管理。各部门提供的基础数据经审核无误后，才能进行录入操作。录入人员必须严格按各部门提供的基础数据资料如实录入，不得擅自调整或修改，防止错漏情况的发生；数据录入完毕后必须进行数据校验，发现问题要及时查明原因，对错误数据在查明原因的基础上进行修改，对修改后的数据还要进行校验，校验、修改情况要有记录。

2）计算机网络运行管理。

（a）物理设备的安全及可靠性管理：对内网的所有设备，包括光缆及其附属配件、防火墙、路由器和交换机、服务器等物理设备，进行安全性及可靠性两方面的运行管理，控制网络运行过程中的负载平衡、冲突检测、拥塞防止，网络运行实时监视、分析、预报和故障排除等。

（b）网络的安全管理：健全网络安全体系，阻止网络内部及外部可能存在的安全隐患。

（c）数据库的维护管理。

包括数据上传、下发、安全备份、恢复、数据的增删、数据库访问权限管理等。

（2）运行管理内容。

1）进一步完善水务公司关键性业务处理需求和具有统一性的工程管理业务规范，实现完整、规范和集成化的事务处理和数据处理，使水务局的管理工作进一步规范化、标准化，理顺各管理层内部及彼此之间的关系。

2）根据工程进展和水务公司的管理需要，进一步对工程数据的采集、处理提出严格的规范化操作规程，保证原始基础信息的准确性、一致性。

3）完善标准化信息处理过程，统一数据，按水务局的报表标准格式，建立一个集中、统一和可供不同专业及部门共享的概算、合同、投资、成本、财务等基础数据库。

4）提高水务公司日常关键性事务处理的规范化程度和各工作组及部门间的信息横向沟通能力，提高水务公司整体管理效率，为决策层提供决策分析所必需的准确及时的信息。

5）通过系统维护，促进水务公司工程管理人员现代管理观念的更新，培养一批能熟练地操作、使用和维护工程管理系统的人才队伍，提高人员素质，积累工作经验。

6）进一步提高水务公司工程管理主要业务的计算机信息化和提高管理效益。

（3）运行管理机制。

1）信息系统管理流程。该流程用于管理软件系统的维护。流程中完整规定系统问题的记录、修复申请、修复批准、修复过程记录。

2）网络设备管理流程。该流程用于管理网络设备的维护。流程中完整规定网络设备登记办法，设备问题的记录、修复申请、修复批准、修复过程记录，设备更新办法。

3）机房管理办法。该办法规定对机房环境、进入机房的管理要求、机房管理人员的行为要求。

4）技术文档管理办法。对所有技术文档（包括纸质和电子文档）的存借、更新、销毁、备份进行规定。

5）管理人员手册。对参与计算机系统管理人员，包括机房管理人员、网络设备、主机设备、应用系统管理员、数据库管理人员的基本行为进行规定的手册。

6）运行管理考核。对运行管理过程进行考核，根据考核情况不断改进和完善。

7.3.3.3 运行管理经费及来源

长汀水务公司数字水务建设项目，本质上属于信息化建设范畴，系统建成投入使用后，为保障整个项目的正常运行，所涉及的软硬件维护成本将是持续性的支出费用，需进行项目运维的费用分析，具体体现在以下几个方面。

（1）云平台使用费。由于是自购硬件，硬件这块无须再投入运维费用，只需支付托管费用。

（2）硬件维护成本。数字水务建设中所涉及的硬件，主要集中在物联网采集终端（含压力传感器、水质监测仪等）及其相关附属设备的维修、维护、更换的费用。该部分费用应计入固定资产投入，走设备使用折旧、维修维护流程。由水务企业支付。

（3）软件维护成本。数字水务建设所涉及的软件使用及维护费用，按照软件行业惯例，项目验收投入使用后，一年内是免费服务的，一年后需按一定的期限支付相应的年使用费或年维护费，该费用额度依据签署的商务合同为准，目前是按 3～5 个点预估，30 万元/年的运维费。

7.3.3.4　运行管理人员配备

为保证系统建成后 7×24h 正常运行，应配备必要的运行维护人员。主要技术工作包括：常态下，系统运行，包括系统操作，信息接报等工作；非常态下，协助领导、专家处置突发事件；系统运行保障，包括公有云网络、公有云资源、公有云业务、公有云数据等的保障、维护、更新。

7.4　漳平市数字水务建设

7.4.1　项目背景

7.4.1.1　政策背景

为深入贯彻落实习近平总书记关于实施乡村振兴战略的重要论述和党的十九大会议精神，按照党中央、国务院关于坚决打赢脱贫攻坚战和实现乡村振兴战略的有关要求，顺应农村居民对美好生活向往的需要，以城乡供水一体化发展为前提，以保障城乡供水安全、改善农村生产和生活条件、促进城乡统筹发展和社会和谐稳定为目标，打破城乡界限实现水资源的统一管理和配置，实现规划全覆盖，统一部署、分期实施，着力构建"从源头到龙头"的城乡供水安全工程体系、规模化管理体系，健全工程长效运行管理体制，持续提升农村饮水安全保障水平。

漳平市城乡供水一体化建设项目符合城乡供水一体化建设要求，通过项目建设实现城乡供水同网、同质、同服务，全面提升农村饮水安全保障水平，与党的十九大提出的实施乡村振兴战略相符合。

7.4.1.2　地理背景

漳平市位于福建省西南部，九龙江（北溪）上游，介于北纬 24°54′～25°47′，东经 117°10′～117°45′ 之间，地处闽西的东大门，东毗永春、安溪，南连华安、南靖，西邻新罗，北接永安、大田，介于龙岩、漳州、泉州、三明四个地区之间，外接厦门等闽南沿海发达地区，内联闽、粤、赣腹地，同时又是连接戴云山、玳瑁山与博平岭三大山脉的接合部，总面积 2956km²。漳平市人民政府驻菁城街道，全市辖 2 个街道、11 个镇、3 个乡：菁城街道、桂林街道、新桥镇、双洋镇、永福镇、溪南镇、和平镇、拱桥镇、象湖镇、赤水镇、芦芝镇、西园镇、南洋镇、官田乡、吾祠乡、灵地乡。2018 年户籍人口 29.73 万人，常住人口 24.20 万人。

漳平市处戴云山脉、博平山脉和玳瑁山脉三大山脉接合部，地貌类型复杂，中山、低山、丘陵、盆地互相交错，河流、峡谷穿插其间。全市以低山为主，丘陵次之，中山不多，盆地最少。据统计，按自然状态和开发使用情况分，山地占全市总面积的 83.5%，耕地占 4.0%，水域占 0.8%，其余 11.7% 为房屋、道路、矿区。县境四周，除中部九龙江出入境处没有高山阻隔外，其余与邻县（市）交界处，大有千米以上高山。漳平市区地形整体为南北长条形，地势为南北高、中间低，以南面官田乡境内的苦笋林尖为最高点（海拔 1666.7m），其次为北片双洋镇与三明永安交界的云洞山（海拔 1634.4m），海拔最高的乡镇为永福镇，平均海拔超过 800m。整体是漳平城区较平，其他地方都是以山地为主，素有"九山半水半分田"之称，"闽道更比蜀道难"在漳平得到充分的体现。

7.4.1.3　气候背景

漳平市属亚热带季风气候，气候温和湿润，雨量充沛，多年平均降雨量为 1372mm，多年平均径流深为 780mm，降水和径流在年内分配不均，其中汛期（4—9 月）的降水和径流占全年总量的 80%，而枯水期（10 月至次年 3 月）的降水和径流占全年总量的 20%，降水和径流在年际的变化比较大。境内水系溪流众多，溪流归属九龙江水系。年均气温 21.8℃，极端最低气温－5.7℃，极端最高气温 40.3℃。年霜期 60d 左右，一般情况冬季西北风偏多，夏季东南风为主，春秋季风为过渡时期，多年平均风速 1.2m/s，多年平均日照时数 1878.9h。气候具有温热湿润，雨水充足，冬短无严寒、夏长少酷暑，干湿季节明显等特点。

7.4.1.4　河流水系背景

漳平市水系为九龙江水系，河流走向主要为从北向南流，与东西两条万安溪和新桥溪几乎平行汇入九龙江，本项目主要涉及拱桥溪和永福溪。

拱桥溪发源于漳平市永福镇龙车村境内，河流由西南向东北流经永福、拱桥、西园乡。在溪仔口汇入到九龙江北溪。拱桥溪流域面积为 253.4km²，主河道长 54.1km，河道平均坡降 15‰，流域地势自西南向东北倾斜，最高点在庵山，海拔高程 1487m，流域内水系发达，水能资源丰富，其主要支流为罗田溪、黄固溪、下山溪等。拱桥溪河道为山溪性河流，山高坡陡，水源无污染，水质优良是很好的水源地。溪流流经山间峡谷，水流急流，洪水陡涨陡落，为典型的山溪性河流。

永福溪是九龙江北溪的一条支流。永福溪发源于漳平、南靖、华安三县交界的金面山北麓，经永福、官田两乡镇，入华安境内后注入九龙江北溪，控制的流域面积 344km²，主河道长 52km，河道平均坡降 12.6‰，永福溪主要支流有吕坊溪和清流溪。永福溪流域水资源丰富，主要由地表径流和逐年可得到恢复补给地下水两部分组成，因此，永福溪流域的时空分布特点与降雨大体相似，水资源年际、年内变化较大。在年纪流域内最丰年是最枯年的 2.14 倍，在年内，汛期（4—9 月）径流量占全年的 69.8%，5—6 月为高峰期，径流量占全年的 38.3% 左右，10 月以后逐渐进入枯水期，10 月至次年 3 月占全年的 30.2% 左右。

吾祠乡河流均属山区短小河流，水系多呈枝杈状，流域面积小、较为短促、坡降大、水量随季节变化大。

7.4.1.5　社会经济背景

2018 年，漳平市地区生产总值（GDP）实现 255.74 亿元，增长 7.5%，居龙岩市第四位。其中第一产业增加值 31.88 亿元、增长 3.5%，第二产业增加值 105.17 亿元、增长 8.8%，第三产业增加值 118.68 亿元、增长 7.3%，三次产业结构为 12.5∶41.1∶46.4。全年财政总收入 12.90 亿元，增长 22.1%，增速居龙岩市第三位。其中：地方一般预算收入 8.25 亿元，增长 21.2%，增速居龙岩市第三位。2018 年，全体居民人均可支配收入 25847 元，比上年增长 8.6%。农村居民人均可支配收入 17349 元，增长 9.1%；城镇居民人均可支配收入 34082 元，增长 8.2%。

（1）工业经济。全年规模以上工业增加值增长 9.4%，轻纺、矿冶、建材、机械电子四大主导产业累计产值现价增长 19.7%，其中建材、机械电子产业较快增长，分别增长 45.7%、17.7%。超七成行业增长。漳平市工业 26 个行业大类中有 20 个行业的产值保持增长，增长面达 76.9%。工业用电量保持增长。2018 年，工业用电量 8.69 亿 kW·h，同比增长 8.1%。其中，当月 8248 万 kW·h，同比增长 11.0%。

（2）农业经济。落实各级实施乡村振兴战略的各项政策举措，品牌农业、生态农业、智慧农业、旅游农业加快发展，农业总产值 51.8 亿元、增长 4%。粮食作物播种面积 20 万亩，产量 7.8 万 t，山垅田改造 300 亩。"木、竹、花、茶、菜"特色产业产值突破 80 亿元。

（3）第三产业。深入开展服务业"三比一看"竞赛活动，落实服务业 12 条扶持政策和 49 条具体措施，乡村旅游、商贸物流、电子商务等现代服务业较快发展，第三产业增加值 122.6 亿元、增长 10.5%，新增规模以上服务业企业 22 家、限额以上商贸业企业 9 家，服务业增加值占 GDP 比重达 47.8%。

7.4.1.6　工程地质背景

（1）地形地貌。漳平地处戴云山、玳瑁山和博平岭三大山脉接合部。地势由南、北向中部河谷倾斜，呈马鞍形。中部沿江两岸为漳平市地势较为平缓的河谷、丘陵地带。北部以新桥溪为界，东缘属戴云山脉南端的西南坡，西缘属玳瑁山脉的东南坡。两坡相向，构成狭长的新桥溪河谷地带。东部戴云山支脉两支由大田和安溪入境，向西南延伸至九龙江北岸，两支脉间，形成溪南溪河谷地带。西部有玳瑁山支脉由北部的永安入境，分两支向南延伸至南洋北部，两支脉间，有双洋溪蜿蜒南流，形成赤水、双洋等山间盆地。九龙江以南，大部分地区为博平岭山脉所盘踞，地势高峻，四周群山耸峙，形成平均海拔 750m 的永福山间盆地，地势由西南向东北九龙江河谷趋降。

工程区内多属丘陵～中低山地貌，山坡坡度一般 15°～25°，局部可达 35°以上，场地地表多为第四系人工堆积、冲洪积和坡残积层覆盖，局部沟底、道路开挖边坡见基岩裸露，岩体呈强～弱风化。

（2）地层岩性。根据现场地表测绘，工程场地上部土层主要为第四系人工堆积（Q^r）、冲洪堆积（Q^{al+pl}）及坡残堆积（Q^{dl+el}）等松散堆积物，下伏基岩为全～弱风化基岩。将工程区各岩土层按其成因时代、埋藏分布规律。

（3）地质构造。根据工程区现场地质测绘及区域地质资料，工程区地质构造以断裂为主，节理、裂隙较发育。根据现场地表测绘，在公路边坡及施工场地开挖边坡出露的基岩节理裂隙产状为 NE40°～60°NW∠30°～45°及 NW300°～310°NE∠30°～45°，节理面多为闭合～微张，局部充填有钙质、泥质。

（4）水文地质。场地地下水类型包括为覆盖层中的孔隙潜水和基岩裂隙水，盆地内孔隙水水位埋藏一般较浅，埋深一般为 1～3m，盆地周边山坡地下水位埋深较大，一般为 4～11m。地下水主要为大气降水和山坡高处补给，与河道等地表水密切联系，呈相互补给或排泄关系。

7.4.1.7　项目概况

(1) 服务范围。服务漳平市中心城区（芦芝镇南洋镇）、永福镇及吾祠乡。

(2) 工程规模。总供水规模 4.225 万 m^3/d（扩建漳平市第一水厂 3.5 万 m^3/d＋后孟水厂 0.66 万 m^3/d＋吾祠乡村级供水 0.065 万 m^3/d）。

(3) 现有供水设施概况。漳平市城区有两座自来水厂，即第一水厂（溪仔口水厂）和第二水厂，现状最大供水量为 1.90 万 m^3/d 和 3.0 万 m^3/d。

1）第一水厂。第一水厂位于漳平市西园乡溪仔口村东北侧山坡上，溪仔口水厂于 1991 年建成投产，占地面积 10 亩，设计供水规模 3 万 m^3/d，现状最大供水规模为 1.9 万 m^3/d，采用的给水处理工艺为：原水—网格反应—斜管沉淀—无阀滤池—清水池—管网。厂区内现有 $1500m^3$ 和 $2000m^3$ 清水池各 1 座，清水池底高程 219.0m。第一水厂原水取自大坂三级电站尾水，水质类型为Ⅱ类，现已建立水源保护区。

2）第二水厂。漳平市第二水厂位于西园镇卓宅村美乾自然村，美乾电站东侧的山坡上，第二水厂于 2016 年竣工投产，占地面积 30 亩。水厂远期设计规模为 5 万 m^3/d，现状供水规模 3 万 m^3/d，采用的给水处理工艺为：水泵房配水井—管道混合器—网格絮凝池—斜管沉淀池—V 型滤池—清水池—输水干网—城市配水管网。第二水厂内设 $5000m^3$ 和 $4000m^3$ 清水池 2 座，原水取美乾电站水库尾水，水质类型为Ⅱ类。

3）各乡镇水厂。和平镇集镇水厂位于和平村东北侧，和山段道路旁，该水厂于 2011 年重建，供水规模 760t/d，供水范围为和平村、春尾村，水源为山涧水，水质类型为Ⅱ类，包括一体化高效净水器 1 台。

芦芝镇集镇水厂位于和平村东北侧，供水规模 $350m^3/d$，供水范围为芦芝村。集镇水厂一体化高效净水器 1 台。

南洋镇集镇水厂位于南阳镇南洋头北侧山坡，供水规模 $609m^3/d$，供水范围为南洋村和党口村。集镇水厂现状净水设施运行正常，采用粗滤、沉淀的净水工艺后，通过配水管网入户。

永福镇集镇水厂供水规模 $400m^3/d$，供水范围为福里村，该水厂为私人所有，水源为地下水。该水厂无净水设施。

吾祠乡集镇水厂位于后隔洋村西北侧，供水规模 $400m^3/d$，供水范围为吾祠村、后隔洋、前村洋自然村，集镇水厂一体化高效净水器 1 台。

漳平市一期工程区现有水厂供水规模见表 7.16。

表 7.16　　　　　　　　　漳平市一期工程区现有水厂供水规模

水厂名称	设计供水规模 /(m^3/d)	现状供水规模 /(m^3/d)	水厂名称	设计供水规模 /(m^3/d)	现状供水规模 /(m^3/d)
第一水厂	30000	19000	南洋镇集镇水厂	609	609
第二水厂	50000	30000	永福镇集镇水厂	400	400
和平镇集镇水厂	760	760	吾祠乡集镇水厂	400	400
芦芝镇集镇水厂	350	350	合　计	82519	51519

（4）建设内容。

1）漳平市第一水厂取水点迁移工程。拟将漳平市第一水厂取水点从大坂三级电站尾水处迁移至大坂一级电站尾水，在大坂一级电站尾水处的河道修建一座壅水坝后通过新建的输水管道引水至原取水点，管道长 17.02km，设计日供水规模为 3.7 万 m^3/d。

2）管网工程。

（a）漳平市第一水厂至芦芝镇供水管道工程新建第一水厂至芦芝镇华寮村、圆潭村供水管道，供水规模为 700m^3/d，管线沿现状道路树状铺设，配水管总长 12.65km。

（b）漳平城区第二水厂至南洋镇供水管道工程新建第二水厂至南洋镇镇区及利田村、悟溪村、暖洲村、党口村供水管道，供水管道设计日供水 1100m^3/d，配水干管总长 8.63km。

（c）永福镇供水管道工程新建后盂水厂至永福后盂村、吕坊村、新坑村、石洪村、福里村、秋苑村、兰田村、紫阳村、封侯村、李庄村共 10 个行政村供水管道，设计日供水 6600m^3/d，供水管道沿现有道路树状布置，新建和改造输配水管长 11.60km。

3）吾祠乡村级供水工程。新建吾祠乡凤山村、北坑村、厚德村、陈地村、彭溪村、彭炉村、内林村 7 个行政村的供水管道，设计日供水 650m^3/d，新建输配水管长 53.55km。

4）漳平市城区智慧水务工程。水表改造10000 套（传统水表改为智能远传水表），水厂自动化改造 2 项、市政加压泵站及二次供水泵房 2 项、压力检测及采集传输设备 42 套、管网监测及采集传输设备 19 套、水质监测及采集传输设备 10 套及中央控制系统。

（5）项目投资。项目总投资 45402 万元，静态投资 44381 万元，利息 1022 万元。工程部分静态投资 38628 万元、建设征地和移民安置补偿总投资 1576 万元、水土保持工程投资 1411 万元、环境保护工程投资 567 万元，智慧水务 2200 万元。

7.4.2 设计和实施

7.4.2.1 工程等级和标准

（1）工程等级。本工程建设目的为推进漳平市城区中部（南洋镇、芦芝镇）、永福镇及吾祠乡供水管网建设和延伸，完善各乡镇及周边村庄供水设施，扩大漳平市供水范围，实现城乡供水同管网、同水质、同服务。工程主要任务为保障漳平市城区中部（南洋镇、卢芝镇）、永福镇、吾祠乡等乡镇80%左右的居民供水，基本实现城区中部（南洋镇、卢芝镇）、永福镇及吾祠乡等乡镇城乡供水一体化。工程建设内容包括取水工程、输水管网工程、净水厂工程及配水管网工程。该工程年引水量为 0.15 亿 m^3 < 1 亿 m^3，且供水对象重要性为一般，根据《调水工程设计导则》（SL 430—2008）相关规定，可确定本工程等别为Ⅳ等工程。

（2）工程合理使用年限。根据《室外给水设计标准》（GB 50013—2018）规定供水工程中构（建）筑物的设计使用年限宜为 50 年，输配水管道宜为 30 年。因此，本工程输配水管道工程的使用年限为 30 年。

（3）抗震设防。根据《中国地震动参数区划图》（GB 18306—2015），工程区地震动峰值加速度为 0.05g，地震动反应谱特征周期为 0.40s，相应的地震基本烈度为Ⅵ度。根据《水工建筑物抗震设计规范》（SL 203—97），本工程不进行抗震计算。

（4）主要设计允许值。

1）水质目标。《生活饮用水卫生标准》（GB 5749—2022）中要求出厂水到用户端浊度小于 1.0NTU，为保证达到这一指标，考虑到管道输送过程中的二次污染影响，本设计净水厂出水浊度控制目标不大于 0.5NTU，其余指标均应满足《生活饮用水卫生标准》（GB 5749—2022）。

2）水压目标。《城镇供水厂运行、维护及安全技术规程》（CJJ 58—2009 备案号 J 967—2009）中规定：管网末梢水压不应低于 0.14MPa（14m 水头），而在《城市给水工程规划规范》（GB 50282—2016）中第 4.0.5 条中规定：城市配水管网的供水水压宜满足用户接管点处服务水头 28m 的要求。

本次新建工程水压目标为：主干管的水压要求大于 0.28MPa，最不利供水节点的自由水压要求大于等于 0.16MPa（三层楼），消防时室外消火栓的水压不低于 0.1MPa。

高层建筑及局部高地建筑所需水压不作为城镇供水水压目标，水压不足的需自设加压泵房加压供水。

7.4.2.2　工程总体布置

本工程建设目的为推进漳平市城区中部（南洋镇、芦芝镇）、永福镇及吾祠乡供水管网建设和延伸，完善各乡镇及周边村庄供水设施，扩大漳平市供水范围，实现城乡供水同管网、同水质、同服务。工程主要任务为保障漳平市城区中部（南洋镇、芦芝镇）、永福镇、吾祠乡等乡镇 80％左右的居民供水，基本实现城区中部（南洋镇、芦芝镇）、永福镇及吾祠乡等乡镇城乡供水一体化。工程布置汇总见表 7.17。

表 7.17　　　　　　　　　　工　程　布　置　汇　总

供水区域	供水规模/（t/d）	取水建筑物/座	水厂规模/（m³/d）	供水线路/km	供水人口/人
城区中部	5000	1	35000（第一水厂已建） 30000（第二水厂已建）	38.30	7933
永福镇	6600	0	8000（在建）	116.30	26872
吾祠乡	650	8	0	53.55	3813
合计	12240	9	73000	207.85	38618

（1）城区中部供水工程布置。

1）城区中部供水现状。根据《漳平市城市总体规划修编（2013—2030）》，漳平市城区中部区域主要包括菁城街道、桂林街道、西园镇、芦芝镇、和平镇、南洋镇、拱桥镇，规划人口为 20.4 万人，由于漳平市市域内已建设有漳平第一自来水厂和第二自来水厂，两座水厂已经互为备用，其中漳平第一自来水厂，现状供水设计规模 3 万 t/d，取水口位于新安溪的大坂电站三级尾水，上游为大坂水库作为调节水库；第二自来水厂，现状供水设计规模 3 万 t/d，取水口位于美乾电站水库库区，因此本次城区中部供水系统采用原有第一自来水厂及第二自来水厂。

第一水厂（溪仔口水厂）于 1991 年建成投产，供水规模为 3 万 t/d。随着市区人口、经济的增长，用水需求量增加，且生产构筑物修建已久，设备老化工艺无法满足要求，根据《福建漳平市溪仔口水厂改造提升及城南片区供水管网建设工程初步设计报告》，现漳平市第一水厂正进行水厂工艺提升改造，供水规模提升为 3.5 万 t/d。2009 年大坂一级水电站新安装一套小机组，以便电站小机组在枯水期按来水量 24 小时持续运行，保证漳平市自来水厂枯水期正常取水，确保枯水期城区正常供水。

第二水厂于 2016 年竣工投产，水厂远期设计规模为 5 万 t/d，现状供水规模为 3 万 t/d，根据《横坑水库工程可行性研究报告》，横坑水库建成后，将作为第二水厂第一水源，美乾电站水库作为第二水源。

2）中心城区。漳平市现状中心城区由第一、第二水厂联合供水，配水管网为环状布置，已覆盖菁城街道、桂林街道（上江、城南、上桂林、下桂林 4 个社区居委会）、芦芝镇（东坑口村、东郊村），涉及人口 7.51 万人。截至目前老城区管网覆盖率 99.9%。

由于城区管网覆盖率高，本工程对菁城街道、桂林街道（上江、城南、上桂林、下桂林 4 个社区居委会）、芦芝镇（东坑口村、东郊村）不进行供水设计。

3）桂林街道。桂林街道下辖上江、城南、上桂林、下桂林、高明、厚福、南美 7 个社区居委会，瑞都、黄祠、石坂坑、山羊隔 4 个村委会，户籍人口 25216 人，其中常住人口 23810 人。桂林街道现状高明、南美社区与瑞都、黄祠、山羊隔、石板坑四个村庄采用分散式供水，石坂坑村采用私人引山涧水作为饮用水，其余地区采用管网供水。分散式设施共计 18 处，均为漳平市 2013—2015 年农村饮水工程建设，总供水规模 955t/d，水源为地表水，水质类型为 Ⅱ 类。现状集中供水人口 24897 人；分散式简易供水人口 319 人，因此桂林街道自来水普及率为 98.73%。桂林街道自来水普及率较高，本工程一期不进行供水设计，拟将其列入二期建设内容。

4）芦芝镇。芦芝镇下辖芦芝、东坑口、东郊、大深、华寮、月山、圆潭及涵梅村 8 个行政村，户籍人口 10961 人，其中常住人口 8920 人。

芦芝镇现有农村安全饮水设施 23 处，均为漳平市 2012—2015 年农村饮水工程建设，总供水规模 1525t/d，大部分水源为地表水，仅涵梅村饮用地下水，除集镇水源外均未建立水源保护区，水质类型为 Ⅱ～Ⅲ 类。

芦芝镇现状集中供水人口 10161 人，分散式简易供水人口 800 人，因此芦芝镇自来水普及率为 92.70%。芦芝镇集镇水厂位于和平村东北侧，和山段道路旁，供水规模 350t/d，供水范围为芦芝村，受益人口 2308 人。集镇水厂净水设施运行正常，配水管网采用 PVC 管，长 8208m，管网存在不同程度老化现象。其余各村庄以自然村为单位建设农村安全饮水工程，通过一体化净水器对原水进行处理后，敷设 PVC 配水管网入户。

5）和平镇。和平镇下辖和平、和春、春尾、下墘、安靖、菁坑、东坑 7 个行政村，88 个村民小组，户籍人口 11597 人，其中常住人口 8142 人。

和平镇现有农村安全饮水设施 10 处，均为 2012—2015 年漳平市农村饮水工程建设，总供水规模 1540t/d，水源均为地表水，未建立水源保护区，水质类型为 Ⅱ～Ⅲ 类。现状集中供水人口 11413 人，分散式简易供水人口 1278 人，因此和平镇自来水普及率为 88.98%。

和平镇集镇水厂位于和平村东北侧，和山段道路旁，供水规模 760t/d，供水范围包括和平村、春尾村，受益人口 5146 人，水源为菁坑村高速涵洞口。集镇水厂净水设施因长时间未运行已损坏。配水管网采用 PVC 管，长 8185m，管网存在不同程度老化现象。

6）南洋镇。南洋镇下辖下两洋、山寮，梧溪、红林、营仓、水兴、党口、利田及暖洲 9 个行政村，50 个自然村，户籍人口 8771 人，其中常住人口 6381 人，现有农村安全饮水设施 8 处，均为漳平市 2012—2015 年农村饮水工程建设，总供水规模 1605t/d，水源为地表水，仅集镇水厂建立水源保护区，水质类型为 Ⅱ～Ⅲ 类。南洋镇现状集中供水人口 6819 人，分散式简易供水人口 1952 人，因此南洋镇自来水普及率 77.74%。本次供水南洋村涉及南洋镇集镇水厂位于南阳镇南洋头北侧山坡，供水规模 610t/d，供水范围为南洋村，受益人口 1503 人，集镇水厂净水设施运行正常，配水管网采用 PVC 管，长 12100m，管网存在不同程度老化现象。其余各村庄以自然村为单位建设农村安全饮水工程，通过一体化净水器对原水进行处理后，敷设 PVC 配水管网入户，其中暖洲村、营仓村部分仅敷设配水干管，而梧溪村下各自然村已迁至梧溪新村常住人口达到 855 人，供水设施除净水设备外均能正常使用。

7）拱桥镇。拱桥镇下辖上界村、罗山村、下界村、拱桥村、岩高村、高山村、隔顶村及梧地村 8 个行政村，44 个自然村，户籍人口 9259 人，其中常住人口 5762 人。拱桥镇现有农村安全饮水设施 26 处，均为漳平市 2012—2015 年农村饮水工程建设，总供水规模 1585t/d，水源均为地表水，除集镇水源外均未建立水源保护区，水质类型为 Ⅱ～Ⅲ 类。拱桥镇现状集中供水人口 8003 人，分散式简易供水人口 1256 人（主要为私人引山洞水），因此拱桥镇自来水普及率为 86.43%。拱桥镇集镇水厂位于中学后山坡地上，高程 275.0m。供水规模 280t/d，供水范围包括长太村、拱桥村，受益人口 1720 人。

（2）供水系统选择。城区中部供水范围有：南洋镇、芦芝镇，其中芦芝镇由第一水厂供水，南洋镇由第二水厂供水，服务人口为 7933 人，供水规模为 5000t/d，见表 7.18。

表 7.18 城区中部供水范围及对象供水规模列表

行政村	序号	自然村	高程/m	自然村人口/人	供水规模/(t/d)
芦芝镇	1	华寮村	775	1636	350
	2	圆潭村	755	1899	
南洋镇	1	党口村	195	1016	1200
	2	利田村	195	810	
	3	暖洲村	190	1069	
	4	南洋村	205	1503	

1）方案拟定。漳平市城区中部片区包括菁城街道、桂林街道、西园镇、芦芝镇、和平镇、南洋镇、拱桥镇，漳平市市域内已建设有漳平第一自来水厂和第二自来水厂，两座水厂互为备用，第一自来水厂取水口位于新安溪的大坂电站三级尾水；第二自来水厂取水口位于美乾电站水库库区。

拱桥镇镇区所在位置高程约 216m，而主城区高程约 180m，考虑到城区管网无法覆盖至拱桥镇，且作为城区水源点的新安溪位于拱桥镇境内，因此本方案拟新建拱桥水厂，水厂规模为 0.2 万 t/d，利用改扩建第一水厂输水管道分岔至拱桥镇供水，联合第一水厂与第二水厂，实现对漳平市区全面供水。

　　水源点为大阪一级电站尾水，在水源点处新建取水坝，经管径为 800mm 的输水管输水至上界村，长 5.13km，至上界村分岔，其中一支管输水至新建拱桥水厂，规模 0.2 万 t/d，输水管径为 150mm，长 1.02km；另一支管输水至城区原第一水厂取水点处，利用原第一水厂取水管道，输水管径为 700mm，长 11.89km。新建拱桥水厂规模为 2000t/d，场地高程为 400m，经水力计算，满足重力自流供水至拱桥镇各行政村，水源经拱桥水厂过滤处理后，由配水管输送至拱桥镇沿路各村，包括上界村、下界村、拱桥村和梧地村。其中，现有第一水厂水源点由原大阪三级电站尾水改为大阪一级电站尾水，水厂规模由 3.0 万 t/d 扩建至 3.5 万 t/d，供应菁城街道、桂林街道、芦芝镇等。

　　2）取水工程布置。本次取水点位于大坂一级电站尾水下游约 10m 河道汇流处，取水点高程为 428.00m，所选取水点高程相对城区较高，能满足自流供水水压要求，拟用自流式取水方案。在取水坝左岸设计沉沙池。取水枢纽包括拦水坝、粗滤沉淀池等组成。沉淀池后紧接引水管。水源为地表径流，选定坝址基岩基本裸露或部分裸露，从地质条件看，基岩完整、坚硬，地质岩性为花岗岩或砂岩，能满足建低拱坝和重力滚水坝的地形条件，建砌石重力坝造价比砌石拱坝大，但建造砌石重力坝施工工艺较简单，而且工程投资出入不大，因此，选定混凝土砌石重力坝作为本项目供水工程设计坝型。由大阪水库一级电站尾水出口处的河道修建一座雍水坝，作为第一水厂水源点，从雍水坝布置输水管线至上界村，预留分岔口，作为拱桥镇供水输水通道，其中一段管线输水沿道路至第一水厂原取水点处，作为第一水厂的新水源。水源点至上界村管道分岔点处的管线长为 5.13km，分岔点至第一水厂原取水点的输水管线长 11.899km。供水系统如图 7.18 所示。

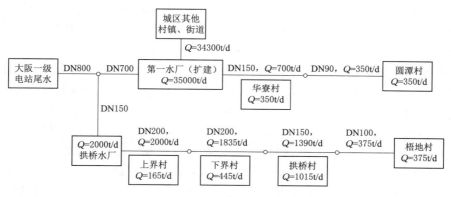

图 7.18　供水系统示意图

　　3）配水管网布置。本次漳平市城区中部供水区域主要包括芦芝镇、南洋镇，集镇供水覆盖范围为 6 个行政村，受益人口为 7933 人。

7.4.2.3　永福镇供水工程布置

　　永福镇辖 27 个村和 1 个居委会，户籍人口 49321 万人，其中常住人口 40155 人，永福镇现有分散式设施 128 处，均为漳平市 2013—2015 年农村饮水工程建设，总供水规模

5845t/d，水源主要为地表水，镇区中兴水厂采用地下水作为水源。目前永福镇仅后盂水库水源已建立水源保护区，水质类型为Ⅱ类，现状集中供水人口 35971 人；分散式简易供水人口 1330 人，因此永福镇自来水普及率为 72.93%。本次永福镇集镇供水从在建后盂水厂取水，主要为乡村居民生活用水，根据供水的服务对象永福镇供水为城镇给水系统。

在建后盂水厂从后盂水库预埋的取水口上取水，取水口中心线高程 836.0m，水厂设计规模为 8000t/d，厂址位于后盂水库出水口北侧的山坡地上。平整后厂区管理房部分地面标高 833.58m。

（1）输水方案。本次工程永福镇供水范围有：后盂村、吕坊村、新坑村、石洪村、福里村、秋苑村、兰田村、紫阳村、封侯村、李庄村共 10 个行政村（42 个自然村），服务 26872 人，一期供水规模 6600t/d，本次永福镇各行政村及自然村供水较为集中，拟采用由水厂经输配水管道直接入户供水。

（2）取水工程布置。永福镇供水利用在建后盂水厂，由后盂水厂从后盂水库预埋的取水口上取水。

（3）配水管网布置。本次永福镇供水覆盖范围为 10 个行政村（42 个自然村落），受益人口为 26872 人，水厂供水规模为 8000t/d，本工程一期供水规模为 6600t/d。配水管网覆盖永福镇及周边的后盂村、吕坊村、石洪村、福里村、李庄村、兰田村、秋苑村、紫阳村、封侯村、新坑村等 10 个行政村。

配水管道沿现有道路树状布置，管径为 20~500mm。配水干管总长 16.73km，其中配水主干管长 11.73km，由后盂水厂沿现状道路至封侯村，穿越整个供水覆盖区域。配水主干管共设 2 条支干管，沿主干管于吕坊村处开口向北分支至新坑村，向南分支于福里、李庄两个村；配水支干管总长 5km，分别为新坑配水支干管，长 1.89km，福里—李庄配水支干管，长 3.11km。

永福镇供水覆盖区域位于拟建永福镇后盂水厂北侧，且均已建有乡村公路，配水干管线路布置原则同原水管道，且考虑供水沿线村落，沿现状村道布置，配水干管线路单一，不进行线路比选。

（4）配水干管布置。根据配水方案，由后盂水厂布置配水干管至各个村。配水管道沿现有道路树状布置，配水干管总长 16.73km，其中配水主干管长 11.73km，由后盂水厂沿现状道路至封侯村，穿越整个供水覆盖区域。配水主干管共设 2 条支干管，沿主干管于吕坊处开口向北分支至新坑村，向南分支于福里、李庄两个村；配水支干管长 5km，分别为新坑配水支干管，长 1.89km，福里—李庄配水支干管，长 3.11km。

（5）入户管网布置。本次永福镇供水覆盖范围为 10 个行政村（41 个自然村落），受益人口为 26872 人，水厂供水规模为 6600t/d。由水厂经输配水管道直接入户供水，管网布置沿现有道路和村路树状布置，考虑入户管道时变化系数影响，设计最大供水流量为 0.007m³/s，管线全长 64.78km，设计管径为 50~20mm。

7.4.2.4　吾祠乡供水工程布置

（1）供水水源选择。吾祠乡供水范围以独立供水为主，地形主要为山地，地势高差大。独立村庄供水范围包括：凤山村、北坑场村、厚德村、陈地村、彭溪村、彭炉村、内林村。

经调查，凤山村、北坑场村、厚德村、陈地村、彭溪村、彭炉村、内林村有泉水可利用，因此选择泉水作为供水水源。经过实地踏勘、比选，彭溪村内洋取水坝水源点位于内洋上游支流，为山泉水，距村部2.3km，蓄水池水源点位于彭溪村白石兜山上，为山泉水，距村部2.1km；彭溪村岩头取水坝水源点位于彭溪村岩头山上，为山泉水，距岩头自然村3.2km；彭炉村彭炉水源点位于下岬支流，为山泉水，距村部1.0km；彭炉村后坪水源点位于后坪上游支流，距后坪自然村3.0km；彭炉村山坪水源点位于后坪上游支流，距山坪自然村0.5km；内林村出水盂水源点位于溪头岭支流，距出水盂自然村1.3km；陈地村水源点位于后岬上游支流处，距村部2.0km；厚德村水源点2处，位于中洋村后背山，为山泉水，距村部分别是0.65km和0.8km；北坑场村北坑取水坝水源点位于哭岭坑支流，距村部2.0km；北坑场村割盂蓄水池水源点距自然村0.6km，为山泉水；凤山村上凤山水源点2处，位于上凤山灰石坪，为山泉水，距村部分别为0.8km和1.4km；凤山村柯厝坑水源点位于柯厝坑村山上，距离自然村0.9km。

从水质上分析，这些山水附近均无污染，植被好，浊度低，水质好，经水质化验成果显示，均符合《地表水环境质量标准》（GB 3838—2002）中的Ⅱ类标准，适宜作为水源。只要对水源采取综合治理措施，强化监测，加强环境保护，水质是可以满足本项目建设需要。

从水量上分析，由于地处山区，水资源较为丰富，对各个供水区新建的引水设施进行平衡分析，水量能满足设计要求。

从供水成本分析，本工程充分利用山区的优势，采用自流的供水方式。选择适宜的水源，合适的供水工程，经净化后，采用重力流供水，可减少投资和运行费用。通过经济评价分析，经济可行综上所述，从水质、水量、供水成本等方面考虑，设计选择上述溪流作为本工程水源均是可行的。

（2）取水工程布置。由于所选取水点高程较高，能满足自流供水水压要求，拟用自流式取水方案。在各个村取力坝左或右岸设计沉砂池。取水枢纽包括拦水坝、粗滤沉淀池等组成。沉淀池后接引水管。

（3）输水管线布置。吾祠乡分散型供水范围有：凤山村、北坑场村、厚德村、陈地村、彭溪村、彭炉村、内林村。共7个行政村，服务3813人，供水规模650t/d，见表7.19。

表7.19　　　　　　　吾祠乡分散供水范围及对象供水规模列表

序号	行政村	高程/m	人口/人	供水规模/(t/d)
1	凤山村	800	503	90
2	北坑场村	1000	550	80
3	厚德村	950	900	160
4	陈地村	800	500	90
5	彭溪村	875	630	100
6	彭炉村	900	650	110
7	内林村	840	80	20

（4）净水厂厂址布置。凤山村饮水安全工程其中一处净水厂位于凤山村上凤山自然村山上，地面高程为880m，净水厂地面平面尺寸为 $L\times B=10\times10=100(\text{m}^2)$，厂内设施布清水池；另一处净水厂位于凤山村上凤山自然村路边山包上，地面高程为910m，净水厂地面平面尺寸为 $L\times B=10\times10=100(\text{m}^2)$，厂内设施布清水池。凤山村柯厝坑村引水安全工程净水厂位于柯厝坑自然村路边山包上，地面高程为975m，净水厂地面平面尺寸为 $L\times B=10\times10=100(\text{m}^2)$。

北坑场村两处引水安全工程，其中一处净水厂位于北坑场村割盂自然村山上，地面高程为1075m，净水厂地面平面尺寸为 $L\times B=10\times10=100(\text{m}^2)$，厂内设施布清水池；另一处位于北坑场村卢底自然村路边山包上，地面高程为1050m，净水厂地面平面尺寸为 $L\times B=12\times12=144(\text{m}^2)$，厂内设施布清水池。

厚德村两处饮水安全工程，两处净水厂均位于厚德村中洋自然村路边山包山，其中一处地面高程为965m，净水厂地面平面尺寸为 $L\times B=10\times10=100(\text{m}^2)$，厂内设施布清水池；另一处地面高程为975m，净水厂地面平面尺寸为 $L\times B=10\times10=100(\text{m}^2)$，厂内设施布清水池。

陈地村饮水安全工程净水厂位于陈地村上陈地自然村山上，地面高程为855m，净水厂地面平面尺寸为 $L\times B=13\times13=169(\text{m}^2)$，厂内设施布清水池。

彭溪村三处饮水安全工程，第一处净水厂位于彭溪村岩头自然村路边，地面高程为975m，净水厂地面平面尺寸为 $L\times B=10\times10=100(\text{m}^2)$，厂内设施布清水池；第二处净水厂位于彭溪村内洋自然村山上，地面高程为975m，净水厂地面平面尺寸为 $L\times B=10\times10=100(\text{m}^2)$，厂内设施布清水池；第三处净水厂位于彭溪村与彭炉村交界处马路边山包上，地面高程为950m，净水厂地面平面尺寸为 $L\times B=10\times10=100(\text{m}^2)$，厂内设施布清水池。另一处备用水源的净水厂位于彭溪村马路边山包上，地面高程为970m，净水厂地面平面尺寸为 $L\times B=10\times10=100(\text{m}^2)$，厂内设施布清水池。

彭炉村三处饮水安全工程，第一处净水厂位于彭炉村彭炉自然村路边，地面高程为980m，净水厂地面平面尺寸为 $L\times B=12\times12=144(\text{m}^2)$，厂内设施布清水池；第二处净水厂位于彭炉村后坪自然村路边山包上，地面高程为945m，净水厂地面平面尺寸为 $L\times B=10\times10=100(\text{m}^2)$，厂内设施布清水池；第三处净水厂位于彭炉村山坪自然村山上，地面高程为925m，净水厂地面平面尺寸为 $L\times B=10\times10=100(\text{m}^2)$，厂内设施布清水池。内林村饮水安全工程，净水厂位于内林村山上，地面高程为805m，净水厂地面平面尺寸为 $L\times B=10\times10=100(\text{m}^2)$，厂内设施布清水池。

7.4.2.5　主体工程施工

（1）管道工程施工。输配水管道总长约207.90km，土方开挖由0.6m³反铲挖掘机沿管线采用后退法施工，少量边角处采用人工开挖，开挖分土料部分在附近堆放，供土方回填之用，场地狭窄处由5t自卸汽车运至附近空地临时存放，其余装5t自卸汽车运至弃渣场。石方开挖由液压锤配合风镐进行破碎，人工清渣并装5t自卸汽车运至弃渣场。PE管从堆管区由0.6m³反铲挖掘机吊运至工作面后，人工辅助定位安装。管道安装完后经检测和压水试验后即可进行回填土方工作。管道工程中粗砂垫层方量约有9.18万m³，由0.6m³反铲铲挖入坑，人工摊铺并注水密实。管沟回填土方量约有57.34万m³，管沟土方回填由 0.6m³ 反铲铲挖入坑，部分小型振动碾压实，部分人工平料压实；上部回填土由 0.6m³ 反铲铲挖，推土机平整，部分小型振动碾压实，部分人工平料压实。混凝土由 0.4m³ 拌和机供料，人工推双胶轮车水平运输，经脚手架入仓浇筑。

（2）壅水坝、取水坝、清水池、蓄水池及沉淀池工程施工。土石方开挖采用自上而下进行，先岸坡后基础。土方及砂卵石开挖利用 1m³ 反铲挖掘机挖装 5t 自卸汽车出渣，部分用于场地平整及土方回填，其余运往弃渣场。混凝土浇筑前，先进行扎筋、立模、搭设仓面脚手架和清仓等工作。混凝土由 0.4m³ 拌和机供料。素混凝土垫层人工推双胶轮车水平运输，溜槽入仓浇筑，其余混凝土采用泵送入仓，振捣器平仓振捣。

（3）施工总进度。根据工程规模、项目组成和建筑物的特点，本工程施工总工期按 18 个月进行安排，从第 1 年 9 月开始，至第 3 年 2 月底结束。

1）准备工程。准备工程包括场内外交通、施工导流、风水电系统和临时房屋建筑等。风、水、电、场内交通和临时房屋建筑大部分安排在第 1 年 9—10 月施工。工程主要在各取水坝及管道穿沟渠处进行施工导流。其中各取水坝围堰安排在第 1 或第 2 年 11 月施工。

2）主体工程。输水线路总长约 207.85km，管道可分区分段同时进行施工，管道施工按土方开挖、中粗砂垫层、管道安装、镇墩阀井混凝土浇筑、回填土方等工作依次进行，第 1 年 11 月初开始施工，第 3 年 2 月底完成所有项目的施工。具体安排详见施工总进度表。

3）劳力供应。本工程共需劳力 30.97 万工日，高峰施工人数 860 人，平均施工人数 688 人。工程所需的主要建筑材料为：水泥 3.89 万 t、木材 823m³、钢材 85t。

7.4.2.6　漳平市供水信息化建设

（1）建设目标。供水信息系统的建设通过新建、升级改造软件系统和硬件设备，整合业主公司已有的应用系统和信息资源，借助新一代物联网、云计算、GIS、大数据等技术，结合漳平城区供水片区、乡镇供水片区等多个供水层级模式特征，实现从水源的水量、水质情况、水厂水质、供水量、管网流量、压力等运行监控，到管网巡检、设备维修、远传抄表、计费缴费、客户服务、经营管理等业务开展，再到水源污染、管网爆管、末梢水质污染等应急调度管理与快速决策，建立起覆盖全市的现代化水务管控体系，使供水运营更加高效化、生产更加智能化、管理更加精细化、决策更加科学化、服务更加个性化，实现城乡供水一体化工作的智慧化。

（2）建设范围。智慧水务建设为漳平市城乡供水一体化工程配套，工程建设范围为漳平市全域，涉及菁城街道、桂林街道、和平镇、西园镇、芦芝镇、南洋镇、拱桥镇、永福镇、溪南镇、象湖镇、新桥镇、赤水镇、双洋镇、官田乡、吾祠乡、灵地乡，共 2 个街道 11 个镇 3 个乡。实现城区片区、水厂、管网的一张图管理，通过建设实用的应用系统，实现一体化在线监测、客服服务提升。

（3）建设内容。根据主体工程进度结合漳平市实际情况，基于智慧水务建设目标，从水务一体化运营管理需要角度，智慧水务建设内容包括以下内容：

1）基础设施监测：结合城区供水改造、水厂工程等建设内容，从水源、水厂、管网、用户端部署监测设备，包括流量计、压力计、水质计、液位计、智能水表等。

2）网络通信建设：结合网络覆盖情况与城乡供水一体化项目的相关标准，建立 VPN

专网,厂站接通网络通信等。

3) 管网物探普查实施:针对城区主干管网进行管网普查探测,制定探测实施方案、探测实施、成果检测、权属审核、数据入库、测区成果验收、项目整体验收的全过程探测服务工作。

4) 智慧水务一体化平台建设:包括智慧水务基础平台、智慧经营管理、智慧生产管理、智慧管网运营、智慧营销服务及数据共享交互接口。

5) 调度中心建设:包括机房建设系统、UPS 电源环境、相关第三方软件采购等。

(4) 总体架构设计。

1) 功能架构。系统功能规划主要以业务和技术双驱动,软件解耦、复用和标准化为思想,规划为"三域六层两体系"的功能体系架构,包括能力开放域、平台服务域和运维管理域,以及感知层、网络层、平台层、应用层、访问层、接入层和运维保障体系、标准规范体系,其功能架构如图 7.19 所示。

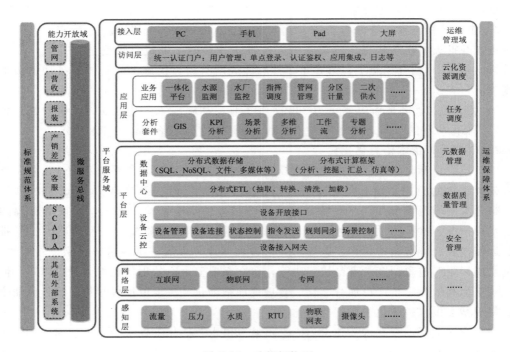

图 7.19　功能架构图

2) 技术架构。如图 7.11 所示,系统技术架构主要以云计算、大数据、物联网、微服务技术为基础,规划为"三层六中心"的技术体系架构,包括"IaaS、PaaS、Saas"三层的云计算架构,通过政务云资源池,和分布式技术,实现弹性计算和线性扩容,保障系统的稳定性、高可用和可扩展能力。平台同时借鉴 SOA 开放、标准、解耦的面向服务体系思想,采用业务与数据解耦、存储与计算分离的设计理念,设计了六大中心,包括感知中心、存储中心、计算中心、服务中心、运维中心和应用中心,提升平台的开放能力、复用能力和运维管理能力。

（5）现地监测设施。

1）自来水厂自动化系统。目前漳平市主要有第一水厂、第二水厂，其中第一水厂采用源水重力流，出厂水设加压泵，第二水厂源水采用水泵加压，出厂水重力流。由于两座水厂建设年限较久，自动化水平低，故此次拟对两座水厂进行自动化改造。后续扩建的、新建水厂建设时同步配套自动化控制工程，并整合至智慧水务软件平台系统。水厂信息化需改造自动化内容如下：

（a）水厂加矾系统、反应池、沉淀池以及清水池自动控制。

（b）自动化系统应采集水泵机组的运行状态、故障信号、电流、电压、电功率（有功、无功和视在功率）、机组配套变频器的运行频率及频率设定值和阀门的位置状态等信号。变频器需提供符合标准的数字通信接口。

（c）水厂出水总管配置压力变送器。

（d）水厂出水配置电磁流量计监测瞬时流量和总累计流量。流量计的输出应包括瞬时流量和总累计流量。

2）市政加压泵站及二次供水泵房。目前漳平市共有4处加压泵站分别为：菁东工业小区加压泵房（城东）、赤洋路12号——无人值守（铁路站区）、迎宾路——备用（工贸园区）、在建新材料产业园加压泵站。根据现状拟对城东、工贸园区两座泵站按无人值守泵站进行改造，改造或新建泵站自动化工程建设标准按以下要求进行建设：①加压泵站的运行参数应以数字方式与供水调度实时双向通信；②加压泵站应配置视频监控系统和安防设备；③加压泵站配置的各类监测仪表宜带数据通信接口；④泵站自控配置应符合下列要求：泵组应能够远程"一步化"开、停机控制；加压泵站储水池应配置超声波液位计；根据实际条件泵站总出水配置浊度和余氯在线监测仪表；自动化系统应采集水泵机组的运行状态、故障信号、电流、电压、电功率（有功、无功和视在功率）、机组配套变频器的运行频率及频率设定值和阀门的位置状态等信号。变频器需提供符合标准的数字通信接口；泵站出水总管配置压力变送器；泵站出水配置电磁流量计监测瞬时流量和总累计流量。流量计的输出应包括瞬时流量和总累计流量。

3）管网监测。

①管网压力监测。经过对漳平市供水管网的分析以及实际情况，结合上述压力监测点选取原则，选取管网实时在线监测点42个（中部片区16个、西北片区4个、南部片区11个、东部片区3个、东北片区8个）；其中管网末梢设置7个压力监测点，分别布置在芦芝镇圆潭村、官田乡石门村、永福镇洪坑村、永福镇古溪村、新桥镇谢地村、新桥镇京口村、新桥镇钱坂村，其他属于干支管交叉以及不利点、控制点监测点。

②管网分区流量监测。一级分区：结合现状管网分区、行政区划情况，将中部供水区划分为7个一级分区，共布置12个流量计。

二级分区：二级分区以区域内供水管道拓扑结构及小区、村庄分布情况为主，综合兼顾子片区净水量大小以安装流量计＋远传为主，关闭连通阀门为辅。将一级供水区中DMA1、DMA4再往下划分二级分区。DMA1共划分4个二级分区，DMA4共划分2个二级分区，共布置7个流量计。

③管网流量监测设备配置。在进行管网流量监测设备选择时，为减小施工期间停水的

影响，DN300 口径建议安装电磁流量计；DN300 以下（含）安装远传水表（超声波水表、WPD 水表等）。流量计配置 RTU 等远传设备，采用 4G 无线通信方式，太阳能供电。

　　4）水质在线监测。

　　①水源水质在线监测。水源地水质监测点由水厂建设时统一考虑或接入水利局原有水质监测站数据，监测 pH（含水温）、浊度、溶解氧、电导率指标。

　　②水厂水质在线监测。水厂建设时已同步配置水质监测点，本项目不再另行增设。

　　③管网水质在线监测。根据《生活饮用水卫生标准》（GB 5749—2022），遵循福建人民政府颁发的《提升城市供水水质三年行动方案》，在水源取水口、管网末梢处和居民密集区用水点等具有代表性的位置，合理设置水质检测采样点进行在线监测；管网水质检测采样点数按照供水人口每 2 万人一个采样点的标准设置，供水人口在 20 万人以下或 100 万人以上的，可酌情增减。

　　结合选点原则情况，分析漳平市水务管网实际情况，本次共布置 10 处水质监测站点。中部片区设置 4 处水质监测点（分别位于菁城街道、芦芝镇圆潭村、拱桥镇区、南洋镇北寮村）、东部片区 1 处（溪南镇上坂村）、东北部片区 2 处（分别位于新桥镇白泉村、钱坂村）、西北部片区 2 处（分别位于双洋镇温坑村、新桥镇武陵村）、南部片区 1 处（永福镇洪坑村）。水质监测点采样在线监测 pH、温度、浊度、余氯的参数，通过 RTU 分别把数据实时上传到物联网管理平台。

　　④水质监测频率。水源水质的采样频率宜每小时 1 次，水质变化波动较大时检测频次，每小时 4 次。

　　水厂及管网浊度、余氯和 pH 等均应为连续监测。管网采用远程传输，信号传送时间间隔每小时 1 次。

　　⑤远传水表。目前漳平水务公司现有总数 3.2 万户，其中已使用智能水表 1.2 万块。采用普通的机械表，不支持数据采集。水司每月以人工现场抄表为主，本次拟新增 2 万块远传水表并统一集中抄表平台，便于随时了解水表计量情况，实现数据自动统计分析。智能水表根据现场情况采用 NB - IoT 或 LoRa 低功耗通信、能采集流量压力的智能水表。水表采集数据直接上传到调度中心统一管理服务器，数据展现于物联网生产监控平台，无需布设数据传输电缆。

7.4.3　运行管理

7.4.3.1　工程运行管理

　　本工程运行方式满足城乡供水一体化工程安全运行需要，由水务公司总部调度室控制。

　　（1）取水点。取水点周围半径 100m 的水域内，严禁捕捞、放养畜禽等可能污染水源的活动；上游 1000m 至下游 100m 的水域，禁止工业废水和生活污水排放、网箱养殖，严格限制上游污染源的排放总量；沿岸 50m 的防护范围内，禁止有产生污染的活动；同时日常应加强巡视检查，及时由专人清理污物。每季度检查 1 次取水口处排沙阀门，每年检修 1 次取水设施的构件、钢筋混凝土构筑物，并清除垃圾、修补易损构件，对金属结构进行除锈防腐处理。

（2）输配水管道。输配水管道等建筑物应定期进行全线巡视检查，对沿线设置的闸阀、排气阀、排水（泥）阀要定期检查维修保持其良好的工作状态，定期对管道漏水进行检测，发现漏水应及时修复。

（3）水厂。应根据《村镇供水工程运行管理规程》（SL 689—2013），建立健全生产运行、水质检验、维护养护、卫生防护、计量收费、财务管理和安全生产等规章制度，并制定供水应急预案。定期维护水厂内各净水构筑物（或净水装置）及附件。

7.4.3.2 管理设施与设备

（1）工程管理区规划。永久性房屋建筑包括办公用房及生活公用设施及防汛仓库等，管理房屋建筑利用原有水厂的管理房，布置有办公室、值班室、厨房、餐厅及仓库等。

（2）通信设施。工程管理单位应建立为工程维修管理、控制调度运用的对内、对外通信系统，配备相应的通信设施，并实现与上级主管单位的连接。根据本工程实际情况，管理单位应具备邮电通信网，设内、外部通信网络、电话机、Internet 网络等，通过专用电话线路与上级主管单位的调度中心联系，并配置手持机。

（3）交通设施。为满足工程管理工作的需要，根据工程管理的范围、内容和所处地理位置，需配备一定数量的运输车辆和机修设备。

（4）工程监测。考虑到工程区地质条件较好，亦无特殊要求，故不做专门观测设计，仅根据相关的规程规范，设置一些必要的工程观测项目。

（5）水质、水量监测自动化。本工程监测重点是水质、水量监测，结合智慧水务的要求对供水管网的压力、水量分布进行监测，并分析各条管道的通水能力及是否存在异常情况和产销差时，设置测压点、测流点。

管网测压、测流是给水系统运行调度的组成部分，是管网运行管理的关键内容。通过它们系统地观察和了解给水管道的工作状况，管网各节点自由压力的变化及管道内水的流向、流量的实际情况，作为给水系统运行调度的依据。通过测压、测流可以及时发现和解决环状管网中不少疑难问题。

管网的测压、测流数据是分析管网运行情况的基础性资料，所有测得的管网压力和流量数据通过有线或无线通信系统传送到调度终端，由调度端的管网运行调度计算机系统统一对这些信息数据进行处理。

7.4.3.3 综合应用一体化监控平台建设

（1）智慧经营管控。智慧经营管控主要面向供水企业管理人员提供企业级的一体化综合监控平台、应急指挥调度系统和水务经营分析系统，提升领导决策和应急指挥效率。

1）一体化综合监控平台：提供城乡一体化项目总体建设和运维情况的总览和分块展示，满足水务管理全景化需求。

2）应急指挥调度系统：应急指挥调度系统为提高水务应急响应和决策指挥能力，有效预防、及时控制和消除突发公共安全事件的危害，提供应急预案数字化、应急事件登记管理、应急指挥辅助决策、现场信息更新管理、资源调配管理系统、大屏指挥调度系统等功能。

3）水务经营分析系统：水务经营分析系统主要利用大数据技术对各个业务系统的数据和水务物联网数据进行融合、计算和分析，并面向各个部门和公司领导提供可视化的经营分析视图，为领导提供决策的数据依据，提升领导决策效率。

（2）智慧生产调度。智慧生产调度主要面向水务生产工作提供生产调度和分析工具，提升生产效率，具体包括水源水库监控调度系统、水厂综合监控管理系统、综合调度管理系统、管网水力模型系统和水质实验室管理系统等。

（3）智慧管网运营。智慧管网运营主要基于 GIS 地理信息系统为水务的供水管网提供可视化、科学化的管理运营手段，主要包括管网 GIS 信息化管理系统、管网综合运营管理系统、工程管理系统和供水分区计量管理系统等。

（4）智慧营销服务。智慧营销服务主要从供水营销服务一体化的角度面向客户提供"从立户报装申请→表务→智慧抄表及抄表管理→营收→热线"等一条龙、全面无缝的智慧应用支持体系。主要包括二次供水系统、用户报装系统和客服热线系统等。

（5）水务基础平台。智慧水务基础平台作为底层技术支撑平台为上层业务应用和监管平台提供技术支撑，主要包括基础技术平台、统一登录门户平台、物联网设备云管控系统、水务大数据管理平台、统一工单管理平台和移动 App 平台等。

1）基础技术平台：基础技术平台主要包括企业服务总线、分布式内存存储、分布式消息队列、工作流引擎等功能。

2）统一登录门户平台：统一登录门户平台提供统一的单点登录入口，只要登录一个地方就可以访问平台的所有应用，实现所有业务应用系统的集成和菜单权限管理，具体包括统一登录管理、统一应用管理、统一菜单管理、统一权限管理和组织人员管理等功能。

3）物联网设备云管控系统：物联网设备云管控系统用于支撑多厂家智能设备统一管理、统一数据接入，数据集中式管理、展示和分析，解决目前水务公司智能物联网终端设备管理平台多样化带来的管理成本增加问题。

4）水务大数据管理平台：水务大数据管理平台主要包括数据中心建库、数据集成及处理、数据中心存储、统一任务调度等功能。

5）统一工单管理平台：统一工单管理系统提供处理各类客服热线、管网巡检、管网抢维修、管网探漏、稽查等工单处理和审批的统一流转平台。

6）移动 App 平台：移动 App 平台整合智慧水务所有的 App 功能用于支持移动化办公。主要包括针对管网设施管理、管网巡查、管网检漏、管网维修养护、管网抢修等业务，在平台上实现各种工单功能及相关信息上报。

（6）智慧运营管理。智慧运营管理提供水务基础设施的管理功能，主要为设备管理系统。设备管理系统关注设备的使用状态与流程，以设备的使用和寿命作为关键点进行跟踪，主要覆盖需求采购、主数据维护、维修与保养、库存信息和统计分析五大类。

思　考　题

1. 本章所举例的四个工程实例存在什么相同点和不同点，各有什么优势？

2. 通过工程实例的参考，你觉得数字水务建设的重点在哪些部分？

3. 你是否有接触过的数字水务建设项目，谈谈它们与本章节实例的类似之处。

4. 数字水务建设完成后能够给人们的生活带来什么影响？谈谈你的想法。

参 考 文 献

[1] 胡传廉. 从"数字水务"奔向"智慧水网"——上海市水务信息化建设探讨 [J]. 数字水务, 2018 (3): 75.

[2] 谢丽芳. 国内外智慧水务信息化建设与发展 [J]. 水务信息化, 2018, 44 (11): 136.

[3] 张婉. 数字水务综合数据管理系统设计与实现 [J]. 计算机应用, 2010 (6): 83.

[4] 吴健, 何强, 汪钦堤, 等. 城乡供水一体化智慧水务总体架构 [J]. 城乡供水一体化, 2021, 44 (2): 102.

[5] 宋怀兴. 哈尔滨市数字水务总体规划 [M]. 北京: 中国水利水电出版社, 2010.

[6] 颜雪峰, 翟雅萌, 武渊博. 基于 SSL VPN 技术的信息平台搭建 [J]. 铁道通信信号, 2021, 57 (1): 6.

[7] 廖正伟, 胡彦华, 丁陈. 智慧水务研究与实践 [M]. 北京: 科学出版社, 2018.

[8] 翁巧龙, 王梅芳, 等. 智慧水务指挥中心方案设计与建设实践 [J]. 中国管理信息化, 2020, 23 (2): 71 - 72.

[9] 韩丽, 李超. 北京智慧水务中多水源调度框架探究 [C]//刘洪禄, 等. 北京水问题研究与实践. 北京: 北京水科学技术研究院, 2018.

[10] 张皓, 何通, 王天元, 等. 供水管网水力模型建设及在供水规划中的应用 [J]. 供水技术, 2020, 14 (3): 13 - 18.

[11] 朱沛, 李波翰. 城区智能远传水表应用系统的设计与实现 [J]. 中国给水排水, 2017, 33 (22): 19 - 23.

[12] 陈丽艳, 李华, 张岩. 邯郸市自来水公司智慧水务建设案例 [J]. 城镇供水, 2020 (2): 97 - 103.

[13] 郭剑桥, 田甜, 张坤林. 基于新技术的长江大保护智慧水务系统应用 [J]. 绿色科技, 2020 (14): 63 - 64.

[14] 李鹏飞. 数字水务在柘荣县城乡供水一体化建设中的应用 [J]. 水利科技, 2021 (1): 36 - 38.

[15] 邓宇杰, 郑和震, 陈英健. 长江大保护时空大数据云平台建设需求分析 [J]. 水利规划与设计, 2021 (9): 12 - 15.

[16] 孔祥文. 长江大保护试点城市智慧水务系统构建探索 [J]. 水利信息化, 2020 (6): 12 - 16.

[17] 汤钟, 俞露, 张亮, 等. 智慧城市背景下对深圳市智慧水务建设的思考 [C]//第三届全国工程规划年度论坛. 深圳: 深圳市城市规划设计研究院有限公司, 2019.

[18] 徐强, 张佳欣, 王莹, 等. 智慧水务背景下的供水管网漏损控制研究进展 [J]. 环境科学学报, 2020, 40 (12): 4234 - 4239.

[19] 张金松, 李旭, 张炜博, 等. 智慧水务视角下水务数字化转型的挑战与实践 [J]. 给水排水, 2021, 57 (6): 1 - 8.

[20] 熊治军, 王振庄, 张振宇, 等. 智慧水务系统在城乡供水一体化工程中的应用案例 [J]. 城镇供水, 2021 (2): 25 - 30.

[21] 白晓慧, 孟明群, 舒诗湖, 等. 城镇供水管网数字水质研究与应用 [M]. 上海: 上海科学技术出版社, 2017.

[22] 谢丽芳, 邵煜, 马琦, 等. 国内外智慧水务信息化建设与发展 [J]. 给水排水, 2018, 54 (11): 135 - 139.

[23] 夏让欣. 福建省城乡供水一体化建设思路与实践 [J]. 水利科技, 2020 (4): 42 - 44.

［24］ 邹劲松. 高职智慧水务课程体系重构探究［J］. 天津中德应用技术大学学报，2019（4）：84-88.

［25］ 邹劲松. 水务管理信息化专业建设创新与实践［J］. 天津农业科学，2016，22（5）：112-115.

［26］ 宋怀兴，李丹勋，江岩. 哈尔滨市数字水务总体规划［M］. 北京：中国水利水电出版社，2010.

［27］ 方杰，郑琳榕，王妹凤，等. 连城县城乡供水一体化项目——数字水务建设工程可行性研究报告［R］. 福州：福建省水投勘测设计有限公司，2020.

［28］ 李永捷，钟珏霖，陈素铭，等. 闽清县城乡供水一体化（二期）项目——数字水务建设工程初步设计报告［R］. 福州：福建省水投勘测设计有限公司，2020.

［29］ 辛培成. 大数据时代计算机网络信息安全及防护策略研究［J］. 中国新通信，2021，23（3）：131-132.

［30］ 何文霞. 大数据时代计算机网络安全防御系统设计研究［J］. 网络安全技术与应用，2021（2）：58-59.

［31］ 吉银珠. 大数据时代下计算机网络信息安全问题［J］. 教育现代化，2020，7（15）：191-193.

［32］ 朱厚祥，黄开星，谢娅娅. 大数据时代计算机网络系统安全及防护［J］. 花炮科技与市场，2020（3）：7-45.

［33］ 范功端，吴家新. 城乡供水一体化工程——给水处理工程［M］. 福州：福建科学技术出版社，2020.

［34］ 马悦. 数字化水务平台建设发展趋势与优势［J］. 供水技术，2021，15（1）：50-54.

［35］ 刘浩杰，单振淼. 基于视频网的安全运维体系设计［J］. 移动信息，2021（1）：73-76.

［36］ 秦智超，岳兆娟，田辉. 应急管理网络信息体系中的内生安全机制设计［J］. 中国电子科学研究院学报，2019，14（12）：1233-1241.

［37］ 张世滨. 智慧水务构想［J］. 城镇供水，2014（4）：56-60.